普通高等教育"十三五"规划教材

卓越工程师教育培养计划

——现代工程图学精品教材

工 程 制 图

（第五版）

主编　王　琳　王慧源　祁型虹

主审　黄　丽

科学出版社

北　京

内 容 简 介

　　本书采用最新的国家标准,依照高等学校工科工程制图课程教学指导委员会制定的"教学基本要求"编写而成。本版在保留第四版诸多特色的基础上,改版为新形态教材。本书是以纸质教材为核心,通过互联网尤其是移动互联网,将多媒体的教学资源与纸质教材相融合的一种新形态教材。本教材在纸质文本之外,配有电子教材、电子解题指导、三维模型和动画、教学录像等数字课程资源,构建课程信息化平台,形成行之有效的新形态教材。

　　全书共11章,即制图的基本知识与技能、投影基础、立体及其表面交线、组合体、机件形状表达方法、常用机件的特殊表达法、零件图、装配图、轴测投影图、AutoCAD基础知识、房屋建筑施工图和附录。

　　本书可作为高等学校近机械类和非机械类各专业工程制图课程的教材,也适合用于高职高专、网络学院、函授大学的相应专业,也可作为有关科研及工程技术人员的参考书。

　　《工程制图(第五版)》和《工程制图习题课教程(第五版)》一起,配有电子教材。

图书在版编目(CIP)数据

工程制图/王琳,王慧源,祁型虹主编. —5版.—北京:科学出版社,2019.3
普通高等教育"十三五"规划教材
卓越工程师教育培养计划.现代工程图学精品教材
ISBN 978-7-03-059926-1

Ⅰ.①工…　Ⅱ.①王…②王…③祁…　Ⅲ.①工程制图-高等学校-教材
Ⅳ.①TB23

中国版本图书馆CIP数据核字(2018)第268053号

责任编辑:高　嵘　王　晶/责任校对:董艳辉
责任印制:彭　超/封面设计:苏　波

斜 学 出 版 社 出版

北京东黄城根北街16号
邮政编码:100717
http://www.sciencep.com

武汉市首壹印务有限公司印刷
科学出版社发行　各地新华书店经销

＊

开本:787×1092　1/16
2019年3月第　五　版　印张:19 3/4　插页:1
2019年3月第一次印刷　字数:462 000
定价(含光盘):59.80元
(如有印装质量问题,我社负责调换)

如何获得本书相关资源？

下载

扫描二维码，下载"爱一课"APP（根据机型选择iPhone版或Android版）。

1.

注册/登录（本产品需要用户登录之后才可以进行后续操作）

2.

未注册用户，点击注册新用户。用户按照界面要求选择身份，输入手机号码、验证码及设置密码后，点击注册。

已注册用户在输入个人账号、密码后可以进行登录。

AR特色教学

进入AR教学模块，点击右上角放大镜图标，输入本书书名进行搜索，或扫描本书封底的ISBN编码。搜索到课本后，点击课本对应的下载按钮，将其课本资源下载到本地。

3.

搜索

下载课本完成后，点击课本下方的进入按钮，按照顶部页码提示，将纸质图书翻到对应页码，手机摄像头对准书本，即可出现视频、模型、图片等形式的相关教学资源。

4.

5. 其它功能

点击底部菜单，可进入趣味考场，选择对应专业和课程，可以进行在线练习。

点击底部菜单，可进入学习社区，通过发帖和回复与其他用户进行交流讨论。

点击底部菜单，可进入我的课程，加入老师创建的对应课程班级。

《工程制图（第五版）》编委会

主　编	王　琳	王慧源	祁型虹
副主编	郑　芳	李　新	陈　全　张林国
编　委	（以姓氏笔画为序）		

万　勇	王　琳	王　静	王成刚
王慧源	卢其兵	冯贵层	匡　珑
朱希夫	朱建霞	刘雪红	祁型虹
李　茂	李　新	杨红涛	吴　飞
余晓琴	张　萍	张仪哲	张林国
张锦光	陈　全	范　林	郑　芳
郑钧宜	赵奇平	胡　敏	姚　勇
姚碧涛	黄　丽	游险峰	

主　审　黄　丽

前　言

本书在 2015 年推出第四版后,得到了图学界同行的大力支持和读者的充分肯定。

《工程制图(第五版)》是依据高等学校工科制图课程教学指导委员会制定的"教学基本要求",总结了作者近几年的教学成果,吸取了同类教材的精华,采用最新的国家标准改编而成。

本书在保留第四版诸多特色的基础上,改版为新形态教材。新形态教材是"互联网＋"时代教材功能升级和形式创新的成果,是以纸质教材为核心,通过互联网尤其是移动互联网,将多媒体的教学资源与纸质教材相融合的一种教材建设新形态,本书在纸质文本基础上,配有电子教材、电子解题指导、三维模型和动画、教学录像等数字课程资源,构建课程信息化平台,形成行之有效的新形态教材。

本书不断挖掘现代工程制图的内涵,形成如下特点:

(1) 本书遵循图学教育的基本规律,以综合培养读者的绘图能力和读图能力为基本目标,贯彻先进教学理念,编写科学,结构体系及教学内容经典地再现了工程制图的特点、要求和任务,体现了教学理念的先进性。

(2) 为了便于读者学习、理解,在每章前增加了相关的教学提示,将关键词、主要内容、学习要求罗列其中,便于读者把握。

(3) 新形态教材,App 的应用中包含大量三维动画和视频,读者用手机扫一扫相关页面便可阅读和自行旋转三维模型,展现工程形体图文并茂的空间"实景"和内部结构,有利于读者学习。

(4) 加强计算机绘图。采用了最新的主流计算机绘图软件 AutoCAD2015,将计算机绘图内容集中介绍,用手机扫一扫相关页面便可观看讲解视频,便于学生学习运用。

(5) 本书编排兼顾了内容的完整性和形式的灵活性,依据读者的认知能力和思维能力,重点突出,难点分散,既有利于读者的自学,又顺应了数字教学的发展趋势。

(6) 采用最新国家标准。书中采用了国家质量技术监督局颁布的最新国家标准。

本书由王琳、王慧源、祁型虹担任主编,郑芳、李新、陈全、张林国担任副主编,黄丽主审。电子教材由王慧源、卢其兵、王琳、李新、朱希夫担任主编。

参加编写的教师有(以姓氏笔画为序):万勇、王琳、王静、王成刚、王慧源、卢其兵、冯贵层、匡珑、朱希夫、朱建霞、刘雪红、祁型虹、李茂、李新、杨红涛、吴飞、余晓琴、张萍、张仪哲、张林国、张锦光、陈全、范林、郑芳、郑钧宜、赵奇平、胡敏、姚勇、姚碧涛、黄丽、游险峰。由王琳、王慧源负责全书的策划及统稿、定稿。武汉理工大学工程图学部的老师们在本书的编写过程中提出了许多宝贵的意见和建议,武汉理工大学机电学院学生农浩业、卢岩、李鑫,汽车学院学生马俊杰、汪孟杰、冯戈翎、韩承志等做了大量三维模型和动画。农浩业、卢岩录制了视频,在此一并表示感谢。

由于编者水平所限,书中难免存在缺点和疏漏,我们诚恳希望读者批评指正。

编　者

2018 年 7 月

目　　录

绪　　论

一、本课程的研究对象

准确地表示出物体的形状、大小和有关要求的图形称为图样。在现代的工业生产中，要制造各种机器设备、仪器、仪表等，都必须先画出其图样以表达设计意图，然后根据图样所反映的要求进行加工制造。因此，图样是工业生产和科技部门不可缺少的技术文件，常被喻为"工程界的语言"。每个工程技术人员都必须掌握这种语言。

随着科学技术的进步和计算机技术的普及与发展，人们由手工绘制图形转向了用计算机绘制，从而极大地提高了绘图速度与绘图质量，并由此形成了一门新的学科——计算机图学。它将促使制图技术的发展迈向新的里程。因此，每一位科技人员不仅要掌握图样的基本知识，还必须掌握计算机绘图的原理与技能。

本课程就是研究绘制和阅读工程图样、了解计算机绘图的一门技术基础课。

二、本课程的任务

本课程的主要任务是：

(1) 培养空间想象能力。

(2) 培养绘制和阅读工程图样的能力。

(3) 培养计算机绘图能力。

(4) 培养认真负责的工作态度和严谨细致的工作作风。

三、本课程的学习方法

(1) 工程制图是一门理论性和实践性很强的课程，必须理论联系实际，细观察，多思考，注意增加对几何形体、各种零件、部件等的感性认识，把抽象的理论与实际结合起来，培养空间想象能力。

(2) 学习时要注意由空间物体到平面图样和由平面图样到空间物体的转化。

(3) 注意掌握正确的读图和画图方法与步骤，不断地提高手工绘图和计算机绘图的能力。

第1章 制图的基本知识与技能

关键词

平面图形 绘图工具 绘图方法

主要内容

1. 尺寸标注有关规定

2. 绘图仪器和工具的使用方法

3. 常用几何作图方法

4. 平面图形的尺寸、线段分析及基本作图步骤

5. 绘图方法和步骤

学习要求

1. 熟悉尺寸标注的有关规定

2. 熟悉绘图工具和仪器的使用方法

3. 掌握平面图形的绘制方法和步骤

4. 掌握正确的绘图步骤。绘图时做到布局合理、线型清晰规范、字体工整、图面整洁

1.1 制图工具、仪器及其使用方法

正确使用绘图工具和仪器既能保证绘图质量又能加快绘图速度。常用的绘图工具有图板、丁字尺、三角板、曲线板、铅笔、橡皮、小刀等。绘图仪器主要有圆规、分规等。现将这些常用的工具和仪器的使用方法进行简单介绍。

1. 图板、丁字尺及三角板

图板是用来铺贴图纸的，表面应平坦光洁。图板的左侧边为丁字尺的导边，应该平直光滑。常用的图板规格有 A0 号、A1 号和 A2 号。

丁字尺由尺头和尺身两部分组成，主要用来画水平线。在画水平线时，必须将尺头紧靠图板的左边，上下移动到所需位置时，自左向右画水平线，如图 1-1(a)所示。

三角板与丁字尺配合使用，可画出垂直线，如图 1-1(b)所示。此外，还可画与水平线成 15°、30°、45°、60°、75°的倾斜线，如图 1-2 所示。

2. 圆规、分规

圆规用来画圆和圆弧。圆规的一条腿上装有钢针，钢针的一端带台阶，画圆或圆弧时，常用带台阶的针尖定心，另一条腿上可装入软硬适度的铅芯。圆规在使用前应先调整针脚，使铅芯与针尖台阶平齐(针脚应比铅芯稍长)。画图时不论圆的直径有多大，应尽量使圆规的钢针和铅芯都与纸面垂直。

分规可用来量取线段和分割线段。分割线段时先将分规的两脚尖调整到所需的距

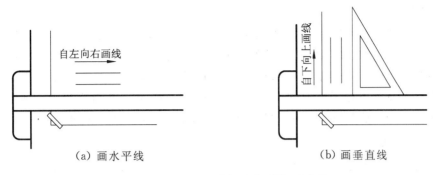

（a）画水平线　　　　　　　　　　（b）画垂直线

图 1-1　用丁字尺、三角板画水平线、垂直线

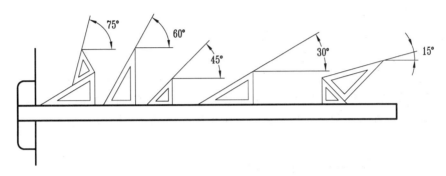

图 1-2　画倾斜线

离,然后用右手拇指、食指捏住分规手柄,使分规两针尖沿线段交替作为圆心并旋转前进。

3. 曲线板

曲线板是用来画非圆曲线的。曲线板上的轮廓线由多段不同曲率半径的曲线组成。画图时,先徒手用铅笔轻轻地把所求曲线上各点依次连成曲线,如图 1-3 所示,然后选择曲线板上曲率合适的部分与徒手连接的曲线贴合,每次连接应至少通过曲线上的三个点,并且每画一段线都要比曲线板轮廓与曲线相吻合的部分稍短一些,这样画成的曲线才光滑、自然。

图 1-3　曲线板的用法

4. 绘图铅笔

一般采用木质绘图铅笔,其末端刻印了铅芯硬度的标记(H 表示硬,B 表示软)。绘图时应同时准备 2H、H、HB、B、2B 铅芯的铅笔数支。绘制粗实线一般选用较软的铅笔(2B 或 B),铅芯磨成扁四棱柱状,宽度与粗实线一样,圆规的铅芯可比铅笔的铅芯软一级;绘制底稿及各种细线可选用稍硬的铅笔(2H 或 H);写字、画箭头可选用硬度适中的铅笔(HB),其铅芯应磨成圆锥头,加粗时铅芯应磨得略粗,磨成矩形(鸭嘴形)。

5. 自动绘图机

用计算机控制的绘图机绘图是目前应用最广的绘图方法,关于计算机绘图,本书在第 10 章中将详细介绍。

6. 图纸及其固定

图纸应洁白、坚韧、耐擦、不易起毛,并应符合国家标准规定的幅面尺寸。

固定图纸时,应先将图纸置于图板左下方的适当位置(下方留出的尺寸应不小于丁字尺尺身的宽度),并使图纸上面的图框线对准丁字尺尺身的工作边,然后将图纸的四角用透明胶带纸粘贴在图板上(不宜使用图钉或糨糊)。当图纸幅面尺寸较大时,为防止图纸中间部分翘起,可在各边的适当位置加贴透明胶带纸固定,如图 1-4 所示。

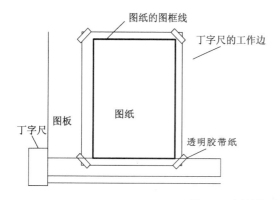
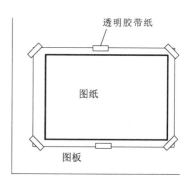

图 1-4 图纸的固定

1.2 几何作图

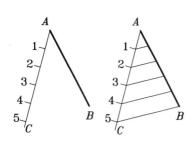

图 1-5 比例法等分已知线段

在绘制机械图样的过程中,常会遇到等分线段或圆周,作正多边形,画斜度和锥度,圆弧连接,以及绘制非圆曲线等几何作图问题,下面分别介绍它们的作图方法。

1.2.1 等分线段与作正多边形

1. 等分线段

图 1-5 表示等分已知线段的一般作图方法。如要将已知线段 AB 五等分,可过其一个端点 A 任作一直线 AC,用分规以任意距离在 AC 上

量得 1、2、3、4、5 各等分点,然后连接 5—B,并过各等分点作 5—B 的平行线,即得 AB 上的各等分点。

2. 用三角板和丁字尺直接作正多边形

机械图样最常遇到的正多边形即为正六边形,在实际制图时,人们习惯使用三角板与丁字尺配合,根据已知条件直接作出正六边形,其外接圆也可省略不画。具体作法如下:

(1) 已知正六边形对角线的距离 D。过正六边形的中心 O 画出其对称中心线;取 $O—1=O—4=D/2$,过点 1、4 作与水平线成 60° 的斜线[图 1-6(a)];将三角板翻身,画出另两条 60° 斜线;再使三角板的斜边通过中心 O,作出点 2、5[图 1-6(b)];再过点 2 和 5 用丁字尺直接作水平线 2—3 和 5—6,即完成该正六边形[图 1-6(c)]。

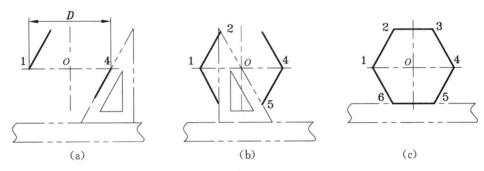

图 1-6 已知对角线的距离 D 作正六边形

(2) 已知正六边形的对边距离 S。过正六边形的中心 O 画出其对称中心线,并对称地量取 S/2 距离画出上、下两水平边;再使与水平成 60° 的三角板斜边通过中心 O 而且确定 1、4 两点[图 1-7(a)];再将三角板翻身,过 1、4 两点作 1—2 和 4—5 线,与水平中心线分别交于 2、5 点[图 1-7(b)];再将三角板翻身,过 2、5 点作线 2—3 和 5—6,即完成该正六边形[图 1-7(c)]。

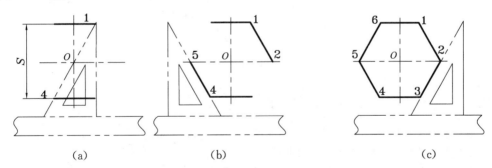

图 1-7 已知对边距离 S 作正六边形

1.2.2 斜度与锥度

1. 斜度

斜度是指一直线或平面对另一直线或平面的倾斜程度,其大小用这两直线或平面间夹角 α 的正切来表示(图 1-8),即

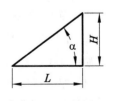

图 1-8 斜度的定义

$$斜度＝H/L＝\tan\alpha$$

制图中一般将斜度值化为 1:n 的形式进行标注。斜度的符号如图 1-9(a)所示,标注斜度的方法如图 1-9(b)～(d)所示。要特别注意斜度符号的方向应与斜度的方向一致。

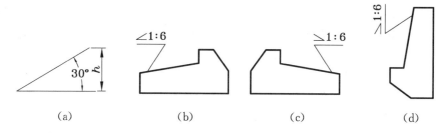

图 1-9　斜度的符号及标注方法

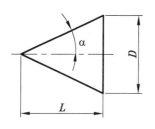

图 1-10　锥度的定义

2. 锥度

如图 1-10 所示,正圆锥体的锥度是指其底圆直径 D 与其锥高 L 之比;正圆锥台的锥度是指其两底圆直径之差($D-d$)与锥台高度之比。即

$$锥度＝\frac{D}{L}＝\frac{D-d}{L}＝2\tan\alpha \quad (\alpha 为锥顶角之半)$$

在制图中一般将锥度值化为 1:n 的形式进行标注。锥度的符号如图 1-11(a)所示,标注锥度的方法如图 1-11(b)～(d)所示。要特别注意锥度符号的方向应与锥度的方向一致。

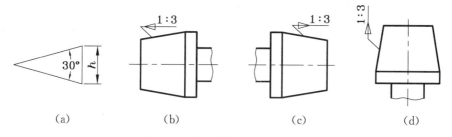

图 1-11　锥度的符号及标注方法

1.2.3　直线与圆弧、圆弧与圆弧连接

圆弧连接是指用一段圆弧(连接弧)光滑连接相邻直线或圆弧,其实质就是使圆弧与已知直线或已知圆弧相切。图 1-12 为机器零件上的各种圆弧连接。

圆弧连接的几种形式如下。

1. 用半径为 R 的圆弧连接两直线

如图 1-13 所示,作图步骤如下:

(1) 作连接圆弧的圆心。分别作两直线的平行线(平行线与已知直线相距为 R),交

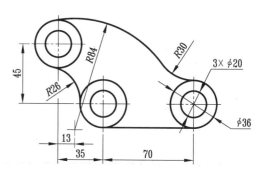

图 1-12　机器零件上的各种圆弧连接

点 O 即为连接弧的圆心,如图 1-13(b)所示。

(2) 确定两连接点(切点)。从 O 点分别向两已知直线作垂线,垂足 A、B 即为两连接点,在两连接点之间作出连接圆弧,如图 1-13(c)所示。

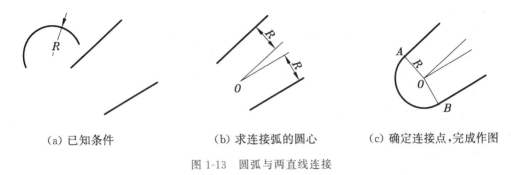

(a) 已知条件　　　　　　(b) 求连接弧的圆心　　　　(c) 确定连接点,完成作图

图 1-13　圆弧与两直线连接

2. 用半径为 R 的圆弧同时外切于两已知圆弧(半径分别为 R_1、R_2)

如图 1-14(a)所示,作图步骤如下:

(1) 作连接圆弧的圆心。分别以 O_1 和 O_2 为圆心,$R+R_1$ 和 $R+R_2$ 为半径画弧,两弧的交点即为连接弧的圆心 O。

(2) 作两连接点。连接 OO_1、OO_2,交两已知圆弧于 C、D 两点(即为两连接点)。

(3) 在两连接点之间作出连接圆弧。

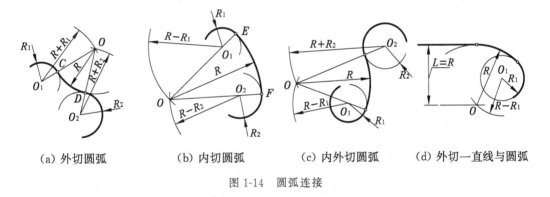

(a) 外切圆弧　　　　(b) 内切圆弧　　　　(c) 内外切圆弧　　　　(d) 外切一直线与圆弧

图 1-14　圆弧连接

3. 用半径为 R 的圆弧同时内切两圆弧(半径分别为 R_1、R_2)

如图 1-14(b)所示,作图步骤如下:

(1) 作连接圆弧的圆心。分别以 O_1 和 O_2 为圆心,$R-R_1$ 和 $R-R_2$ 为半径画弧,两弧的交点即为连接弧的圆心 O。

(2) 作两连接点。连接 OO_1、OO_2 并延长,交两已知圆弧于 E、F 两点(即为两连接点)。

(3) 在两连接点之间作出连接圆弧。

4. 用半径为 R 的圆弧分别内、外切两圆弧

如图 1-14(c)所示,作图步骤请读者自己思考。

5. 用半径为 R 的圆弧光滑连接一直线和一圆弧

如图 1-14(d)所示,作图步骤请读者自己思考。

1.2.4 平面曲线

非圆的平面曲线种类很多,本章仅介绍常用的两种平面曲线(椭圆、渐开线)的画法。

1. 椭圆的画法

(1) 同心圆法(已知椭圆的长轴 AB 和短轴 CD)。分别以 AB 和 CD 为直径作两同心圆(图 1-15),过圆心 O 作一系列放射线与两圆相交;分别过大圆上的各交点引长轴 AB 的垂线,过小圆上的各交点引短轴 CD 的垂线,相应垂线的交点用曲线板光滑连接起来,即完成椭圆的作图。

(2) 四心近似法(已知椭圆的长轴 AB 和短轴 CD)。连接 AC,如图 1-16 所示,在 OC 上取 $OE=OA$,再在 AC 上取 $CF=CE$,接着作 AF 的垂直平分线,分别与长轴、短轴交于 1、2 点,再作出其对称点 3、4;分别以 2、4 为圆心,线段 2—C、4—D 为半径画两段大圆弧 $\overgroup{5C6}$、$\overgroup{7D8}$;分别以 1、3 为圆心,线段 1—A、3—B 为半径画两段小圆弧 $\overgroup{7A5}$、$\overgroup{6B8}$。这四段圆弧即构成一个近似椭圆。

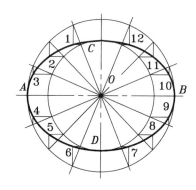

图 1-15 同心圆法作椭圆

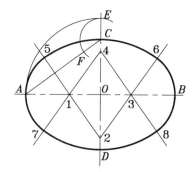

图 1-16 四心近似法作椭圆

2. 渐开线的画法

将切线绕圆周连续无滑动地滚动,切线上任一点的轨迹即为渐开线。

作图步骤:将圆周展开成直线 AM(长度为 πD),分圆周及其展开长度为相同等份(图 1-17 中为 12 等份);过圆周上各分点作圆的切线,并自切点 1 开始截取线段,使其长

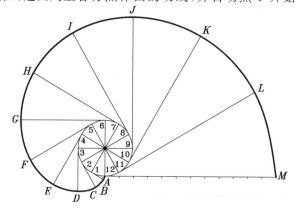

图 1-17 渐开线的画法

度依次等于展开长度的 1/12,2/12,···,得到 $A,B,···,M$ 12 个点,用曲线板光滑连接起来即为渐开线。

1.3 平面图形的分析与作图步骤

任何平面图形总是由若干线段(包括直线段、圆弧、曲线)连接而成的,每条线段又有相应的尺寸来决定其长短(或大小)和位置。一个平面图形能否正确绘制出来,要看图中所给的尺寸是否齐全和正确。因此,绘制平面图形时应先进行尺寸分析和线段分析。

1.3.1 平面图形的尺寸分析及标注

平面图形的尺寸标注要求正确、清晰、完整。图 1-18 所示为正确与错误尺寸标注的对比。

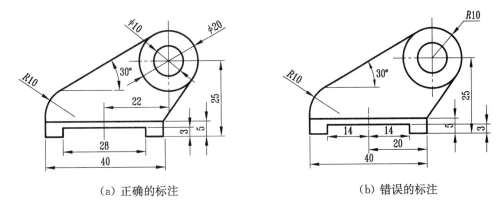

(a) 正确的标注　　　　　　　　　(b) 错误的标注

图 1-18　尺寸标注的正误对比

正确——平面图形的尺寸必须按照国家标准的规定进行标注,尺寸数值不能注错和出现矛盾,在图 1-18(b)中尺寸 14、14、右上的 R 10 均注错。

完整——尺寸要标注齐全,不能遗漏,也不可重复。如图 1-18(b)所示,20 为重复标注尺寸,不应标注;ϕ10、22 为遗漏尺寸。

清晰——尺寸要标注在图形最明显处,布局要整齐。如图 1-18(a)所示,尺寸一般应注在图形外,如 3、5、28、40 等;如图形内有空,有时也可注在图形内,如 22。当图形中同一方向有几个线性尺寸要标注时,将小尺寸注在里,大尺寸注在外,以免尺寸线和尺寸界线相交,如图 1-18(b)所示,3 在 5 的右方,尺寸线相交,为不合理的标注。

对平面图形的尺寸进行标注时,首先要确定长度方向和高度方向的基准,也就是确定以上两个方向上标注尺寸的起点。

平面图形常用的基准有:对称图形的对称线、较大圆的中心线、较长的直线等。例如,图1-18(a)以圆的中心线为基准线。

平面图形的尺寸按其在平面图形中所起的作用分为定形尺寸和定位尺寸两大类。定形尺寸是确定各部分形状大小的尺寸,如直线的长度、圆及圆弧的直径或半径、角度的大小等[如图 1-18(a)中的尺寸 ϕ10、ϕ20、R10]。定位尺寸是确定圆心、线段等在平面图形中所处位置的尺寸,如图 1-18(a)中的尺寸 22、25。在某些形体上,定形尺寸和定位尺寸并不是绝对的,有时定形尺寸同时具有定位功能,具有双重作用。

标注尺寸的步骤是:首先要分清楚图形各部分的构成,确定尺寸基准,其次标注定形尺寸,再次标注定位尺寸,最后仔细校核所注尺寸,若发现有遗漏、重复或不够清晰、不合规定的注法,都应及时改正。

1.3.2 平面图形的线段分析

平面图形常由很多线段连接而成,要画平面图形,就应对这些线段加以分析。

平面图形的线段可以分为三类:

(1)已知线段(弧)——有足够的定形尺寸和定位尺寸,不需要依靠与其他线段(圆弧)相切作图,就能按所注尺寸画出的线段(圆弧)。图 1-19(a)中的 $\phi10$、$\phi20$ 圆弧即为已知线段(圆弧)。

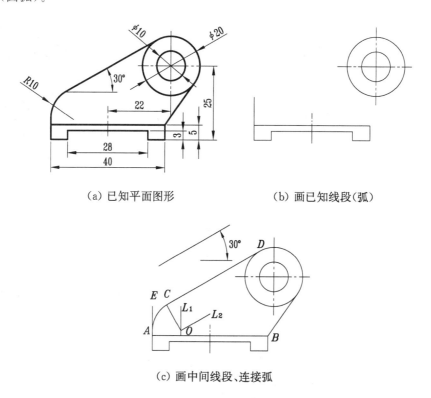

(a)已知平面图形　　　　(b)画已知线段(弧)

(c)画中间线段、连接弧

图 1-19　平面图形的作图步骤

(2)中间线段(弧)——缺少一个定位尺寸,必须依靠一端与另一已知线段(圆弧)相切而画出的线段(圆弧)。图 1-19(a)中的倾斜线为中间线段(弧)。

(3)连接线段(弧)——缺少两个定位尺寸,因而需要依靠两端与另两线段(圆弧)相切,才能画出的线段(圆弧)。图 1-19(a)中 $R10$ 的圆弧是连接弧。

1.3.3 平面图形的作图步骤

画平面图形的步骤是:先画基准线,再根据各个封闭图形的定位尺寸画出定位线、已知线段(弧)、中间线段(弧),最后画出连接线段(弧)。

如图 1-19(b)、(c)所示,作图步骤如下:

(1) 画基准线。高度方向以 $\phi20$ 的水平中心线为基准线,长度方向以 $\phi20$ 的竖直中心线为基准线。

(2) 画已知线段(弧)。先画出水平中心线,与竖直中心线相交于一点,然后以此点为圆心,画出 $\phi20$、$\phi10$ 的已知圆弧;再画另一对称线(水平距离为 22)及已知的直线段,如图 1-19(b)所示。

(3) 画中间线段(弧)。作一条 30°的直线 CD 与 $\phi20$ 的圆相切,过 B 点作一条直线与 $\phi20$ 的圆相切,如图 1-19(c)所示。

(4) 画连接线段(弧)。左端的 R10 圆弧与已知的直线 AE、CD 相切,作 L_1 平行于 AE,L_2 平行于 CD,距离均为 10,L_1 与 L_2 的交点 O 即为 R10 的圆心,过 O 点分别作 AE、CD 直线的垂线,垂足即为切点,从而作出该连接圆弧 R10,如图 1-19(c)所示。

(5) 检查整理,加粗图形轮廓线,并标注尺寸,完成全图,如图 1-19(a)所示。

1.4　绘图的方法和步骤

要使图样绘制得既快又好,必须熟悉制图标准,掌握正确的几何作图方法和正确使用绘图工具,科学合理的绘图步骤是提高绘图工作效率的重要因素。有时在工作中也需要画徒手草图,因此,还要学习徒手画图的基本方法。

1.4.1　仪器绘图的方法和步骤

1. 认真做好准备工作

(1) 准备好所用的绘图工具(图板、丁字尺、圆规、三角板等)和仪器,并将其擦拭干净。安排好工作地点,使光线从图板的左前偏上方射入,将所需工具放置在取用方便之处。

(2) 分析所画对象,了解图形的连接情况,确定哪些线段是已知线段,哪些线段是中间线段或是连接线段,以便确定绘图的先后顺序。

(3) 根据所画对象的大小选择合适的图幅及绘图比例。为使图纸粘贴平整,固定图纸一般按对角线方向顺次固定。当图纸较小时,应将图纸固定在图板的左下方。为使丁字尺移动和画图方便,图纸底边与图板下边的距离应稍大于丁字尺宽度。

2. 画底稿

画底稿步骤是:先画图框、标题栏,再画图形。用铅笔画底稿图时,要用较硬的铅笔(如 2H 或 H)仔细轻轻地画出,做到图线大致分明。

画图形时,应注意按选择的适当比例,做好整体布置,先画作图基准线(如轴线、对称线、较长的直线等),然后画主要轮廓线,最后画局部。画好底稿后,经校核,擦去多余的线条。

3. 图线加深的方法和步骤

用铅笔加深图线时常选用 HB 或 B 的铅笔,圆规的铅芯要比铅笔软一级(用 B 或 2B)。

加深粗实线,可分以下几个阶段:

(1) 加深所有的圆及圆弧。

(2) 用丁字尺由上到下加深所有的水平线。

(3) 用丁字尺配合三角板从左到右加深所有的垂直线。

(4) 加深斜线。

(5) 加深所有的虚线、点画线和剖面线。

(6) 绘制尺寸界限、尺寸线及箭头,注写尺寸数字及其他文字说明,填写标题栏。

1.4.2 徒手绘图的方法和步骤

徒手图也称为草图,是不借助绘图工具通过目测物体的形状、大小而徒手绘制的图样。草图由于绘制迅速简便,常用于机器测绘、讨论设计方案、技术交流、现场参观等。作为工程技术人员,必须具备徒手绘图的能力。

徒手图不是潦草的图,除比例一项不要求按照国家标准规定绘制外,其余必须遵守国家标准规定。要求做到:

(1) 画线要稳,图线要清晰。

(2) 目测尺寸要准(尽量符合实际),各部分比例要匀称。

(3) 绘图速度要快。

(4) 标注尺寸无误,字体工整。

为便于控制尺寸大小,经常在网格上画徒手图,网格纸不要求固定在图板上,为了作图方便可任意转动或移动。画草图的铅笔比用仪器画图的铅笔软一号,削成圆锥状(画细实线可削得尖些)。

要画好徒手图,必须掌握徒手绘制各种线条的基本方法:

(1) 握笔的方法。握笔时手的位置要比用仪器画图时较高些,以利运笔和观察目标。笔杆应与纸面成 $45°\sim60°$,使执笔较稳。

(2) 直线的画法。画直线时,特别是画较长的直线时,肘部不宜接触纸面。如果要用一直线连接两已知点,眼睛要注意终点,以保证直线的方向,在作较长直线时可以分段进行。画垂直线时从上至下运笔;画水平线时,为了方便,可将纸放得略倾斜一点;画斜线时,为了运笔方便,可将图纸旋转适当角度,使它转成水平线来画。

(3) 画圆。画小圆时,可按半径先在对称中心线上截取四点,然后分四段连接成圆,如图1-20(a)所示。画大圆时,除对称中心线上的四点外,还可通过圆心画两条 $45°$ 线,再取四点分八段画出,如图 1-20(b)所示。

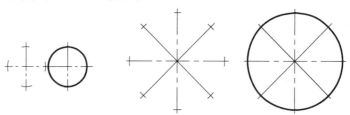

(a) 小圆的画法   (b) 大圆的画法

图 1-20 徒手画圆的方法

绘制草图的步骤基本上与仪器绘图相同。

完成的草图图形必须基本保持机件各部分的比例关系,因此绘制草图前,应先目测机件总的长、宽、高的尺寸比例,再确定各细部之间的比例关系。例如,图1-21所示的机件,草图应线形分明,字体工整,图面整洁。由于草图大小是根据目测估计画出的,没有确定的比例,故草图的标题栏中不填写比例。图1-21所示为机件草图。

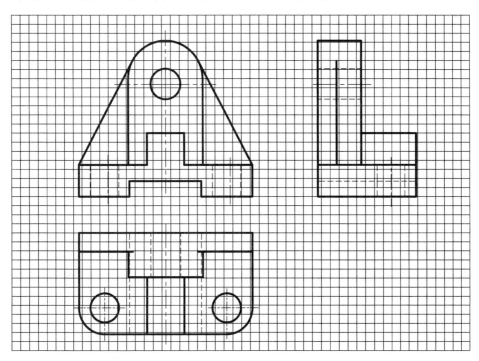

图 1-21　机件草图

第 2 章　投影基础

关键词

投影　三视图　点　直线　平面

主要内容

1. 投影的基本知识
2. 三视图的形成及投影规律
3. 点、直线和平面的投影

学习要求

1. 熟悉正投影的基本原理和投影特性
2. 熟练掌握三视图的投影规律，正确画出物体三视图
3. 熟悉点的投影规律，掌握直线和平面在三面体系中的投影特性
4. 掌握在直线上取点，在平面上取点、取直线的作图方法

点、直线和平面是组成物体的基本几何元素，掌握它们的投影规律和图示特征能为学习后面各章打下坚实的基础。它揭示了立体投影的基本原理，并训练和培养了空间思维的方法及能力。

2.1　投影的基本知识

2.1.1　投影法

在日常生活中，当太阳光或灯光照射物体时，在地面或墙壁上会出现物体的影子。人们在长期的生产实践中，根据影子的启示，经过科学的抽象，总结出投影及投影法的概念。如图2-1所示，假想光线能通过物体，将其内外各表面的所有边界轮廓线向选定的平面投射，并在该面上得到一个由线条组成的平面图形。通过此方法所得到的图形称为投影图（简称投影），光线称为投射线，得到投影的平面称为投影面，在投影面上得到物体投影的方法称为投影法。

2.1.2　投影法的分类

由于投射线、物体和投影面之间的相互关系不同，因而产生了不同的投影法。根据投射线的汇交或平行，投影法可分为以下几种。

1. 中心投影法

中心投影法是投射线通过投射中心（一点）把物体投射到投影面上而得到投影图的方法，如图 2-1 所示。

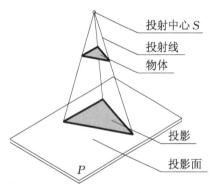

图 2-1　中心投影法

2. 平行投影法

当投射中心移至无穷远时,投射线趋于平行,由
相互平行的投射线把物体投射到投影面上而得到投影图的方法称为平行投影法,如图 2-2
所示。在平行投影法中,又因投射线与投影面的相对位置不同而分为:

(1) 斜投影法——投射线倾斜于投影面,如图 2-2(a)所示。由斜投影法得到的图形
称为斜投影图(简称斜投影)。

(2) 正投影法——投射线垂直于投影面,如图 2-2(b)所示。由正投影法得到的图形
称为正投影图(简称正投影)。

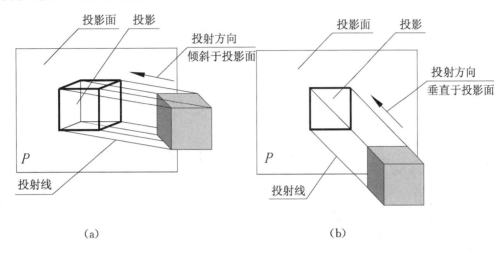

(a)   (b)

图 2-2 平行投影法

2.1.3 正投影的特性

由于正投影法所得到的正投影图能真实地表达空间物体的形状和大小,作图也比较
方便,因此国家标准《技术制图 投影法》(GB/T 14692—2008)中明确规定,机件的图样
按正投影法绘制。下面列出了正投影法的基本特性。

(1) 实形性。当物体上的平面(或直线)与投影面平行时,其投影反映该平面的实形
(或实长),这种投影特性称为实形性。如图 2-3(a)中,压板上的 P 平面平行于投影面 H,
它在 H 面上的投影反映平面 P 的实形。

(2) 积聚性。当物体上的平面(或柱面、直线)与投影面垂直时,在投影面上的投影积
聚为一条直线(或曲线、点),这种投影特性称为积聚性。如图 2-3(b)中,压板上的平面 Q
垂直于投影面 H,它在 H 面上的投影 q 积聚为一条直线。

(3) 类似性。当物体上的平面(或直线)与投影面倾斜时,其投影面积变小(或长度变
短)了,但投影的形状仍与原来形状类似,这种投影特性称为类似性。如图 2-3(c)中,压
板上的平面 R 倾斜于投影面 H,它在 H 面上的投影 r 是一个面积缩小而边数不变的类似
图形。

我们都知道,立体(物体)是由面(平面和曲面)构成的,而面又由线(直线和曲线)构
成,线由点构成,所以点、直线和平面的投影是立体投影的基础,下面我们分别来研究点、
直线和平面的投影。

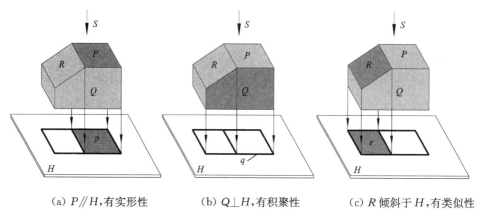

（a）$P /\!/ H$，有实形性　　　　（b）$Q \perp H$，有积聚性　　　　（c）R 倾斜于 H，有类似性

图 2-3　平面的正投影特性

2.2　三视图的形成及对应关系

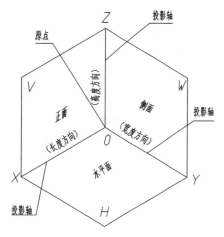

图 2-4　三投影面体系

2.2.1　三投影面体系的建立

三投影面体系由三个相互垂直的正立投影面（简称正面或 V 面）、水平投影面（简称水平面或 H 面）和侧立投影面（简称侧面或 W 面）组成，如图 2-4 所示。

相互垂直的投影面之间的交线，称为投影轴，它们分别是：

OX 轴（简称 X 轴），是 V 面与 H 面的交线，代表左右即长度方向。

OY 轴（简称 Y 轴），是 H 面与 W 面的交线，代表前后即宽度方向。

OZ 轴（简称 Z 轴），是 V 面与 W 面的交线，代表上下即高度方向。

三条投影轴相互垂直，其交点称为原点，用 O 表示。

2.2.2　三视图的形成

将物体置于三投影面体系内，然后从物体的三个方向进行观察，就可以在三个投影面上得到三个视图，如图 2-5 所示。规定三个视图的名称分别是：

（1）主视图，由前向后投射在正面所得的视图。

（2）俯视图，由上向下投射在水平面所得的视图。

（3）左视图，由左向右投射在侧面所得的视图。

这三个视图统称为三视图。

为把三个视图画在同一张图纸上，必须将相互垂直的三个投影面展开在同一个平面上。展开方法如图 2-5

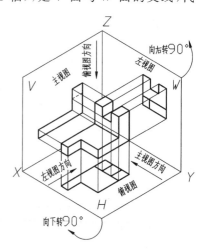

图 2-5　三视图的形成

所示,规定:V 面保持不动,将 H 面绕 OX 轴向下旋转 $90°$,将 W 面绕 OZ 轴向右旋转 $90°$,就得到展开后的三视图,如图 2-6(a)所示。实际绘图时,应去掉投影面边框和投影轴,如图 2-6(b)所示。

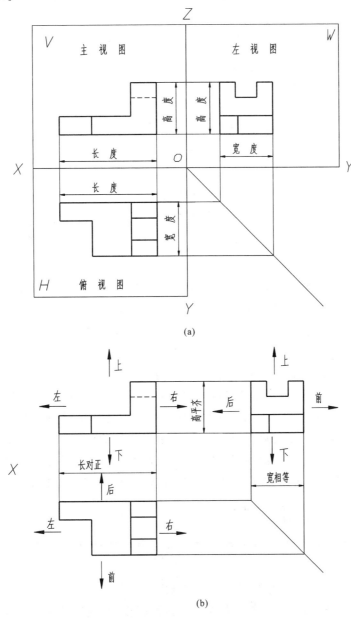

(a)

(b)

图 2-6　展开后的三视图

2.2.3　三视图之间的对应关系及投影规律

由三视图的形成过程可以总结出三视图之间的位置关系、投影规律及方位关系。

1. 位置关系

由三视图的展开过程可知,三视图之间的相对位置是固定的,即主视图定位后,俯视图在主视图的下方,左视图在主视图的右方。各视图的名称不需标注。

2. 投影规律

规定:物体左右之间的距离(X 方向)为长;物体前后之间的距离(Y 方向)为宽;物体上下之间的距离(Z 方向)为高。从图 2-6(a)可以看出,每一个视图只能反映物体两个方向的尺度,即

主视图——反映物体的长度(X)和高度(Z)。

俯视图——反映物体的长度(X)和宽度(Y)。

左视图——反映物体的高度(Z)和宽度(Y)。

由此可得出三视图之间的投影规律(简称三等规律),即

主俯长对正

主左高平齐

俯左宽相等

三视图之间的三等规律,不仅反映在物体的整体上,也反映在物体的任意一个局部结构上,如图 2-6(b)所示。这一规律是画图和看图的依据,必须深刻理解和熟练运用。

3. 方位关系

物体有左右、前后、上下六个方位,搞清楚三视图的六个方位关系,对画图、看图是十分重要的。从图 2-6(b)中可以看出,每一个视图只能反映物体两个方向的位置关系,即

主视图反映物体的左、右和上、下位置关系(前、后重叠)。

俯视图反映物体的左、右和前、后位置关系(上、下重叠)。

左视图反映物体的上、下和前、后位置关系(左、右重叠)。

提示:画图与看图时,要特别注意俯视图和左视图的前、后对应关系。在三个投影面的展开过程中,由于水平面向下旋转,俯视图的下方表示物体的前面,俯视图的上方表示物体的后面;当侧面向右旋转后,左视图的右方表示物体的前面,左视图的左方表示物体的后面。即俯视图、左视图远离主视图的一边,表示物体的前面;靠近主视图的一边,表示物体的后面。物体的俯视图、左视图不仅宽相等,还应保持前、后位置的对应关系。

2.2.4 三视图的画图步骤

根据物体(或轴测图)画三视图时,应先选定主视图的投射方向,然后将物体摆正(使物体的主要表面平行于投影面)。

例 2.1 根据物体的轴测图[图 2-7(a)]画出其三视图。

分析 图 2-7(a)所示支座的下方为一长方形底板,底板后部有一块立板,立板前方中间有一块三角形肋板。根据支座的形状特征,使支座的后壁与正面平行,底面与水平面平行,由前向后为主视图投射方向。

画三视图时,物体的每一组成部分,最好是三个视图配合着画。不要先把一个视图画完后再画另一个视图。这样,不但可以提高绘图速度,还能避免漏线、多线。画物体某一部分的三视图时,应先画反映形状特征的视图,再按投影关系画出其他视图。具体画图步骤如图 2-7(b)~(f)所示。

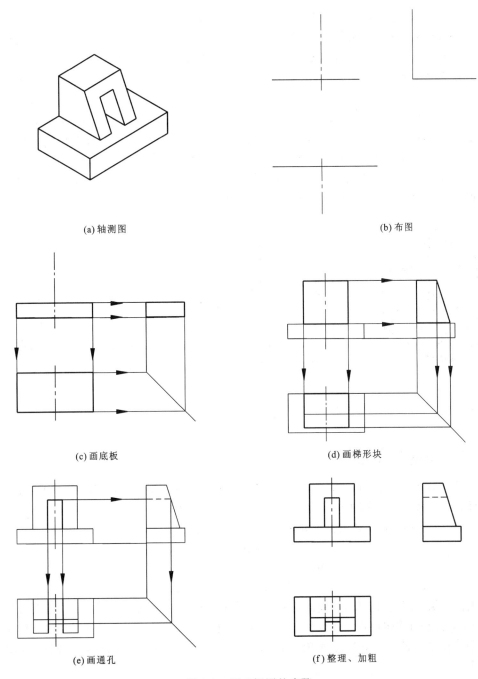

(a) 轴测图

(b) 布图

(c) 画底板

(d) 画梯形块

(e) 画通孔

(f) 整理、加粗

图 2-7　画三视图的步骤

2.3　点　的　投　影

2.3.1　点的三面投影图

设空间有一点 A,如图 2-8(a)所示,过该点分别向投影面 H、V、W 作垂线得到三个

垂足 a、a'、a''，即为点 A 在水平投影面上的投影 a（称为水平投影），正投影面上的投影 a'（称为正面投影），侧投影面上的投影 a''（称为侧面投影）。作图时规定：空间点用大写字母表示，如 $A,B,C,\cdots$；其水平投影用相应的小写字母表示，如 $a,b,c,\cdots$；正面投影用相应的小写字母加一撇表示，如 $a',b',c',\cdots$；侧面投影用相应的小写字母加两撇表示，如 a''，$b'',c'',\cdots$。

画图时需要把三个投影面展开到一个平面上，规定 V 面保持不动，将 H 面绕 OX 轴向下旋转 $90°$，W 面绕 OZ 轴向右旋转 $90°$，这样就将三个互相垂直的投影面展开到一个平面上，如图 2-8(b) 所示。显然轴 OX、OZ 不动，而 OY 轴因是 H 面和 W 面的共有线而要随 H 面旋转到 Y_H 位置，还要随 W 面旋转到 Y_W 位置。实际上在投影图中无须画出投影面的范围，这样就得到了如图 2-8(c) 所示的点的投影图。

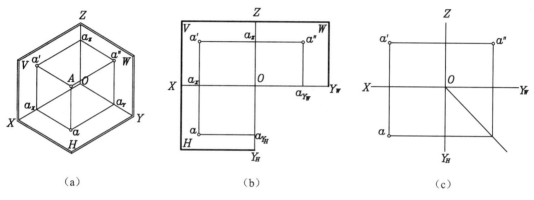

（a）   （b）   （c）

图 2-8　点的三面投影

2.3.2　点的投影规律

前面已经提到，我们可以把三投影面体系看成空间直角坐标体系，则 H、V、W 面即为坐标面，OX、OY、OZ 轴即为坐标轴，O 点为坐标原点。由图 2-8 可知，A 点的三个直角坐标 X_A、Y_A、Z_A 即为 A 点到三投影面 W、V、H 的距离。即

$$Aa''=aa_Y=a'a_Z=Oa_X=X_A$$
$$Aa'=aa_X=a''a_Z=Oa_Y=Y_A$$
$$Aa=a'a_X=a''a_Y=Oa_Z=Z_A$$

由此可见，点的投影图可根据点在投影体系中的位置而得到，如已知点 A 的空间位置 (X_A,Y_A,Z_A) 就可作出该点的三面投影（a、a'、a''）。反之，根据投影图又可确定空间点在投影体系中的位置。例如，已知点 A 的三面投影（a、a'、a''）即可确定该点在空间的坐标值 (X_A,Y_A,Z_A)。

由点的投影图的形成过程可知，点的三面投影之间存在着一定的投影联系，分析图 2-8 可得点在投影体系中的投影规律：

（1）点的各投影连线分别垂直于相应的投影轴，如

$$aa'\perp OX \qquad a'a''\perp OZ \qquad aa_{Y_H}\perp OY_H \qquad a''a_{Y_W}\perp OY_W$$

（2）点的每一个投影至投影轴的距离均反映了空间点到相邻投影面的距离。例如，$a'a_X=a''a_{Y_W}=Aa$，反映了空间点 A 到 H 面的距离，即该点的 Z 坐标；$aa_X=a''a_Z=Aa'$，反映了点 A 到 V 面的距离，即该点的 Y 坐标；$a'a_Z=aa_{Y_H}=Aa''$，反映了点 A 到 W 面的距

离,即该点的 X 坐标。

根据上述投影规律,若已知点的任何两面投影就可作出其第三面投影。

例 2.2 如图 2-9 所示,根据空间点 C 的两个投影 c'、c'',试求作其水平投影 c。

分析 如图 2-9(a)所示,由已知条件,空间点 C 的两投影 c'、c'' 可确定出该点的空间位置 (X_C, Y_C, Z_C)。因此,运用投影规律,即可作出点 C 的水平投影 c。

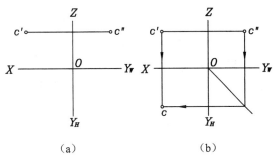

图 2-9　作点的投影图

作图:

(1) 如图 2-9(b)所示,由原点 O 作 45°辅助线。

(2) 过 c' 作该正面投影与水平投影的连线,即过 c' 作垂直于 OX 轴的直线。

(3) 作侧面投影与水平投影的连线,即过 c'' 作垂直于 OY_W 的直线,与 45°辅助线相交,再由该交点作与 OY_H 轴垂直的直线,则这两个投影连线的交点即为所求空间点 C 的水平投影 c。

2.3.3　两点的相对位置与重影点

1. 两点的相对位置

空间两点的前后、上下与左右这些相对位置在投影图中能够清晰地反映出来。如图 2-10 所示,空间有两点 A、B,在投影图中能够看出:

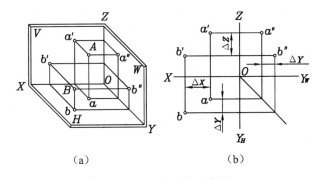

图 2-10　两点的相对位置

(1) b' 在 a' 的左方(b 在 a 的左方),则 B 在 A 之左,它们的左右位置差是其 X 坐标差 $\Delta X = |X_B - X_A|$。

(2) b' 在 a' 的下方(b'' 在 a'' 的下方),则 B 在 A 之下,它们的上下位置差是其 Z 坐标差 $\Delta Z = |Z_A - Z_B|$。

(3) b'' 在 a'' 的右方(b 在 a 的前方),则 B 在 A 之前,b'' 和 a'' 的左右位置差或 b 和 a 的前后位置差是其 Y 坐标差 $\Delta Y = |Y_B - Y_A|$。

分析空间两点的位置可知:两空间点的相对位置是由它们的坐标差来确定的,也可由两点的投影来定,与投影面设置的远近无关。

2. 重影点

当空间两点位于垂直某一投影面的同一条投射线上时,两点在该投影面上的投影就重合成一点,称为该投影面的重影点。根据重影点相对位置可判别几何元素的可见性,对不可见点的投影用加"()"来表示,如表 2-1 所示。

表 2-1 列出 H 面、V 面、W 面三类重影点的立体图、投影图和投影特性。

表 2-1　重影点

名称	H 面重影点	V 面重影点	W 面重影点
立体图	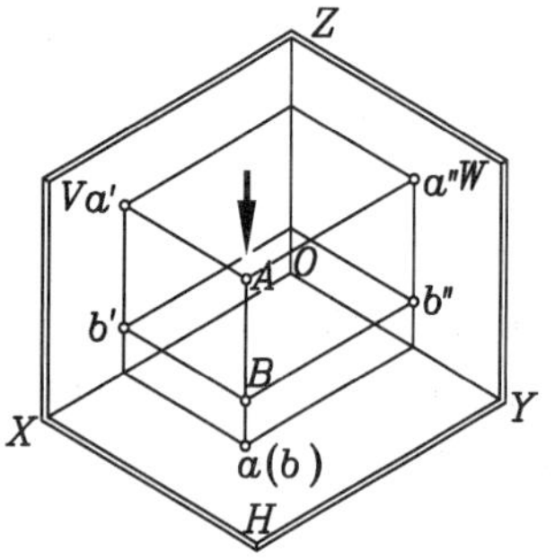	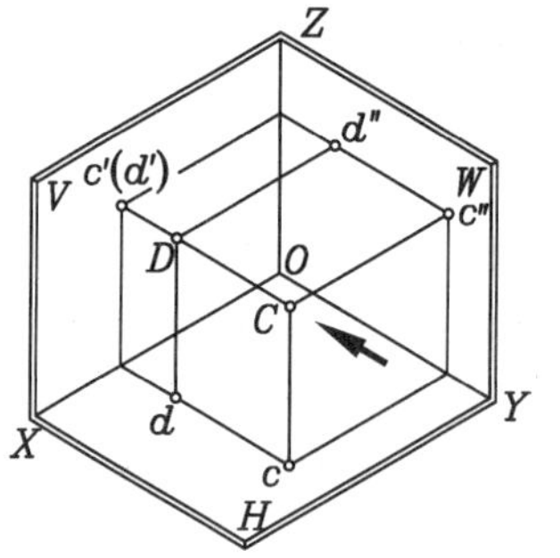	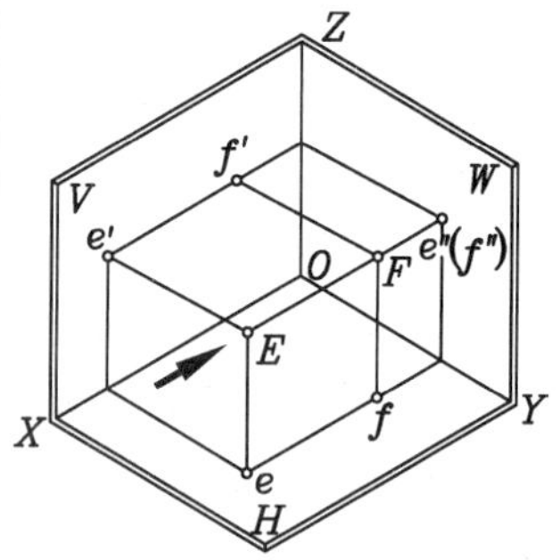
投影图	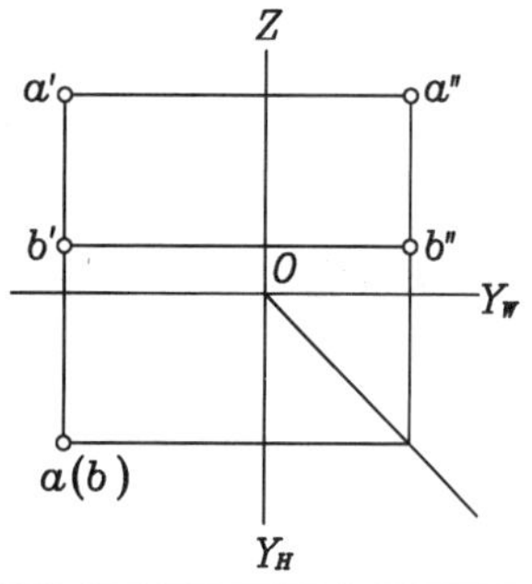	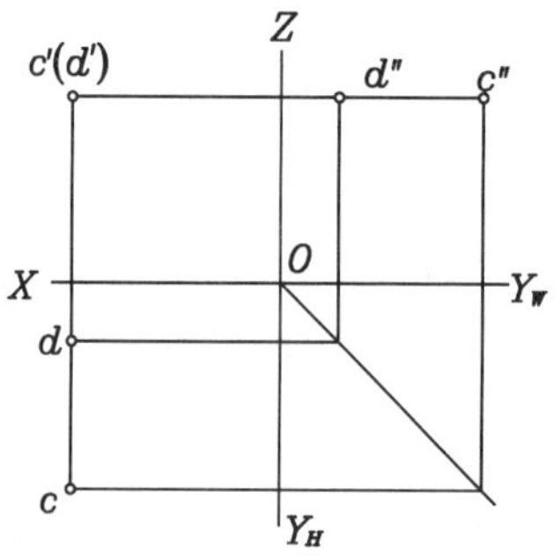	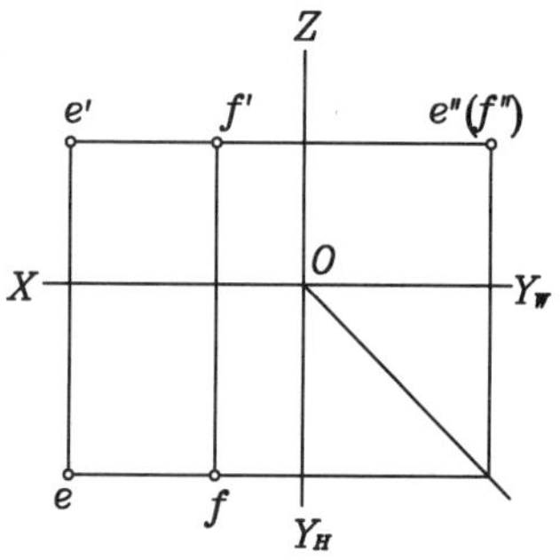
投影特性	1. 两点位于同一条垂直于 H 面的投射线上 2. 两点的 H 面投影重影为一点 3. 上点可见、下点不可见	1. 两点位于同一条垂直于 V 面的投射线上 2. 两点的 V 面投影重影为一点 3. 前点可见、后点不可见	1. 两点位于同一条垂直于 W 面的投射线上 2. 两点的 W 面投影重影为一点 3. 左点可见、右点不可见

2.4　直线的投影

一般情况下,空间一直线的投影仍为一直线,它可由直线上任意两点的投影来确定。也就是说,我们要求一直线的三面投影,只需作出其两个端点的三面投影,再分别用直线连接它们的同面投影(同一投影面上的投影),即可得到该直线的三面投影。

2.4.1　各种位置直线的投影特性

在三投影面体系中,直线按其相对投影面的位置可分为三种:投影面平行线、投影面垂直线和投影面倾斜线(也称一般位置直线)。直线与投影面 H、V、W 之间的倾角分别为 α、β、γ。

1. 投影面平行线

平行于一个投影面,而与另外两个投影面倾斜的直线,称为投影面平行线。按其所平行的投影面不同,又分为水平线(∥H 面)、正平线(∥V 面)和侧平线(∥W 面)三种。如图 2-11 所示,物体表面上的直线 AB、BC、AC 均为投影面平行线,其中 AB 是水平线,BC 是正平线,AC 是侧平线。表 2-2 列出了以上三种投影面平行线的三面投影及其投影特性。

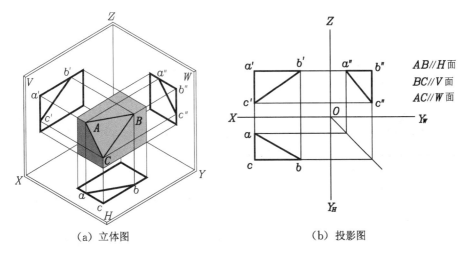

（a）立体图　　　　　　　　　　　　　（b）投影图

图 2-11　投影面平行线

表 2-2　投影面平行线

名称	水平线	正平线	侧平线
立体图			
投影图			

名称	水平线	正平线	侧平线
投影特性	1. *H* 面投影 *ab* 反映实长 2. *V*、*W* 面投影 *a'b'*、*a"b"* 分别平行于 *OX* 轴和 *OY_W* 轴 3. *ab* 与 *OX* 轴和 *OY_H* 轴的夹角分别反映 β、γ 角	1. *V* 面投影 *b'c'* 反映实长 2. *H*、*W* 面投影 *bc*、*b'c"* 分别平行于 *OX* 轴和 *OZ* 轴 3. *b'c'* 与 *OX* 轴和 *OZ* 轴的夹角分别反映 α、γ 角	1. *W* 面投影 *a"c"* 反映实长 2. *H*、*V* 面投影 *ac*、*a'c'* 分别平行于 *OY_H* 轴和 *OZ* 轴 3. *a"c"* 与 *OY_W* 轴和 *OZ* 轴的夹角分别反映 α、β 角
实例	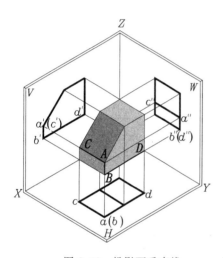		

注：α、β、γ 分别为直线与投影面 *H*、*V*、*W* 之间的倾角

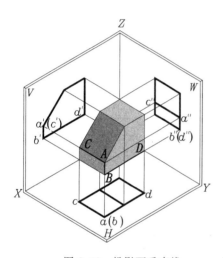

图 2-12　投影面垂直线

从表 2-2 中可以看出，投影面平行线具有下列投影特性：

（1）在所平行的投影面上，投影反映实长，投影与投影轴之间的夹角代表直线与另外两个投影面之间的实际倾角。

（2）在另外两个投影面上，投影均平行于相应的投影轴，呈水平或铅垂状态。

2. 投影面垂直线

垂直于一个投影面且必平行于另外两个投影面的直线称为投影面垂直线。根据所垂直的投影面的不同，又分为正垂线（$\perp V$ 面）、铅垂线（$\perp H$ 面）和侧垂线（$\perp W$ 面）。图 2-12 中压块表面上的直线 *AB*、*AC*、*BD* 均为投影面垂直线，其中 *AB* 是铅垂线，*AC* 是正垂线，*BD* 是侧垂线。

表 2-3 分别列出了以上三种投影面垂直线的三面投影及其投影特性。

从表 2-3 中可看出，投影面垂直线具有下列投影特性：

（1）在所垂直的投影面上，投影积聚成一点。

（2）在另外两个投影面上，投影均垂直于相应的投影轴，呈铅垂或水平状态，且反映实长。

3. 一般位置直线

与 *H*、*V*、*W* 三个投影面既不平行也不垂直的直线称为投影面倾斜线或一般位置直线。如图 2-13(a) 所示四棱锥上的四条棱线与三个投影面均处于倾斜位置，因此棱线的各个投影长度均小于棱线实长，而且棱线的各面投影与投影轴方向既不平行也不垂直，如图 2-13(b) 所示。

表 2-3　投影面垂直线

名称	铅垂线	正垂线	侧垂线
立体图	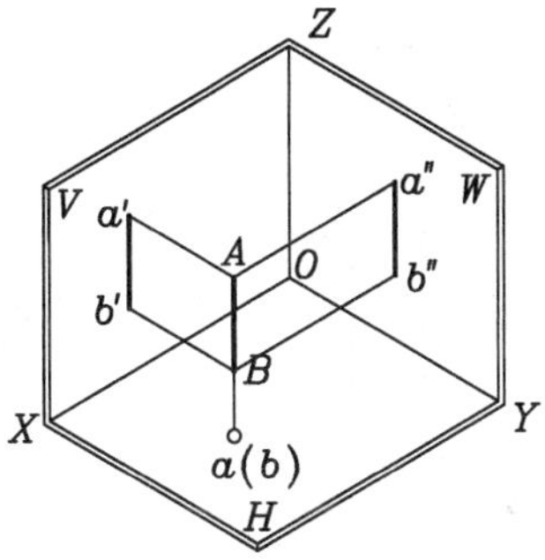	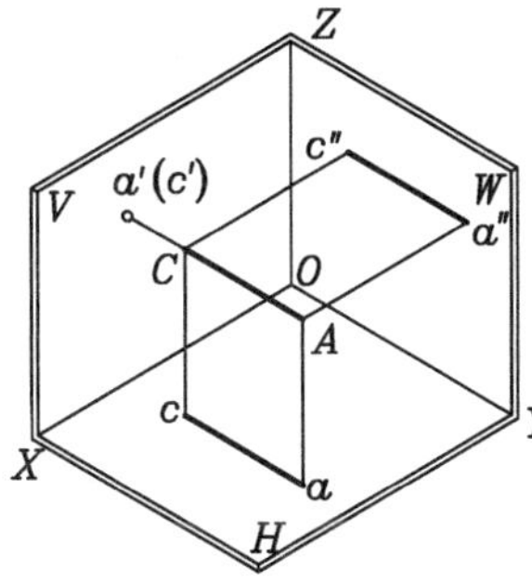	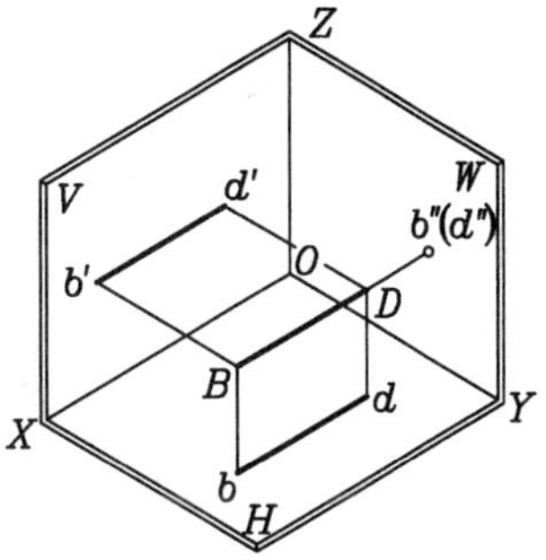
投影图	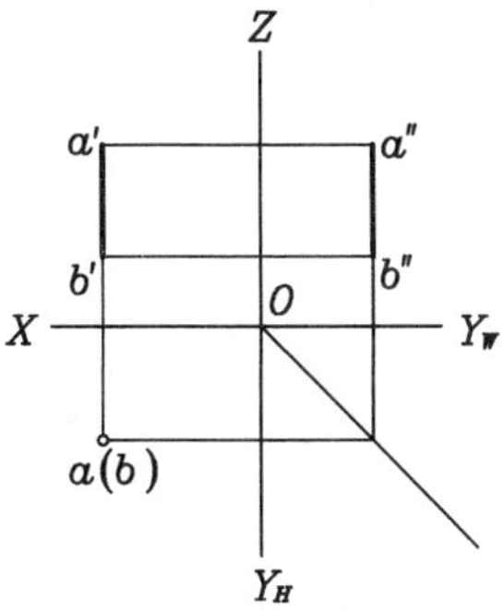	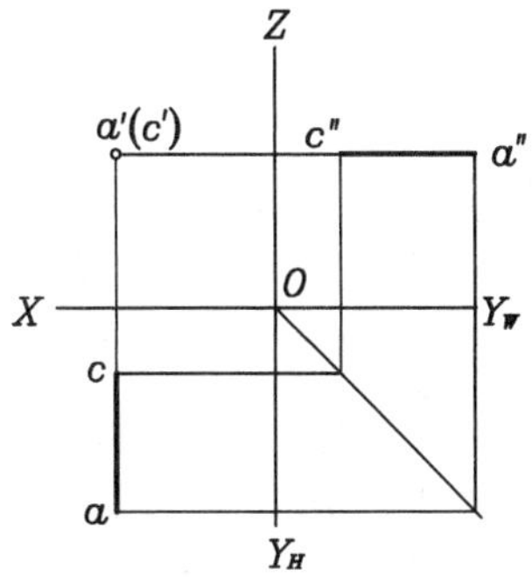	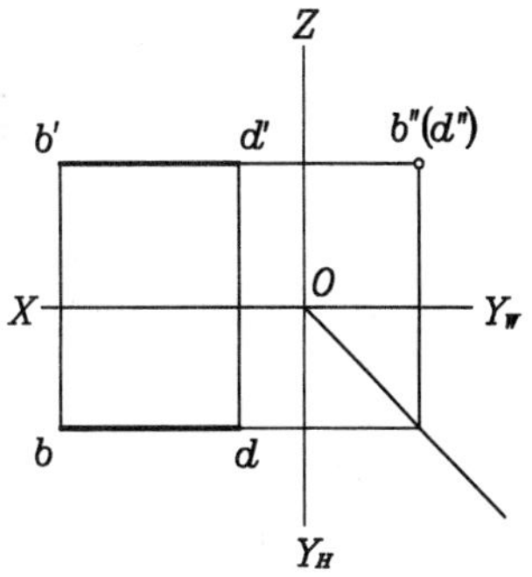
投影特性	1. H 面投影 $a(b)$ 积聚为一点 2. V、W 面投影 $a'b'$、$a''b''$ 分别垂直于 OX 轴和 OY_W 轴 3. $a'b'$、$a''b''$ 皆反映实长	1. V 面投影 $a'(c')$ 积聚为一点 2. H、W 面投影 ac、$a''c''$ 分别垂直于 OX 轴和 OZ 轴 3. ac、$a''c''$ 皆反映实长	1. W 面投影 $b''(d'')$ 积聚为一点 2. H、V 面投影 bd、$b'd'$ 分别垂直于 OY_H 轴和 OZ 轴 3. bd、$b'd'$ 皆反映实长
实例	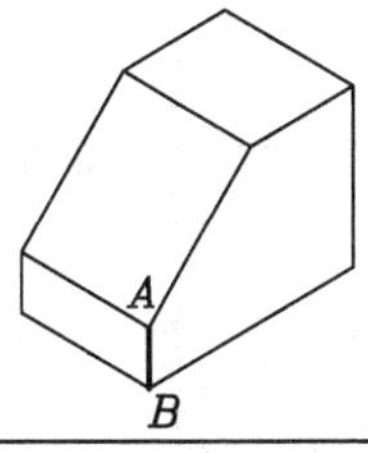	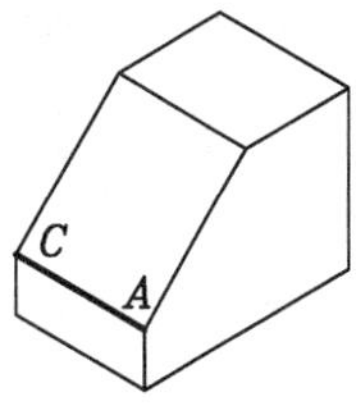	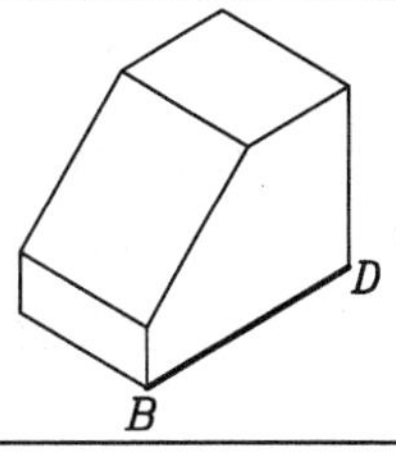

由此可得一般位置直线的投影特性:

(1) 三个投影的长度都小于实长。

(2) 三个投影都倾斜于投影轴。

(3) 投影与投影轴的夹角不反映直线与投影面的实际倾角。

例 2.3 已知直线 AB 和 CD 的两面投影,如图 2-14(a)和(c)所示,作出它们的第三面投影,并指出直线的名称。

作图:如图 2-14(b)所示,根据已知一点的两面投影作第三投影的方法可求出 a'' 和 b'',连接 a'' 和 b'',$a''b''$ 即为所求。由于 ab // OX 轴,A、B 两点的 Y 坐标相等,则 $a''b''$ 必 // OZ 轴。根据直线 AB 的三面投影特征,可知 AB 是一条正平线。同理,如图 2-14(d)所示,可

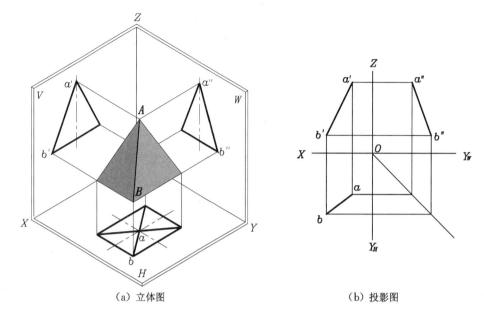

（a）立体图 （b）投影图

图 2-13 投影面倾斜线

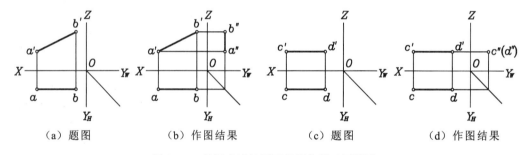

（a）题图 （b）作图结果 （c）题图 （d）作图结果

图 2-14 根据直线的两面投影作第三面投影

作出 CD 的侧面投影 $c''(d'')$，由于 $c''(d'')$ 积聚成一点，根据直线 CD 的三面投影特征，可知 CD 是一条侧垂线。

实际上，只要根据图 2-14(a)、(c)的已知条件就可指出 AB、CD 的名称，想一想，为什么？

2.4.2 直线上点的投影

直线上点的投影特性为：

（1）直线上的点，其三面投影必在该直线的同面投影上。反之，已知一点的三面投影在直线的同面投影上，则该点必在直线上。如图 2-15(a)、(b)所示，点 K 在直线 AB 上，则 k 在 ab 上，k' 在 $a'b'$ 上，k'' 在 $a''b''$ 上。因 k、k'、k'' 是点 K 的三面投影，则符合点的三面投影规律。

（2）点分割线段成定比。点分割直线之比等于点的各面投影分割线段的同面投影之比（定比定理）。如图 2-15 所示，K 点将线段 AB 分成两段，则

$$AK:KB=ak:kb=a'k':k'b'=a''k'':k''b''$$

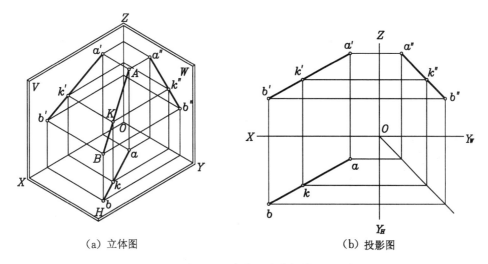

（a）立体图　　　　　　　　　　（b）投影图

图 2-15　直线上点的投影

2.4.3　两直线的相对位置

两直线的相对位置有平行、相交和交叉三种情况。平行两直线和相交两直线称为同面直线，交叉两直线称为异面直线。

1. 平行两直线

空间相互平行的两直线，它们的三组同面投影一定分别相互平行。反之，若两直线的三组同面投影分别相互平行，则它们在空间一定相互平行。如图 2-16(a)所示的直线 AB 平行于 CD，则两直线的三面投影分别平行，即 $ab /\!/ cd$，$a'b' /\!/ c'd'$，$a''b'' /\!/ c''d''$，如图 2-16(b)所示。

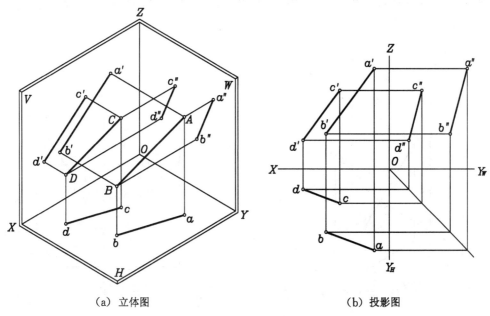

（a）立体图　　　　　　　　　　（b）投影图

图 2-16　平行两直线的三面投影

2. 相交两直线

空间两直线相交,它们的同面投影必然相交,且各组同面投影的交点必然符合点的投影规律,如图 2-17 所示。

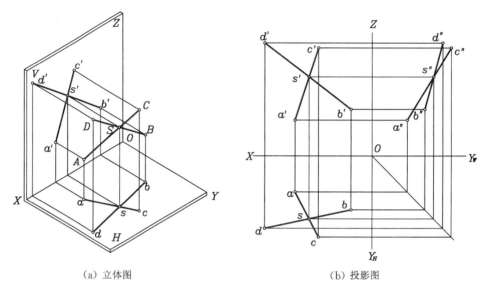

(a) 立体图   (b) 投影图

图 2-17　相交两直线的投影

3. 交叉两直线

在空间既不平行也不相交的两直线称为交叉两直线。它们在各同面投影中可能均相交(或延长后相交),但交点的连线必不垂直于相应的投影轴(即不符合点的投影规律);或虽有一组或两组同面投影互相平行,但决非所有同面投影均互相平行。如图 2-18 所示,直线 AB 和 CD 均为侧平线,它们的正面投影 $a'b' /\!/ c'd'$,水平投影 $ab /\!/ cd$,但侧面投影 $a''b''$ 与 $c''d''$ 相交,所以 AB 与 CD 是交叉两直线。

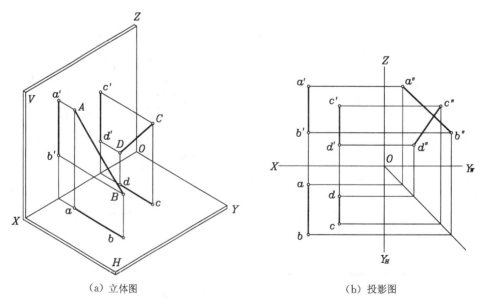

(a) 立体图   (b) 投影图

图 2-18　交叉的两条侧平线

例 2.4 如图 2-19 所示，试判别直线 AB 和 CD 的相对位置。

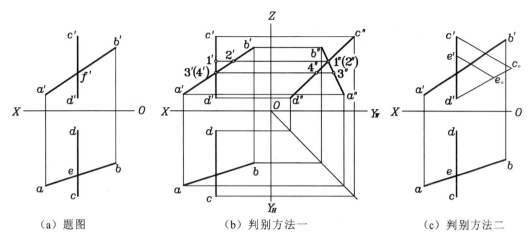

（a）题图　　　　　　　　　（b）判别方法一　　　　　　　　（c）判别方法二

图 2-19　判别两直线的相对位置

方法 1　用第三面投影来判断。

由图 2-19（a）可知 CD 为侧平线，故需分析 W 面投影。如图 2-19（b）所示，先作出 $a''b''$ 和 $c''d''$，它们虽也相交，但明显可见 V 面投影交点和 W 面投影交点的连线不垂直于 OZ 轴，则分析 AB 和 CD 是交叉两直线。投影的交点是直线上点的重影。设 AB 上的点为 II，CD 上的点为 I，侧面投影 $1''$、$2''$ 重影。在判别可见性时，只需比较 I、II 两点的 X 坐标，由于 $X_I > X_{II}$，侧面投影点 $1''$ 遮住了点 $2''$，则 $2''$ 不可见。同理，若要判别正面投影的可见性，只需验证重影点的 Y 坐标，Y 坐标大的点在前，前面的点遮住了后面的点，如图 2-19（b）中 III、IV 两点的投影 $3'$、$4'$。

方法 2　用定比定理来判断。

如图 2-19（c）所示，设 E 点为 CD 线上的点，其水平投影 e 在 ab、cd 两投影的相交处，用点分割线段成定比的方法在正投影面上作图。求出 e' 可知：e' 不在正投影的相交处，E 点不是 AB、CD 的交点，则 AB、CD 为交叉两直线。

2.5　平面的投影

平面是物体表面的重要组成部分，也是重要的空间几何元素之一。本节讨论平面及平面与其他空间几何元素之间相对位置的投影性质及作图方法。

平面通常用确定该平面的点、直线或平面图形等几何要素的投影来表示，即可用不在一直线上的三个点、一直线和直线外一点、相交两直线、平行两直线、任意平面图形等来表示平面，如图 2-20 所示。

平面除了可以用几何要素来表示外，还可以用迹线（平面与投影面的交线）来表示，本节不作介绍。

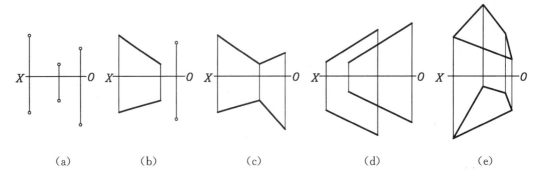

(a)   (b)   (c)   (d)   (e)

图 2-20　用几何要素表示平面

2.5.1　各种位置平面的投影特性

在三投影面体系中,平面按其对投影面的相对位置不同,可分为三种:投影面垂直面,投影面平行面,投影面倾斜面。前两种平面称为特殊位置平面,后一种平面称为一般位置平面。

1. 投影面垂直面

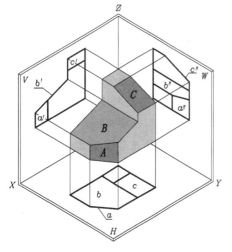

图 2-21　投影面垂直面

垂直于一个投影面而与其余两个投影面皆倾斜的平面称为投影面垂直面。如图 2-21 中物体上的 A、B、C 三个平面均为投影面垂直面。垂直于 H 面而倾斜于 V、W 面的平面(如 A 面)称为铅垂面;垂直于 V 面而倾斜于 H、W 面的平面(如 B 面)称为正垂面;垂直于 W 面而倾斜于 H、V 面的平面(如 C 面)称为侧垂面。表 2-4 分别列出了以上三种投影面垂直面的三面投影及投影特性。

从表 2-4 中可看出,投影面垂直面具有下列投影特性:

(1) 在所垂直的投影面上,平面的投影积聚成一条与投影轴不平行(或不垂直)的直线。

(2) 在另外两个投影面上,平面的投影是空间平面图形的类似形。

2. 投影面平行面

平行于一个投影面,必然同时垂直于另外两个投影面的平面称为投影面平行面。如图2-22中物体上 A、B、C 三平面均为投影面平行面,其中平行于 H 面的平面(A 面)称为水平面,平行于 V 面的平面(B 面)称为正平面,平行于 W 面的平面(C 面)称为侧平面。表 2-5 分别列出了以上三种投影面平行面的三面投影及投影特性。

从表 2-5 中可看出,投影面平行面具有下列投影特性:

· 30 ·

表 2-4　投影面垂直面

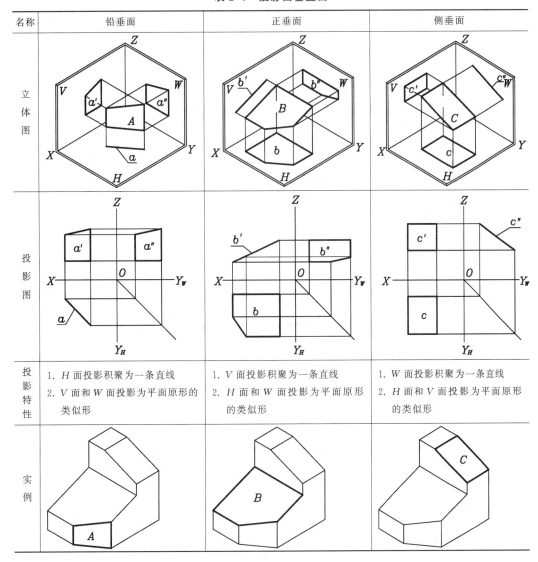

名称	铅垂面	正垂面	侧垂面
立体图			
投影图			
投影特性	1. H 面投影积聚为一条直线 2. V 面和 W 面投影为平面原形的类似形	1. V 面投影积聚为一条直线 2. H 面和 W 面投影为平面原形的类似形	1. W 面投影积聚为一条直线 2. H 面和 V 面投影为平面原形的类似形
实例			

（1）在所平行的投影面上,平面的投影反映实形。

（2）在所垂直的其余两投影面上,平面的投影分别积聚为直线,且与相应的投影轴平行。

3．投影面倾斜面

对三个投影面都倾斜的平面称为投影面倾斜面,也称一般位置平面。因为一般位置平面对三个投影面都处于倾斜位置,所以它的各个投影既不反映实形,也不积聚成一条直线,而是小于该平面实形的类似形。如图 2-23 所示物体上的三角形 ABC 就是一般位置平面,它的各个投影均为小于实形的三角形。

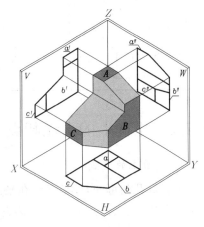

图 2-22　投影面平行面

表 2-5 投影面平行面

名称	水平面	正平面	侧平面
立体图			
投影图			
投影特性	1. H 面投影反映实形 2. V、W 面投影分别积聚为平行于 OX 轴和 OY_W 轴的直线	1. V 面投影反映实形 2. H、W 面投影分别积聚为平行于 OX 轴和 OZ 轴的直线	1. W 面投影反映实形 2. V、H 面投影分别积聚为平行于 OZ 轴和 OY_H 轴的直线
实例			

2.5.2 平面上的直线和点

1. 平面上的直线

由初等几何可知,如果直线在平面上,则直线通过平面上两点或过平面上一点且平行于平面上任一直线;反之亦然。因此,若要在平面上取直线,必先在平面上的已知线上取点。

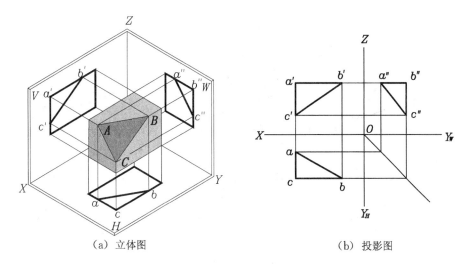

（a）立体图　　　　　　　　（b）投影图

图 2-23　投影面倾斜面

如图 2-24(a)所示,已知△ABC,要在此平面上求作任意一直线,可在直线 AB 上任取一点 E(e,e'),在直线 AC 上任取一点 F(f,f'),连接两点的同面投影 ef 和 e'f',即为平面上直线 EF 的两面投影。图 2-24(b)所示的是在△ABC 上取直线的另一方法:先在直线 AB 上任取一点 G(g,g'),过点 G 作直线 GH 平行于已知直线 BC,即 $gh/\!/bc$,$g'h'/\!/b'c'$,则直线 GH 必在平面△ABC 上。

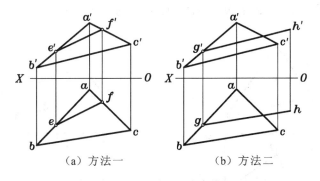

（a）方法一　　　　　　　（b）方法二

图 2-24　平面上取直线

例 2.5　如图 2-25 所示,试由△ABC 的顶点 A 作出该三角形的中线 AD。

分析　如图 2-25(a)所示,△ABC 是一般位置平面,为作其中线 AD 需在 BC 边上找出中点 D,然后按在平面上作直线的条件连接 A、D,AD 即为所求的中线。

作图:

(1) 如图 2-25(b)所示,根据定比定理在 bc 上作出中点 d,并由 d 作投影连线求出 d'。

(2) 将同面投影 a'、d' 及 a、d 用直线连接起来,即得中线 AD 的投影 a'd'、ad。

依据在平面上作直线的条件,不仅可作出一般位置直线,还可作出平面上的投影面平行线。图 2-25(c)中的 AE 是该平面上过点 A 的水平线。在作图时,利用水平线的投影特性,首先作出该直线的正面投影 a'e'∥OX 轴,然后由点 e' 作投影连线得点 e,连接 a、e,

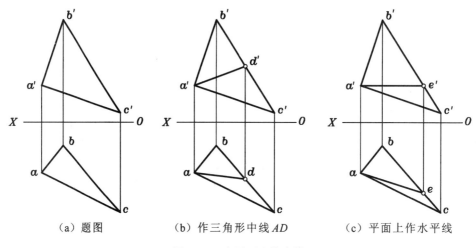

（a）题图 　　　（b）作三角形中线 *AD* 　　　（c）平面上作水平线

图 2-25　在平面上作直线

即为平面上水平线 *AE* 的水平投影 *ae*。

2. 平面上的点

一般情况下,若点在平面上,则点必在平面上的某一直线上;反之亦然。当然这一直线可以是一般位置直线,也可以是投影面平行线。因此,在平面上取点,必须先在平面上取直线,然后在此直线上取点。

例 **2.6**　如图 2-26 所示,已知△*ABC* 上点 *M* 的水平投影 *m*,求正面投影 *m*′。

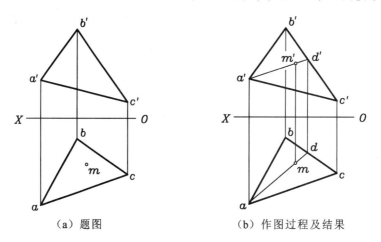

（a）题图 　　　（b）作图过程及结果

图 2-26　求平面上点的投影

作图:

（1）在 *H* 面投影中,连接 *am* 并延长交 *bc* 于 *d*。

（2）过 *d* 作投影连线求得 *d*′,连接 *a*′*d*′,则 *m*′ 一定在 *a*′*d*′上。

（3）过 *m* 作投影连线与 *a*′*d*′的交点即为 *m*′。

2.5.3 圆和多边形的投影

1. 圆平面的投影

圆平面是由点集合而成的圆周所形成的平面,它的投影就是求作圆周的投影,而在实际应用上,可以是完整的,也可以是局部的。圆平面按其相对于投影面的位置可分为三种情况:

(1) 圆平面为投影面平行面时,在其所平行的投影面上的投影为圆,另外两个投影积聚为一直线段,该直线段的长度等于圆的直径。

(2) 圆平面为投影面垂直面时,在其所垂直的投影面上的投影积聚成一直线段,该直线段的长度等于圆的直径,另外两个投影均为椭圆。

(3) 圆平面为一般位置平面时,其三个投影均为椭圆。

现将圆平面垂直于投影面的投影作图举例说明如下。

例 2.7 如图 2-27 所示,已知圆平面为铅垂面,对 V 面倾角为 β,直径为 D,圆心 O_1 的两个投影为 o_1、o_1',试作该圆平面的两面投影。

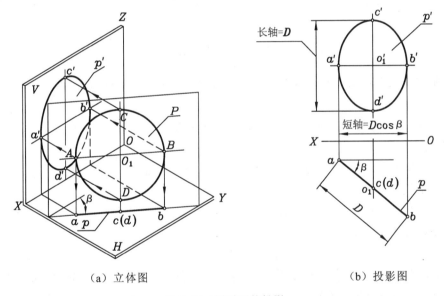

(a) 立体图   (b) 投影图

图 2-27 圆平面的投影

分析 如图 2-27(a)所示,该圆平面为铅垂面,其水平投影积聚为一直线段,此线段的长度等于圆的直径 D,其正面投影为椭圆。

作图:

(1) 如图 2-27(b)所示,过点 O_1 的水平投影 o_1 作直线段与 OX 轴成 β 角,且长度为直径 D,o_1 位于中分处。该线段即为圆的水平投影。

(2) 过点 O_1 的直线 CD 为铅垂线,其水平投影 $c(d)$ 积聚为一点,正面投影 $c'd'$ 为椭圆的长轴,长度为直径 D,且 o_1' 为 $c'd'$ 的中点。过点 O_1 的直线 AB 为水平线,其正面投影 $a'b'$ 为椭圆的短轴。

(3) 求出椭圆的长、短轴后,再按第 1 章中的椭圆作图法作出椭圆。

2．多边形的投影

平面多边形是由一些点和线所构成的，因此，作多边形的投影图就是应用点、直线和平面的投影特性及在平面上作点和作直线的方法作图。

例 2.8 如图 2-28(a)所示，已知在平行四边形平面 ABCD 上有一燕尾形槽 I II III IV，试根据其正面投影完成其水平投影。

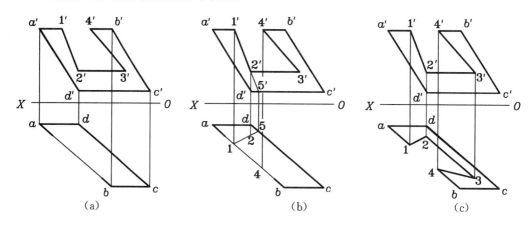

图 2-28　求平面上燕尾形槽的水平投影

分析 平面上燕尾形槽的水平投影，可根据平面上取点和线的方法求出。

作图：

(1) 如图 2-28(b)、(c)所示，由于 I、IV 两点在直线 AB 上，其水平投影 1、4 可在 ab 上直接求出。

(2) 延长 $1'—2'$ 与 $c'd'$ 相交于 $5'$，求出 I、V 的水平投影 1、5。再根据投影关系由 $2'$ 求出点的水平投影 2。

(3) 由于 $2'—3'$ // $c'd'$，即 II III // CD，因此过 2 作 cd 的平行线 2—3 与从 $3'$ 作的投影连线相交得 3 点。

(4) 连 1、2、3、4 即得燕尾形槽的水平投影。

(5) 补齐平面轮廓线的投影，连接 a—1、b—4 线段，并擦除 1、4 之间多余的线段。

例 2.9 结合立体图看懂三面投影图，如图 2-29(a)所示，完成以下三项内容：

(1) 在投影图上标出点 A—H 的投影；

(2) 分析直线 AH、AB、BC 的位置；

(3) 分析平面 ABGH、ABCDEF 的位置。

解 (1)根据立体图上所示各点的位置，将各点标注在投影图上，如图 2-29(b)所示。

(2) 分析直线的位置：

直线 AH：$a'(h')$ 积聚为一点，$ah \perp OX$ 轴，$a''h'' \perp OZ$ 轴，所以 AH 为正垂线。

直线 AB：ab、$a'b'$、$a''b''$ 皆倾斜于投影轴，所以 AB 为一般位置直线。

直线 BC：$b'c'$ // OX 轴，$b''c''$ // OY_W 轴，$bc = BC$，所以 BC 为水平线。

(3) 分析平面的位置：平面 ABGH 的 V 面投影 $a'b'(g')(h')$ 积聚为一直线，H 面投影 abgh 和 W 面投影 $a''b''g''h''$ 分别为 ABGH 的类似形，所以 ABGH 为正垂面；平面

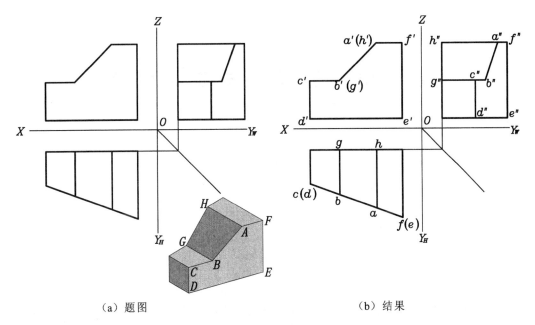

(a) 题图　　　　　　　　　　　(b) 结果

图 2-29　分析物体上的直线和平面

$ABCDEF$ 的 H 面投影 $abc(d)(e)f$ 积聚为一直线，V 面投影 $a'b'c'd'e'f'$ 和 W 面投影 $a''b''c''d''e''f''$ 分别为 $ABCDEF$ 的类似形，所以 $ABCDEF$ 为铅垂面。

第3章 立体及其表面交线

关键词

    立体 投影 表面点 截交线 相贯线

主要内容

    1. 平面立体的投影、表面点、截交线

    2. 回转体的投影、表面点、截交线

    3. 回转体的相贯线

学习要求

    1. 熟练绘制各种立体的三视图

    2. 掌握在立体表面取点的方法

    3. 弄清截交线的概念及性质,熟练掌握截交线的求法

    4. 弄清相贯线的概念及性质,熟练掌握相贯线的求法

    本章内容是在研究点、线、面投影的基础上进一步论述立体的投影作图问题。

    立体表面由若干面所组成,这些面可以是平面,也可以是曲面。表面均为平面的立体称为平面立体,如棱柱、棱锥等;表面为曲面或由平面与曲面共同构成的立体称为曲面立体。常见的曲面立体为回转体,如圆柱、圆锥、圆球、圆环及由它们组合而成的复合回转体。

3.1 平面立体

    平面立体主要有棱柱、棱锥等。在投影图上表示平面立体就是要把组成立体的所有平面表示出来,而平面又可由棱线及棱线与棱线的交点(即顶点)表示,因此平面立体的投影又可由棱线及顶点表示,即求出平面立体每条棱线的投影或每个顶点的投影,然后判别其可见性,把看得见的棱线画成粗实线,把看不见的棱线画成虚线。

3.1.1 棱柱

1. 投影

    棱柱的特点为所有棱线互相平行,如图 3-1(a)所示为一正六棱柱,其顶面、底面均为水平面,它们的水平投影反映实形,正面及侧面投影重影为一直线。棱柱由六条相互平行的棱线构成六个侧棱面。前后棱面为正平面,它们的正面投影反映实形,水平投影及侧面投影积聚为一直线。棱柱的其他四个侧棱面均为铅垂面,其水平投影均积聚为直线,正面投影和侧面投影均为矩形的类似形。

    如图 3-1(b)所示是投影图,六条棱线均为铅垂线,如 AB 直线的水平投影积聚为一点 $a(b)$,正面投影 $a'b'$ 和侧面投影 $a''b''$ 均反映实长($a'b' = a''b'' = AB$)。作图时,先画各

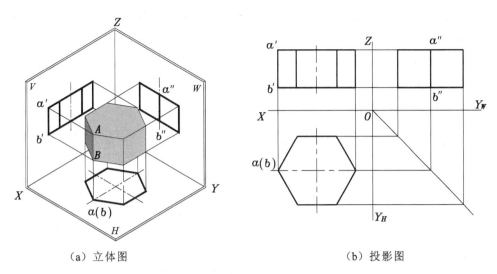

（a）立体图　　　　　　　　　　（b）投影图

图 3-1　正六棱柱的投影

投影的中心线、对称线,再画六棱柱的水平投影六边形,最后按投影规律作出其他投影。

　　因为改变物体与三个投影面之间的距离并不影响三个投影之间的投影关系,所以在作投影图时投影轴可省去不画,但必须保持各投影之间的投影关系。本书从这里开始,在投影图中一般都不画出投影轴。只要按照各点的正面投影和水平投影应在铅垂的投影连线上长对正,正面投影和侧面投影应在水平的投影连线上高平齐,以及任两点的水平投影和侧面投影保持前后方向对应宽相等三条原则绘图,就不必画投影轴,通常在实际应用中也是不画投影轴的。

　　特别注意,在水平投影与侧面投影之间必须符合宽度（相对 Y 坐标）相等和前后对应的关系。必要时,作与水平成 45° 的斜线为作图辅助线,如图 3-2(a) 所示。作图辅助线也可为圆弧,如图 3-2(b) 所示。

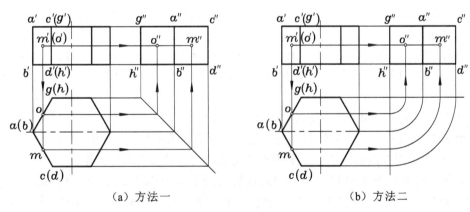

（a）方法一　　　　　　　　　　（b）方法二

图 3-2　正六棱柱表面取点

2. 表面上的点

　　例 3.1　如图 3-2(a) 所示,已知六棱柱的三面投影及其表面上的点 M 和 O 的正面投影 $m'(o')$,要求作出它们的水平投影和侧面投影。

从正面投影对照水平投影可以看出：M 点位于前面的棱面 ABDC 上，m'可见；O 点位于后面的棱面 ABHG 上，o'不可见。

作图过程为图 3-2(a)：

(1) 由于这两个棱面水平投影具有积聚性，可直接作出水平投影 m、o。

(2) 由 m'、m 作出 m"。

(3) 由 o'、o 作出 o"。

因为 M、O 两点均位于左边的两棱面上，所以侧面投影 m"、o"可见。

3. 截交线

立体被平面截切，在立体表面所形成的交线称为截交线(图 3-3)，其中用来截切立体的平面称为截平面。截交线有以下两个基本性质：

(1) 共有性。截交线是截平面与立体的公共线，也就是说，截交线上的点既在截平面上，也在立体表面上。

(2) 封闭性。截交线所形成的图形是一个封闭的平面图形，这个平面图形称为截断面。截交线的形状取决于立体形状及平面与立体的相对位置。

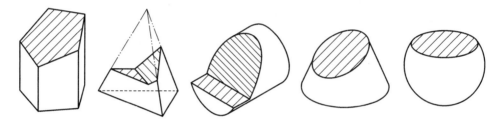

图 3-3 截交线概念

平面立体截交线的画法可归结为以下两种：

(1) 求出各棱面与截平面的交线，并判别各投影的可见性，即得截交线的投影。

(2) 求出各棱线与截平面的交点，然后依次连接各交点，并判别各投影的可见性，即得截交线的投影。

当截平面与平面立体底(顶)面相交时，则还应求出底(顶)面与截平面的交线，最后补齐立体的轮廓线。以上两种方法，可根据立体的形状及立体与截平面的相对位置等具体情况来选用。

下面举例说明平面立体截交线的作图方法和步骤。

例 3.2 在图 3-4 中，若已知六棱柱的正面投影和水平投影，并用正垂面 P 切割掉上方的一块(图中用双点画线表示)，要求补全切割后的六棱柱的三面投影。

分析 从 V 面投影可知 P 平面与六棱柱的六个侧面均相交，因此，只要求出六条棱线与 P 面的六个交点，这些交点的连线即为截交线。六条棱线均为铅垂线，水平投影具有积聚性，截交线的水平投影重合在六棱柱的水平投影上；P 平面为正垂面，正面投影具有积聚性，截交线的正面投影重合在 P_v 上。

具体的作图过程如下：在正面投影中，P 平面与六条棱线的交点的投影为 1'、2'、3'、4'、5'、6'。截交线上六个点的水平投影与立体的水平投影六边形的六个顶点重合，即 1、2、3、4、5、6。根据高平齐的投影规律即可求出 1"、2"、3"、4"、5"、6"，连线即求出截交线的投

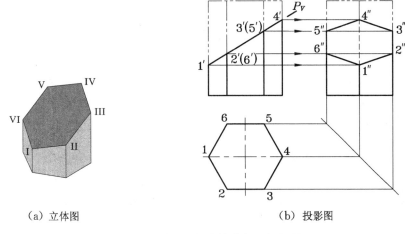

| （a）立体图 | （b）投影图 |

图 3-4　求正六棱柱被截切后的投影

影。由于 IV 点所在的棱线位于右边，IV 点以下的棱线未被切割，因此，在侧面投影中，4″以下的棱线不可见，4″—1″用虚线表示。

3.1.2　棱锥

棱锥的特点是所有棱线均相交于锥顶点，如图 3-5（a）所示。

1. 投影

图 3-5 为一个正三棱锥，它由四个面组成，从图中可见：底面（ABC）是水平面，其水平投影反映实形，正面和侧面投影均积聚为直线；左棱面（SAB）、右棱面（SBC）都是一般位置平面，它们的三面投影均为原三角形的类似形；后棱面（SAC）是侧垂面，其侧面投影积聚为直线，其正面投影和水平投影均为△SAC 的类似形。因此，作图时只要求出平面 ABC 及 S 点的三面投影即可。

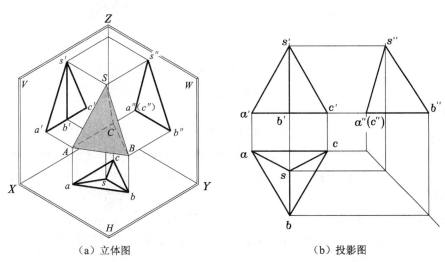

| （a）立体图 | （b）投影图 |

图 3-5　正三棱锥的投影

2. 表面上的点

例 3.3 如图 3-6(a)所示,已知正三棱锥表面上的点 M 的正面投影 m′,要求作出它的水平投影 m 及侧面投影 m″。

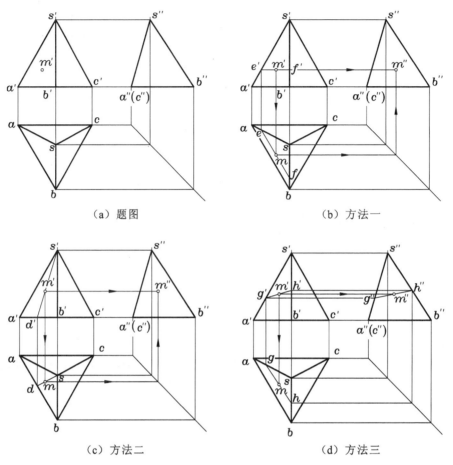

（a）题图

（b）方法一

（c）方法二

（d）方法三

图 3-6 正三棱锥表面取点

从图 3-6(a)可以看出:m′可见,则 M 点在前棱面 SAB 上,实际上也就是已知三角形平面上一点的正面投影求其水平投影和侧面投影的问题。可过点 M 在平面 SAB 上作任一直线解题。

方法一 过点 M 作底边 AB 的平行线。如图 3-6(b)所示;过 m′作 e′m′平行于 a′b′,与 s′a′、s′b′分别交于 e′、f′,因 e 在 sa 上,则由 e′作出 e,作 ef//ab,交 sb 于 f,再从 m′处向下引投影连线,与 ef 相交得到所求的 m。由 m′、m 可求得 m″,由于前棱面 SAB 在侧面投影中可见,因此 m″可见。

方法二 将点 M 与点 S 相连。如图 3-6(c)所示;将 m′与 s′相连,并延长与底边 a′b′相交,得 s′d′,求出 D 点的水平投影 d,连接 s 和 d,再从 m′向下引投影连线,与 sd 相交求得 m。由 m′、m 可求得 m″。

方法三 过点 M 作棱面上的任意直线。如图 3-6(d)所示;过 m′作任意线,所作的直线与 s′a′交于 g′,与 s′b′交于 h′,由于 G、H 两点分别在棱线 SA、SB 上,作出 g″和 h″,连接

$g''h''$,然后求出其水平投影 g 和 h，连接 gh，再从 m' 分别向右、向下引投影连线，与 $g''h''$ 相交得 m''，与 gh 相交即可求得 m。

3. 截交线

例 3.4 如图 3-7(a)所示，完成三棱锥被水平面截切后的投影。

分析 水平面平行于三棱锥的底面 ABC，水平面截切三棱锥后所形成的截交线是一个与底面三角形 ABC 的边分别对应平行的相似三角形，求出这个三角形的投影，即求出截交线的投影。

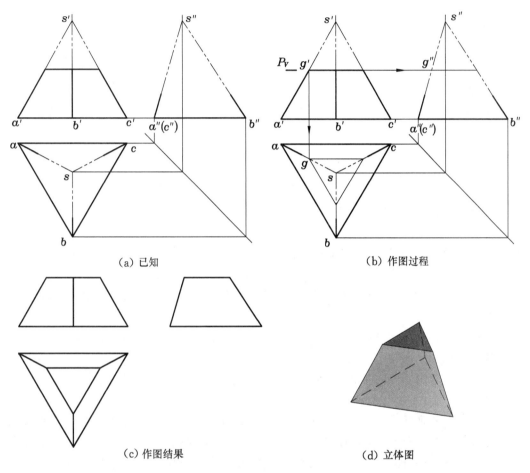

图 3-7 求三棱锥被水平面截切后的投影

作图过程如图 3-7(b)所示：

(1) P_V 与 $s'a'$ 交于 g' 点，G 点在 SA 上，根据直线上点的投影规律，求出 G 点的水平投影 g。

(2) 过 g 作三角形，三角形的三边分别与 ab、bc、ac 平行。

(3) 过 g' 向右作投影连线，得 g''，过 g'' 作一直线 $//a''b''$，与 $s''b''$ 相交。

(4) 加粗截交线的投影及存留的棱线的投影，作图结果如图 3-7(c)所示。

例 3.5 如图 3-8 所示，完成三棱锥被两平面截切后的投影。

分析 如图 3-8 所示，从三棱锥的正面投影中可以看出三棱锥被一个水平面和一个正垂面截切。将三棱锥的三条棱线被切割掉的部分画成双点画线。在水平投影与侧面投影中,被切割掉的部分棱线的投影在未经作图确定之前,暂时先将三条棱线的投影都画成双点画线。

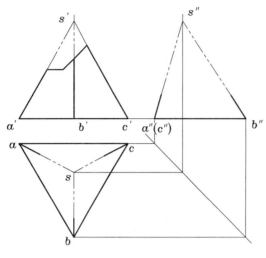

图 3-8　求三棱锥被两平面截切后的投影

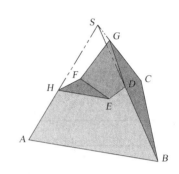

图 3-9　立体图

可以想象立体图如图 3-9 所示,因为水平截平面平行于三棱锥的底面,所以它与三棱锥表面的交线应分别平行于底面的底边,此水平面只切割了部分三棱锥,它与 SAB、SAC 棱面的交线分别为 HE、HF,则 HE∥AB,HF∥AC。正垂截平面分别与棱线 SB、SC 相交于 D、G 两点,即与棱面 SAB、SBC、SAC 相交于直线 ED、DG、FG。因为两个截平面都垂直于正投影面,所以它们的交线 EF 一定是正垂线。画出这些交线的投影,也就完成了截交线的投影。

作图方法:求由两个以上的平面截切平面立体的截交线时,应分别求出每个平面与立体表面的交线和平面与平面之间的交线。采用扩大截平面的方法(即假想一个平面将立体全部截切),求出断面的投影,再根据三等规律,留取平面有限范围的投影。

作图过程如图 3-10 所示:

(1)求水平面与立体表面的交线。假想将水平面扩大,三棱锥被全部截切,则截交线为与底面 ABC 平行的三角形 HIJ,由已知的正面投影,根据三等规律,在 H 面投影中留取平面有限的范围,即 hf、he 线段。水平面的侧面投影具有积聚性,为一直线,由 f'、f 和 e、e' 分别求出 f''、e'',连接 $f''e''$,即求出水平面与立体表面的交线。

(2)求正垂面与立体表面的交线。先求出正垂面与棱线 SB、SC 的交点。在正面投影中,正垂面与 $s'b'$ 交于 d' 点,与 $s'c'$ 交于 g' 点,由 d'、g' 求出 d''、d、g、g''。分别连接 ED、DG、GF 的水平投影与侧面投影,即求出正垂面与立体表面的交线。

(3)求两个截平面的交线。两个截平面都垂直于正投影面,所以交线 EF 为正垂线,正面投影积聚为一点 $e'(f')$,水平投影为 ef 连线,侧面投影为 $e''f''$ 连线,与水平切截面重合。

(4)用粗实线加深保留部分的棱线 AH、DB、GC 段的水平投影和侧面投影。作图结果如图 3-10(c)所示。

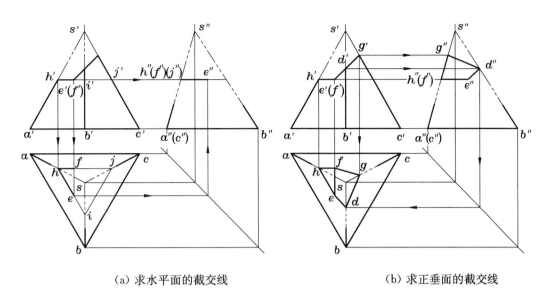

(a) 求水平面的截交线　　　　　　　　　　(b) 求正垂面的截交线

(c) 作图结果

图 3-10　求三棱锥被两平面截切后的投影

3.2　回　转　体

　　回转体是由回转面或由回转面和平面所围成的曲面立体。形成曲面的动线称为母线,固定直线称为回转轴。曲面上任一位置的母线都称为素线,素线上任一点的运动轨迹均为圆,称为纬圆,纬圆垂直于轴线。常见的回转体有圆柱体、圆锥体、圆球及圆环等。

　　回转体的投影就是把组成立体的回转面或平面表示出来,然后判别其可见性。

3.2.1　圆柱体

1. 圆柱体的形成

　　如图 3-11(a)、(b)所示,圆柱体(简称圆柱)是由圆柱面和上、下两个底面(圆平面)所围成的。其中圆柱面可以看成是一直线 AA_1（动线）绕与它平行的 OO_1 轴线旋转一周而形成。直线 OO_1 称为回转轴，直线 AA_1 称为母线，母线的任意位置线称为素线。

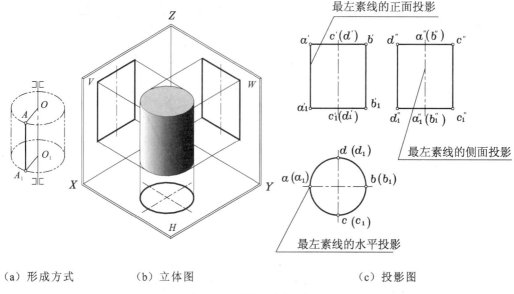

（a）形成方式　　　　（b）立体图　　　　　　　　　（c）投影图

图 3-11　圆柱的形成及投影

2. 圆柱的投影

图 3-11(c)所示的圆柱轴线是铅垂线，因此，圆柱面上的素线都是铅垂线，其水平投影为一圆周，具有积聚性。圆柱面上的任何点和线的水平投影都积聚在这个圆周上。

圆柱正面投影的左右两条轮廓线 $a'a_1'$ 和 $b'b_1'$ 是圆柱面上最左、最右素线 AA_1 和 BB_1 的投影，我们称为对 V 面的转向线。其水平投影分别为积聚在圆周上的左右两点，侧面投影与圆柱面轴线的侧面投影重合，图上不必画出。

圆柱侧面投影的轮廓线 $c''c_1''$ 和 $d''d_1''$ 是圆柱面上最前、最后素线 CC_1 和 DD_1 的投影，也称圆柱面对 W 面投影的转向线。其水平投影分别积聚在圆周上的前后两点，正面投影和圆柱轴线的正面投影重合，图上不必画出。

因为圆柱的上下底面是水平面，所以它们的水平投影反映实形——圆形，其轮廓与圆柱面的水平投影重合。它们的正面和侧面投影都分别积聚为一直线段，直线段的长度等于圆的直径，而两直线段之间的距离为圆柱的高度。

关于投影的可见性问题，对正面投影来说，以最左、最右素线 AA_1、BB_1（转向线）为界，前半部分圆柱面可见，后半部分圆柱面则不可见；对于侧面投影来说，以 CC_1、DD_1（转向线）为界，左半部分圆柱面可见，右半部分圆柱面则不可见。

画图时，首先画出圆柱体各个投影的中心线、轴线，然后画出反映为圆的水平投影，最后根据高度及投影关系画出反映为矩形的正面投影和侧面投影。

3. 圆柱面上的点

在圆柱面上取点可利用其具有积聚性的投影进行作图。图 3-12 表示已知圆柱面上 K 点的正面投影(k')，求作它的水平投影 k 及侧面投影 k'' 的过程。

因为圆柱面的水平投影具有积聚性，所以 K 的水平投影应在圆柱面水平投影的圆周上。又已知 K 点的正面投影 (k') 是不可见的,因此可以判断 K 点是后半部分圆柱面上的点,其水平投影必在圆柱水平投影的后半个圆周上。按照投影规律可由 (k') 求得 k 及 k''。

从图 3-12 得知:已知圆柱面上的 k' 或 k'' 便能唯一确定空间点的位置,若已知圆柱面上点的水平投影,却不能确定唯一的 k'、k'',为什么?请读者自行分析。

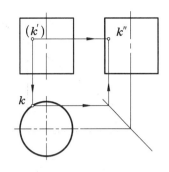

图 3-12 圆柱表面上的点

4. 截交线

平面截切圆柱体时,根据截平面与圆柱轴线所处的相对位置不同,截交线有三种不同的形状(表 3-1)。

表 3-1 各种位置平面截切圆柱体表面的截交线

截平面位置	与轴线垂直	与轴线平行	与轴线倾斜
立体图			
投影图			
截交线	圆	矩形	椭圆

(1) 当截平面垂直于圆柱轴线时,截交线是圆,它的直径与圆柱的直径相同。

(2) 当截平面平行于圆柱轴线时,截交线是两条平行轴线的直线,与上、下底面的交线形成一矩形。

(3) 当截平面倾斜于圆柱轴线时,截交线是椭圆。

了解圆柱体截交线的形状有利于作图,下面举例说明圆柱截交线的画法。

例 3.6 根据图 3-13(a)所示立体的正面投影和水平投影,画出它的侧面投影。

分析 如图 3-13(a)所示,圆柱体被倾斜于圆柱轴线的平面 P 截切,截交线的空间形状为椭圆。因为圆柱的轴线垂直于 H 面,所以圆柱面的水平投影具有积聚性,而截交线属于圆柱面上的线,故截交线的水平投影与圆柱面的水平投影圆周重合。又因截平面 P 为正垂面,其正面投影具有积聚性,而截交线属于 P 面上的线,所以截交线的正面投影重合在 P_V 上。因为截平面 P 对侧投影面倾斜,所以截交线的侧面投影是椭圆,必须求出截

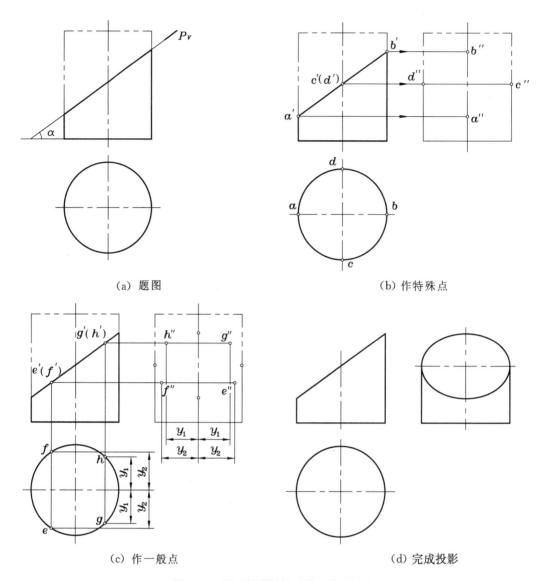

(a) 题图　　　　　　　　　　　　　(b) 作特殊点

(c) 作一般点　　　　　　　　　　　(d) 完成投影

图 3-13　平面斜截圆柱时截交线的画法

平面 P 与圆柱面的一些共有点才能画出。

作图过程如下：

（1）作特殊点。画出完整圆柱体的侧面投影后，作出截交线上的特殊点［图 3-13(b)］。特殊点是指截交线上能决定其大致范围的最高、最低、最前、最后、最左、最右点及转向轮廓线上的点，它们有时相互重合。本例中，转向轮廓线上的点 A、B、C、D 是椭圆长短轴的端点，也是截交线上最低（最左）、最高（最右）、最前、最后点。根据它们的正面投影和水平投影，可求得椭圆上特殊点的侧面投影。特殊点对确定截交线的范围、趋势，判别可见性，以及准确地求作截交线有比较重要的作用，作图时必须首先求出。

（2）作一般点。为使作图较为准确，还必须作出一定数量的一般点。图 3-13(c)表示了求一般点 E、F、G、H 的作图方法。先在已知截交线的正面投影上任取两对重影点的正面投影$e'(f')$、$g'(h')$,然后作出e、f、g、h及e''、f''、g''、h''。

（3）完成截交线的侧面投影。在求出足够共有点的侧面投影后,用曲线板光滑连接各点,擦去多余线条,即完成作图,如图 3-13(d)所示。

还应指出,本例截交线空间形状是椭圆,但椭圆的侧面投影随截平面与 H 面的夹角的大小而变化,其中 $c''d''$ 长度不变,恒等于圆柱的直径。

当 $\alpha < 45°$ 时,$c''d'' > a''b''$,侧面投影是以 $c''d''$ 为长轴,以 $a''b''$ 为短轴的椭圆;

当 $\alpha > 45°$ 时,$a''b'' > c''d''$,侧面投影是以 $a''b''$ 为长轴,以 $c''d''$ 为短轴的椭圆;

当 $\alpha = 45°$ 时,侧面投影为圆,直径恒等于圆柱的直径。

例 3.7 如图 3-14 所示,求空心圆柱被平面截切后的投影。

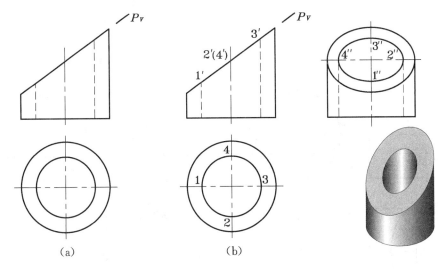

图 3-14 空心圆柱的截交线

分析与作图:空心圆柱有内、外两个圆柱面,外圆柱面的截交线求法同例 3.6。用同样的方法也可作出 P 平面与内圆柱面截交线的侧面投影,注意内圆柱面的 W 面转向线的画法。作图结果见图 3-14(b)。

例 3.8 画出图 3-15(a)所示圆柱被截切以后的投影。

分析 完整圆柱的轴线垂直于侧投影面,圆柱被正垂面 Q 和水平面 R 截切,平面 R 与轴线平行,R 与圆柱表面的交线为两条平行素线,平面 Q 与轴线倾斜,其截交线为椭圆。截平面 R 与 Q 相交于直线段 BD,如图 3-15(b)所示。因为各截平面的正面投影都具有积聚性,所以各条截交线的正面投影分别和 Q_V、R_V 重合,只要作出圆柱被截切以后的水平投影和侧面投影即可。

作图过程如下:

（1）作截平面 Q 的截交线。截平面 Q 倾斜于圆柱的轴线,它与圆柱表面的截交线是部分椭圆,因为圆柱的侧面投影具有积聚性,所以截交线上点的侧面投影 b''、h''、e''、g''、d'' 在圆周上。根据部分椭圆的正面投影和侧面投影,可以作出它的水平投影,如图 3-15(c)所示。

（2）作截平面 R 的截交线。截平面 R 平行于圆柱的轴线,它与圆柱表面的交线是两条与轴线平行的素线 AB、CD。根据它的侧面投影 $c''(d'')$、$a''(b'')$,正面投影 $a'(c')$、

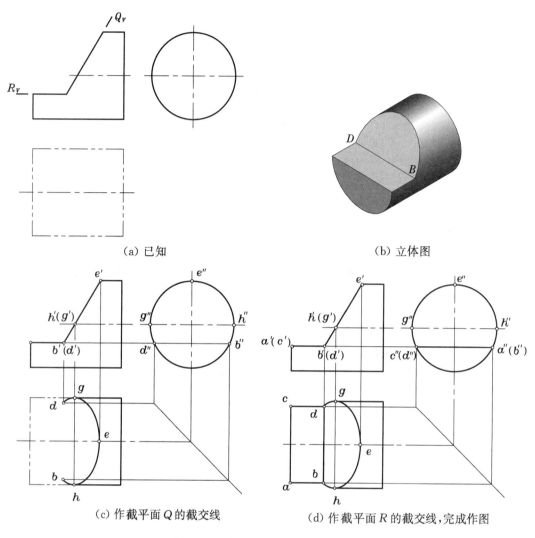

(a) 已知　　　　　　　　　　　　　(b) 立体图

(c) 作截平面 Q 的截交线　　　　　(d) 作截平面 R 的截交线,完成作图

图 3-15　求圆柱被截切以后的投影

$b'(d')$,求得 AB、CD 两条素线的水平投影 ab、cd,如图 3-15(d)所示。

（3）作 R 平面与 Q 平面的交线。因为 R、Q 平面均垂直于正投影面,所以 R、Q 平面的交线 BD 为正垂线,连接 bd,如图 3-15(d)所示。

（4）完成轮廓线的投影。擦去水平投影上被切去的两段轮廓线,即完成截交线的投影。

　　例 3.9　已知带矩形切口圆柱体的正面投影和侧面投影,求作水平投影(图 3-16)。

　　分析　由图 3-16(a)、(b)可看出,圆柱的矩形切口是由两个平行且对称于圆柱轴线的截平面 Q、R 和一个垂直于圆柱轴线的截平面 S 截切而成,所以圆柱体上的截交线是由这三个平面截切的三段截交线所组成的。Q、R 平面平行于圆柱的轴线,其截交线为圆柱面上的四条素线,S 平面垂直于圆柱的轴线,其截交线为部分圆[图 3-16(b)]。因为 Q、R 是水平面,S 是侧平面,所以 Q_V、R_V、S_V 都具有积聚性,截交线的正面投影分别与 Q_V、R_V、S_V 重合。圆柱的侧面投影具有积聚性,截交线的侧面投影与圆周重合,故只需求出截交线的水平投影即可。

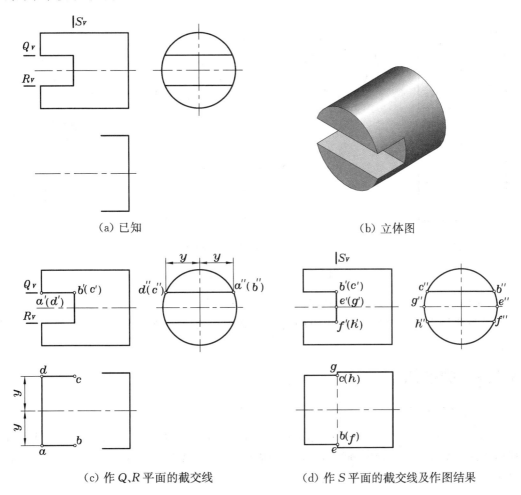

(a) 已知　　　　　　　　　　　　　　(b) 立体图

(c) 作 Q、R 平面的截交线　　　　　(d) 作 S 平面的截交线及作图结果

图 3-16　求圆柱体切口的投影

作图过程：

（1）作 Q、R 平面的截交线。如图 3-16(a)、(c)所示，Q、R 平面与圆柱的轴线上下对称，它们与圆柱的截交线的水平投影重合，只需求出 Q 平面与圆柱面的截交线 AB、CD 即可。素线 AB 和 CD 的正面投影$a'b'$、$c'd'$积聚在 Q_V 上，侧面投影积聚在圆周上成两个点 $a''(b'')$ 和$d''(c'')$。根据 $a'b'$、$c'd'$ 和 $a''(b'')$、$d''(c'')$求出 ab、cd，如图 3-16(c)所示。

（2）作 S 平面的截交线。S 平面与圆柱面的截交线为前、后两段部分圆$\overparen{BEF}$、$\overparen{CGH}$。其侧面投影$\overparen{b''e''f''}$和$\overparen{c''g''h''}$重合在圆周上，正面投影 $b'e'f'$ 和$(c')(g')(h')$积聚在 S_V 上，水平投影积聚为一条直线 $be(f)$ 和 $cg(h)$。因切口是前后穿通的，S 平面的水平投影有部分不可见，故 bc 段画成虚线，擦去 S 平面左边被切掉的转向线部分，作图结果如图 3-16(d)所示。

例 3.10　图 3-17(a)为带矩形切口的空心圆柱，求作水平投影。

分析作图：与例 3.9 比较增加了一内圆柱面，因此在作图时只需在例 3.9 结果的基础上，用同样的方法作出 Q、R 平面与内圆柱表面交线的水平投影，此时的 S 平面为前、后两

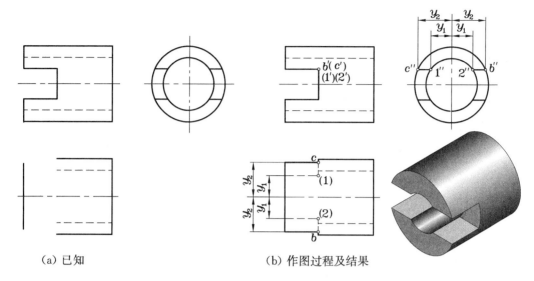

（a）已知   （b）作图过程及结果

图 3-17　求空心圆柱的截交线

部分,虚线 bc 只画 $c—1$、$b—2$ 两段直线。

这里要特别注意的是:水平投影的转向轮廓线在切口范围内的一段已被切去,如图 3-17(b)所示。

3.2.2　圆锥体

1. 圆锥体的形成

如图 3-18(a)所示,圆锥体(简称圆锥)是由圆锥面和底面所围成的。圆锥面可以看成由直线 SA 绕与它相交的轴线 SO 旋转一周而形成。SA 称为圆锥的母线,圆锥面上通过顶点 S 的任一直线称为素线。

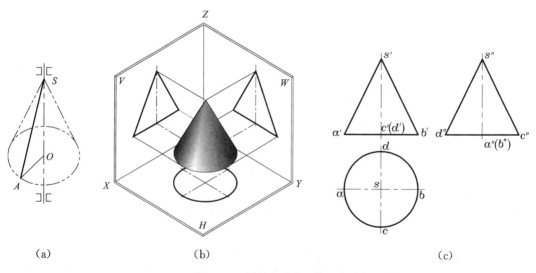

（a）   （b）   （c）

图 3-18　圆锥的形成及投影

2. 圆锥的投影

图 3-18(b)、(c)所示为一轴线垂直于水平面的正圆锥。

圆锥的水平投影是与底面相等的圆。

圆锥正面投影的轮廓线 $s'a'$、$s'b'$ 是圆锥面上最左、最右素线 SA、SB 的投影,也称为圆锥面上对 V 面投影的转向线。这两条素线是正平线,其水平投影与圆锥面水平投影的圆的横向中心线重合,侧面投影与圆锥轴线的侧面投影重合,图上不必画出。

圆锥侧面投影的轮廓线 $s''c''$、$s''d''$ 是圆锥面上最前、最后素线 SC、SD 的投影,也称为圆锥面上对 W 面的转向线。这两条素线是侧平线,它们的水平投影和圆的竖向中心线重合,正面投影和圆锥轴线的正面投影重合,图上不必画出。

圆锥底面是水平面,其水平投影反映实形,其余两个投影都积聚为直线段,画图时,首先用点画线画出各个投影的中心线、轴线,然后画出圆的投影,最后按圆锥高度画出其余两个投影。

关于可见性问题,从图 3-18(c)可知,对正面投影来说,以最左、最右素线 SA、SB(转向线)为界,前半部分圆锥面可见,后半部分圆锥面不可见。对侧面投影来说,以最前、最后素线 SC、SD(转向线)为界,左半部分圆锥面可见,而右半部分圆锥面则不可见。圆锥面的水平投影可见,而底面的水平投影则不可见。

3. 圆锥面上的点

平面上取点采取的是先在平面上取线的方法求得的。同理,曲面上取点也可采取在曲面上取线的方法求解。因为圆锥面的投影没有积聚性,所以要确定圆锥面上的点的投影,必须先在曲面上作包含这个点的线(直线或圆),求出这条线(直线或圆)的投影,然后利用空间点在线上,点的投影也在线的同面投影上的规律求出点的投影。

例如,已知圆锥面上 K 点的正面投影 k',如图 3-19(b)所示,求作点 K 的水平投影 k 和侧面投影 k'',用下列两种方法求解。

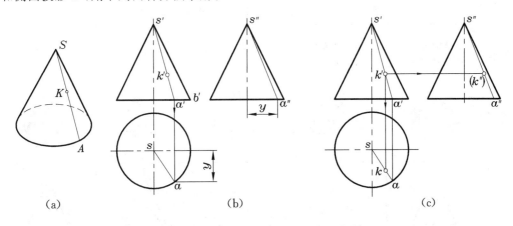

(a)　　　　　　　　(b)　　　　　　　　(c)

图 3-19　用素线法求圆锥面上点的投影

(1) 素线法。在圆锥面上过 K 点作一辅助素线 SA,如图 3-19(a)所示。在投影图上连接 $k's'$ 并延长交底圆于 a',根据 k' 是可见的,可判断 SA 在锥面的右前方,所以可求出 SA 的水平投影 sa。在侧面投影中根据 a'' 到对称轴线的距离 y 应等于水平投影 a 到水平中心线的距离 y,由 a 可求得 a'',连线得 $s''a''$。再根据 K 点在 SA 上,其投影也在 SA

的同面投影上,可由 k' 求出 k 和 k''。因为 K 在右半圆锥面上,所以 k'' 是不可见的,用 (k'') 表示,如图 3-19(c)所示。

(2)纬圆法。在圆锥面上过 K 点作纬圆为辅助线,如图3-20(a)所示。在投影图中过 k' 作水平线,得水平圆的正面投影 $1'—2'$,并根据投影关系求得水平圆的水平投影,即以 $s—1$ 为半径的圆[图 3-20(b)],然后根据点 K 在前半圆锥面上,可由 k' 求得 k、k'',根据 K 在右半圆锥面上判断 k'' 是不可见的,而 K 在圆锥面上,所以 k 是可见的,如图 3-20(c)所示。

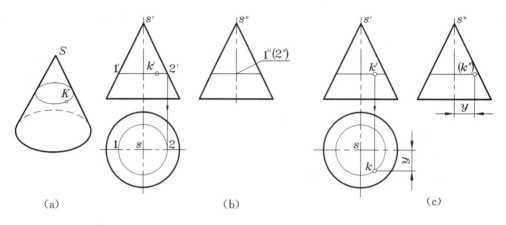

（a） （b） （c）

图 3-20　用纬圆法求圆锥面上点的投影

4. 截交线

当平面与圆锥相交时,由于截平面对圆锥轴线的相对位置不同,其截交线可能是圆、椭圆、抛物线、双曲线或三角形,如表 3-2 所示。

表 3-2　各种位置平面截切圆锥体表面的截交线

截平面位置	与轴线垂直	与轴线倾斜	与素线平行	与轴线平行	过锥顶
立体图					
投影图					
截交线	圆	椭圆	抛物线	双曲线	三角形

下面举例说明圆锥截交线的作图方法。

例 3.11 求正平面与圆锥面的截交线[图 3-21(a)]。

分析 如图 3-21(a)、(b)所示,圆锥轴线为铅垂线,因为截平面 P 与圆锥的轴线平行,所以截交线 $\overset{\frown}{AEB}$ 是双曲线。又因截平面 P 为正平面,故双曲线的正面投影反映实形,水平投影积聚在 P_H 上。

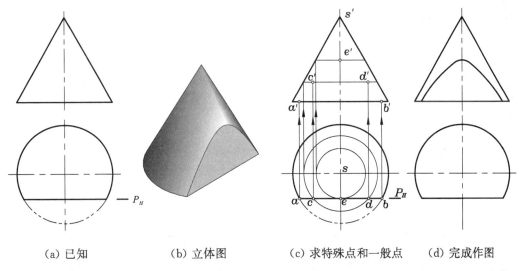

(a) 已知　　　　(b) 立体图　　　　(c) 求特殊点和一般点　　　(d) 完成作图

图 3-21　求正平面与圆锥面的截交线

作图过程如下:

(1) 求特殊点。最低点 A、B 是 P 平面与圆锥底圆的交点,可确定其水平投影 a、b,并由此求得 a'、b'。最高点 E 的水平投影位于 ab 的中点处。为了求得 e',可在圆锥表面上过 E 点作一水平圆,即在水平投影上以 s 为圆心,以 se 为半径作圆,然后求出辅助纬圆的正面投影,即可求得 e' 点,如图 3-21(c)所示。

(2) 求一般点。一般点可先在截交线的已知投影中选取,然后过所取点在圆锥面上作辅助线(素线或纬圆),求出其他投影。例如,在截交线的水平投影中对称地取 c、d 两点,过点 c、d 作出纬圆的水平投影,即可求出 c、d 两点的正面投影 c'、d',如图 3-21(c)所示。

(3) 依次光滑连接所求各点的正面投影,即完成截交线的作图,作图结果见图 3-21(d)。

例 3.12 求正垂面截切圆锥后的截交线的投影[图 3-22(a)、(b)]。

分析 如图 3-22(a)、(b)所示,圆锥轴线为铅垂线,因为截平面 P 与圆锥轴线斜交,所以截交线 $ACBD$ 为一椭圆,如图 3-22(c)所示,AB 为椭圆长轴,CD 为椭圆短轴。椭圆的正面投影积聚为一直线段 $a'b'$,水平和侧面投影仍为椭圆,需要求点画出。求点时,可利用在圆锥面上作素线或纬圆的方法作图。

作图过程(纬圆法)如下:

(1) 求特殊点。椭圆的长轴 AB 的正面投影 $a'b'$ 反映 AB 实长。A、B 两点是圆锥正面轮廓素线上的点,可直接求出 a、b 和 a''、b'';椭圆短轴 CD 为正垂线且与长轴垂直平分。求短轴的两端点 C、D 的投影,可过正面投影 $c'(d')$($a'b'$ 的中点)作纬圆,求出与之对应的水平投影并在其上得到 c、d,然后求出 c''、d''。圆锥侧面轮廓素线上的点 E、F 是截交线侧

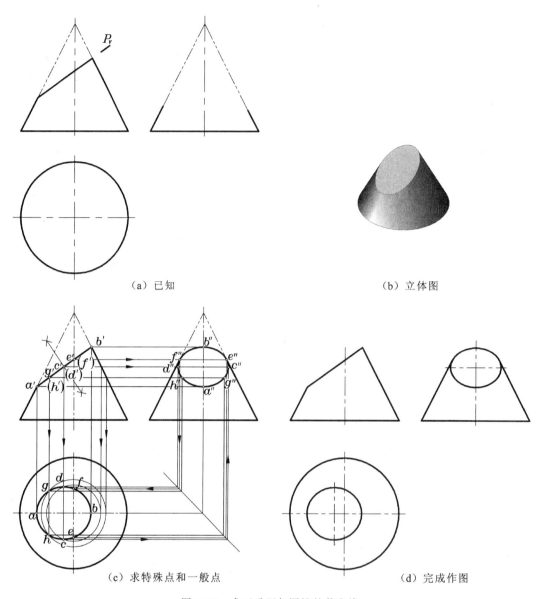

（a）已知 　　　　　　　　　　　　　　（b）立体图

（c）求特殊点和一般点 　　　　　　　（d）完成作图

图 3-22　求正垂面与圆锥的截交线

面投影与侧面轮廓素线的连接点，由 $e'(f')$ 求出 e''、f''，再求得 e、f 点，见图 3-22(c)。

　　（2）求一般点。一般点可先在截交线的已知投影中选取，用纬圆法可求得其他两面投影，如由 $g'(h')$ 求得 g、h 和 g''、h''，见图 3-22(c)。

　　（3）连线并判别可见性。根据 P 平面的位置可判断出，该截交线的水平投影和侧面投影都是可见的，可依次光滑连接所求各点的水平投影和侧面投影，即完成截交线的作图，作图结果如图3-22(d)所示。

　　例 3.13　求圆锥被两平面截切后的投影[图 3-23(a)、(b)]。

　　分析　因为截平面 P 通过圆锥的锥顶，所以圆锥面上的截交线是两条过顶点的直线。截平面 Q 与圆锥的轴线垂直，截交线为部分圆。平面 P 为正垂面，平面 Q 为水平面，P、Q

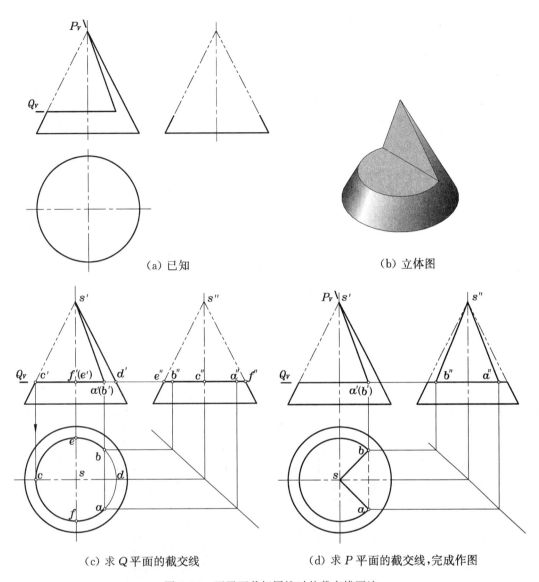

(a) 已知   (b) 立体图

(c) 求 Q 平面的截交线   (d) 求 P 平面的截交线,完成作图

图 3-23   两平面截切圆锥时的截交线画法

的正面投影均具有积聚性,所以截交线的正面投影积聚在 P_V、Q_V 上,只要求出其水平投影及侧面投影即可。

作图过程如下:

(1) 求 Q 平面与圆锥表面的截交线[图 3-23(c)]。采取平面扩大法,假想水平面 Q 将圆锥全部截切,则截交线为一水平圆,其水平投影反映实形。在正面投影中延长 Q_V 投影,作出直线 $c'd'$,求出 C 的水平投影 c,以 s 点为圆心,sc 为半径作圆,根据三等规律,保留平面 Q 范围的部分,即圆弧 $\overset{\frown}{afceb}$。由截交线的正面投影 $a'c'$ 和水平投影 $\overset{\frown}{afceb}$ 作出其侧面投影为直线 $e''f''$。

(2) 求 P 平面与圆锥的截交线[图 3-23(d)]。截交线为直线,连接水平投影 sa、sb,根据 a'、(b')、a、b,求出 a''、b'',连接 $s''a''$、$s''b''$。

(3) 求 P 平面与 Q 平面的交线。因为平面 P、Q 均垂直于正投影面,所以其交线 AB

为正垂线,正面投影积聚为一点 $a'(b')$,水平投影 ab 不可见,故连成虚线,侧面投影 $a''b''$ 与 $e''f''$ 重合,如图 3-23(d)所示。

3.2.3 圆球体

1. 圆球体的形成

如图 3-24(a)所示,圆球体(简称圆球)是由圆球面围成的,圆球面可以看成是圆母线绕其直径旋转而形成的。

2. 圆球的投影

如图 3-24(b)、(c)所示,圆球的三个投影均为大小等于球直径的圆。要注意这三个圆是分别从三个方向投射所得的形状,即三个方向外形轮廓线的投影,不能认为它们是球面上某一个圆的三个投影。由图 3-24(c)可以看出,球面上轮廓线圆 A 的正面投影是圆 a'(也称对 V 面的转向线),而其水平投影和侧面投影均与中心线重合,不必画出。其他两个轮廓线圆的投影在投影图上的对应关系也是类似的,读者可根据图 3-24 自行分析。

关于可见性问题,从图 3-24(c)可知,正投影面以 A 圆为界前半部分球面可见,后半部分球面不可见;侧面投影以 C 圆为界左半部分球面可见而右半部分球面不可见;水平投影以 B 圆为界上半部分球面可见,下半部分球面不可见。

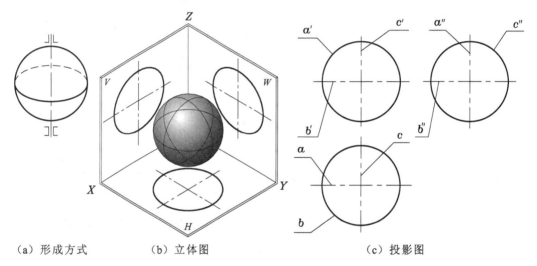

（a）形成方式　　　（b）立体图　　　　　　　（c）投影图

图 3-24　圆球的形成及其投影

3. 圆球面上的点

圆球面上不能作出直线,因此,确定球面上点的投影时,可包含这个点在球面上作平行于投影面的圆,然后利用其投影(积聚成直线或反映实圆)确定点的投影。在球面上包含点作平行于投影面的圆时,一般可作水平圆、正平圆或侧平圆。

例如,已知球面上点 K 的水平投影 k,如图 3-25(a)、(b)所示,求作 K 点的正面投影和侧面投影时,可过球面上点 K 在球面上作平行于水平投影面的辅助圆去求解。在水平投影上,以球心的水平投影 o 为圆心,ok 为半径作以 1—2 为直径的圆。根据投影关系求得辅助圆的正面投影 $1'—2'$,再根据点 K 是水平圆上的点,可由 k 求得 k' 及 k'',如图 3-25(c)所示。已知 K 点的水平投影 k 为可见,可判断点 K 是在球面的上、前、左半部分,所以 k' 和 k'' 都是可见的。本例也可用过球面上点 K 的正面平行圆或侧面平行圆作为辅助线求解。

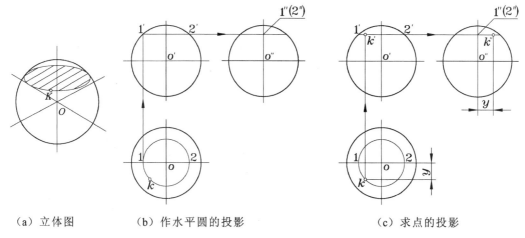

（a）立体图　　　　（b）作水平圆的投影　　　　　　（c）求点的投影

图 3-25　球面上点的投影

图 3-26 表示了利用正面平行圆求 K 点投影的作图过程。至于如何以侧面平行圆为辅助
线求解，请读者自行分析和作图。

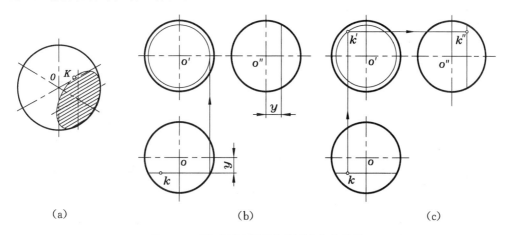

（a）　　　　　　　　　　（b）　　　　　　　　　　（c）

图 3-26　用正面平行圆求球面上点的投影

4. 截交线

平面与球相交，不管截平面处于什么位置，截交线在空间的形状都是圆。但由于截平
面相对投影面的位置不同，所得截交线（圆）的投影也不同。当截平面平行于投影面时，截
交线（圆）在该投影面上的投影反映实形，而在其他两个与截平面垂直的投影面上的投影
都积聚为长度等于圆的直径的直线段；当截平面倾斜于投影面时，在该投影面上的投影为
椭圆。图 3-27 表示圆球被水平面截切后的投影。

例 3.14　求作圆球被正垂面 P 截切后的投影[图 3-28（a）]。

分析　因为截平面 P 是正垂面，所以截交线（圆）的正面投影重合在 P_V 上，又因为截
平面 P 倾斜于水平投影面和侧投影面，所以截交线（圆）的水平投影和侧面投影都是椭圆。

如图 3-28（b）所示，在 V 投影面中，P_V 与正面轮廓转向圆的交点 a'、b'，与轴线的交
点 $e'(f')$、$g'(h')$，以及 $a'b'$ 的中点处 $c'(d')$（椭圆另一轴线的投影）均是截交线上的特殊
点，在 H、W 面中必须全部求出。

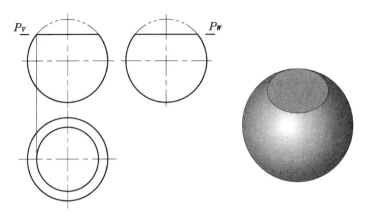

图 3-27　圆球被水平面截切后的投影

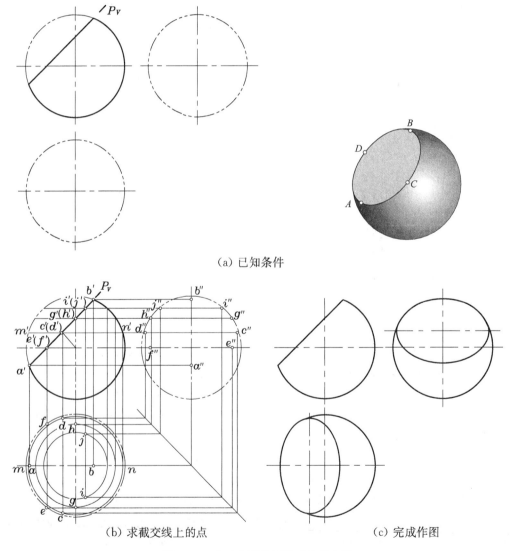

（a）已知条件

（b）求截交线上的点　　　　　（c）完成作图

图 3-28　求正垂面截切圆球的截交线

作图过程：

（1）求特殊点。①求转向线上的点。在正面投影中，如图 3-28(b)所示，P_V 与正面转向圆的交点为 a'、b'，与圆的轴线的交点分别为 $e'(f')$、$g'(h')$，因为这些点都在圆球的转向线上，可以直接求得这些点的水平投影及侧面投影。②求其他特殊点。$a'b'$ 的中点 $c'(d')$ 是截交线的水平投影椭圆及侧面投影椭圆一个轴的端点。利用表面取点法求 C、D 点的其他两个投影。过 C、D 点作辅助水平圆，即过 $c'(d')$ 作一条水平线交圆周于 m'、n'，在水平投影中，求得 m、n；以 mn 为直径作圆，C、D 的水平投影在此圆上，求得 c、d；根据 $c'(d')$、c、d，求得 c''、d''。

（2）求一般点。在任意两个特殊点中，求一般点，如图 3-28(b)中 I、J 两点。I、J 的求作过程与 C、D 相同，这里就不细述。

（3）连线并完成图形。将各点的水平投影及侧面投影依次光滑地连接起来，即得截交线的投影。擦去各投影图中被切掉部分的投影，加粗保存部分的转向线的投影，作图结果如图 3-28(c)所示。

例 3.15 已知半球被三个截平面截切成一个切口，如图 3-29(a)所示，完成其水平投影及侧面投影。

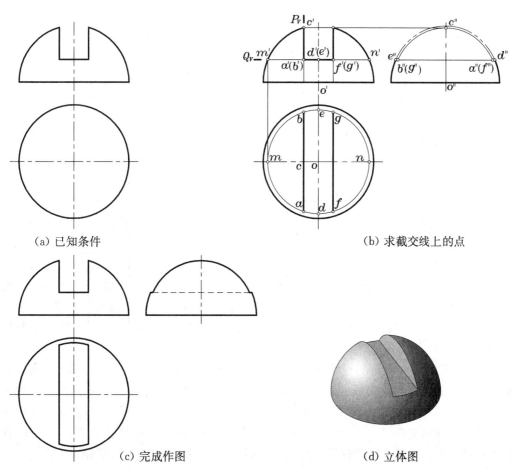

（a）已知条件　　　　　　　（b）求截交线上的点

（c）完成作图　　　　　　　（d）立体图

图 3-29　求圆球切口的投影

分析 从已知的投影可以看出,构成切口的三个平面分别为一个水平面、两个左右对称的侧平面。因为三个截平面均为投影面平行面,所以投影分别为部分圆;由于三个截平面均垂直于正投影面,则三个截平面之间的交线为正垂线。

作图方法:因为三个平面均未全部截切球,所以采取平面扩大法,假想平面扩大后,将球体全部截切,分别求出截交线的投影,再根据三等投影规律,留取截平面范围内的一段截交线。

作图过程:

(1) 求水平截平面 Q 与球的截交线。如图 3-29(b)所示,在正面投影中,延长水平面的正面投影交圆周于 m'、n',求得 m、n;在水平投影中,以 o 为圆心,以 mn 为直径作圆,根据三等规律,留取截平面范围内的部分圆弧 $\overset{\frown}{beg}$、$\overset{\frown}{adf}$;水平面的侧面投影积聚为一直线 $e''d''$。

(2) 求侧平截平面 P 与球的截交线。两个侧平面左右对称,它们的截交线的侧面投影重合,只需求出左侧平截平面的截交线即可。延长侧平面的正面投影至半球的边界,由 c' 求得 c'',在侧面投影中,以 o'' 为圆心,以 $o''c''$ 为半径作半圆,留取平面范围内的部分圆弧 $\overset{\frown}{b''c''a''}$。侧平面的水平投影积聚为一直线,连接 bca,同理,连接 gf。

因为水平截平面的侧面投影中间一段不可见,所以 $a''b''$ 与 $(f'')(g'')$ 之间的连线画成虚线,作图结果见图 3-29(c)。

3.2.4 组合回转体的截交线

由若干基本几何体组合而成的物体称为组合体,因此,求平面与组合体的截交线就是分别求出平面与各个基本几何体的截交线。

为准确绘制组合体的截交线,必须对组合体进行形体分析,了解由哪些基本几何体组成,并找出它们的分界线,然后按形体逐个作出它们的截交线,并在分界点处将它们连接起来。

例 3.16 求组合回转体被平面截切后的水平投影[图 3-30(a)]。

分析 立体由圆柱和圆锥组成,公共的轴线垂直于侧投影面,并被一个水平面截切。应分别求截平面与圆柱、圆锥的截交线。

作图过程:

(1) 求截平面与圆柱的交线[图 3-30(b)]。因为截平面平行于圆柱的轴线,所以在圆柱面上的截交线为两条素线。两条素线的侧面投影积聚在圆周上,即侧面投影中直线与圆的交点 $a''(b'')$、$c''(d'')$。根据水平投影与侧面投影相对 Y 坐标相等,可以求出其水平投影 ab、cd。

(2) 求截平面与圆锥的交线[图 3-30(b)]。因为截平面平行于圆锥的轴线,所以在圆锥面上的截交线为双曲线。双曲线的水平投影反映实形。①作特殊点。由正面投影 e',求得 e、e''。A、C 点也为双曲线上的特殊点。②作一般点。正面投影中,在圆锥范围内的切平面上任取重影点 $g'(h')$,过 $g'(h')$ 作侧平圆,即作一条直线垂直于圆锥的轴线,在侧面投影中作出此圆实形的投影,圆与截平面的侧面投影交于 g''、h'',根据 $g'(h')$、g''、h'' 求得 g、h。③光滑地连接水平投影 a、h、e、g、c。

(3) 作圆锥与圆柱的分界线的投影。由于截平面切去组合体的上方某部分,该部分

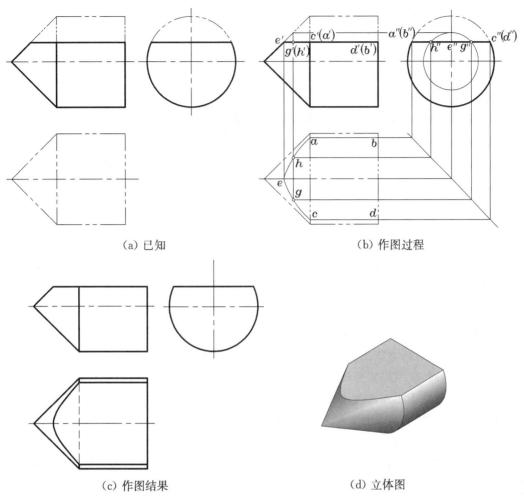

（a）已知

（b）作图过程

（c）作图结果

（d）立体图

图 3-30　平面与组合体相交

的交线也被同时截切,截平面范围内圆柱与圆锥的交线不存在,但截平面以下部分的交线仍然存在,因此在水平投影中,*ac* 段画虚线,其余画粗实线,作图结果如图 3-30(c)所示。

3.3　回转体的相贯线

　　两个相交的立体称为相贯体,其表面的交线称为相贯线。常见的机械零件以回转体相贯居多,如三通管(图 3-31),本节着重介绍这类相贯线的性质及画法。

3.3.1　相贯线的几何性质及其求法

　　相贯线是两立体表面的交线,因此,它具有以下基本性质:

　　(1) 两曲面立体的相贯线是两立体表面的共有线或分界线,相贯线上的点是两立体表面上的共有点。

图 3-31　三通管

（2）立体表面是封闭的,因此,相贯线一般为封闭的空间曲线,在特殊情况下,可能是不封闭的,也可能是平面曲线或直线,如图 3-32 所示。

（3）相贯线的形状取决于曲面的形状、大小及两曲面之间的相对位置。

（a）封闭的空间曲线　　　　（b）封闭的平面曲线　　　　（c）直线段

图 3-32　两曲面立体的相贯线

根据相贯线的性质求两回转体相贯线的问题,可归结为求两回转体表面上的共有点的问题。

求作相贯线的一般步骤是:根据给出的投影,分析两相交回转体的形状、大小及其轴线的相对位置,判定相贯线各投影的特点,再进行作图。

求相贯线上点的方法主要有:① 表面取点法;② 辅助平面法。

求相贯线时,应尽可能首先确定相贯线上的特殊点。例如,相贯线上与投影面距离最近、最远的点及位于曲面转向线上的点。因为这些点可以帮助我们确定相贯线投影的大致形状并判别它们的可见性。除特殊点外,还要作出适当数量的一般点,以便使连线光滑、准确,同时要用虚、实线分别表示不可见和可见的部分。

判别可见性的原则是:只有同时位于两立体可见表面的相贯线的投影才是可见的,否则是不可见的。

3.3.2　表面取点法求相贯线

图 3-33　圆柱与圆柱相贯

1. 表面取点法

如果相贯的两回转体中有一个是轴线垂直于投影面的圆柱,因为圆柱的一个投影具有积聚性,所以相贯线的一个投影必在这个具有积聚性的投影上。于是利用这个投影的积聚性,用表面上取点的方法,便可求出其他投影。如果两个回转体都有积聚性的投影(图 3-33),应用这个方法求相贯线更为方便。

例 3.17　轴线正交的两个圆柱相贯,求其相贯线[图 3-34(a)]。

分析　由投影图可知,两圆柱轴线正交,直立圆柱的轴线垂直于水平投影面,其水平投影积聚为一圆,由相贯线的共有性可知其水平投影必定积聚在这个圆上。同样,水平圆柱的轴线垂直于侧投影面,其侧面投影积聚为圆,相贯线的侧面投影则积聚在此圆上。由此,相贯线的两个投影为已知,根据投影关系,便可求得第三面投影。

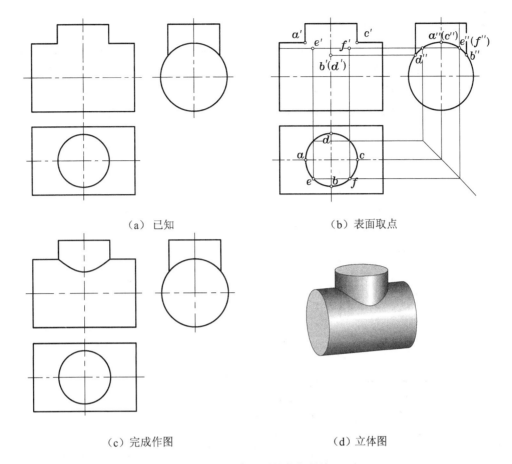

(a) 已知　　　　　　　　　　　　　　(b) 表面取点

(c) 完成作图　　　　　　　　　　　　(d) 立体图

图 3-34　求两圆柱的相贯线

作图过程：

（1）求特殊点。从图 3-34（a）的水平投影和侧面投影上，能明显地看出直立圆柱面上所有素线都和水平圆柱面上部相交，其中最左、最前、最右、最后四条素线与水平圆柱的共有点为 A、B、C、D，其位置为：点 A 为相贯线上最左、最高点；点 B 为相贯线上最前、最低点；点 C 为相贯线上最右、最高点；点 D 为相贯线上最后、最低点。

A、C 点处在两圆柱正面投影的转向线上，因而是相贯线正面投影可见与不可见的分界点；同理，B、D 点在直立圆柱的侧面投影的转向线上，因而是相贯线侧面投影可见与不可见的分界点。

根据上述分析可知，正面投影的转向线交点为共有点，直接标出 a'、c'，在有积聚性的水平投影（圆）上，直接标出特殊点的水平投影 a、b、c、d，在有积聚性的侧面投影上对应地标出 a''、b''、(c'')、d''。由 b、d 和 b''、d'' 可求出 $b'(d')$。这样，直接得到了相贯线正面投影上的四个点 a'、$b'(d')$、c'，如图 3-34（b）所示。

（2）求一般点。如图 3-34（b）所示，在相贯线的水平投影上取点 e、f，根据投影关系求得 $e''(f'')$ 后，即可求得 e'、f'。同样，还可以再求出若干一般点。

（3）将所求各点的正面投影光滑地连接起来，即得相贯线的正面投影。因为相贯体前后对称，所以前后两部分相贯线的正面投影重合，因此只用粗实线表示可见部分即可，如图 3-34（c）所示。

2. 两圆柱相交的三种形式

两圆柱相交有三种形式:两立体相交可能是它们的外表面,也可能是内表面,图 3-34 所示为两圆柱体外表面相交;图 3-35 所示为圆柱外表面与圆柱孔相交,即外圆柱面与内圆柱面相交;图 3-36 所示为两圆柱孔相交,即两内圆柱面相交。它们虽有内、外表面的不同,但由于两圆柱面的直径大小和轴线相对位置不变,它们交线的形状和特殊点是完全相同的。

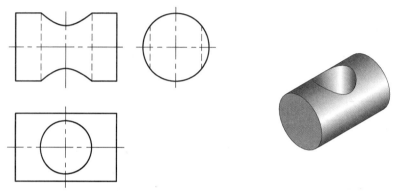

图 3-35　圆柱外表面与圆柱孔的相贯线

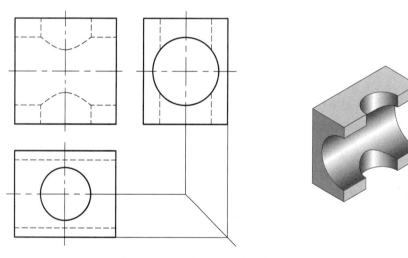

图 3-36　两圆柱孔相交

两圆柱垂直相交时,相贯线的形状取决于它们直径的相对大小和轴线的相对位置,具体情况如下:

(1) 两圆柱垂直相交,当其直径大小发生变化时对相贯线的影响。图 3-37 表示相交的两圆柱的直径相对变化,相贯线的形状和位置也随之变化。图中水平圆柱的直径不变,而直立圆柱的直径大小则由图 3-37(a)至图 3-37(c)逐渐变大,其相贯线的变化如图 3-37 所示。

由图 3-37 可以看出:当直立圆柱的直径小于水平圆柱的直径时,相贯线为上下两条空间曲线;当直立圆柱的直径等于水平圆柱的直径时,相贯线为两个相互垂直的椭圆,此时投影为直线;当直立圆柱的直径大于水平圆柱的直径时,相贯线为左右两条空间曲线。

(2) 相交两圆柱轴线的相对位置变化对相贯线的影响。相交两圆柱轴线的相对位置

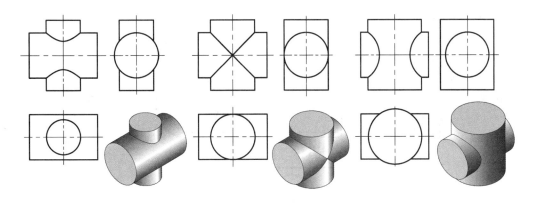

(a) 直立圆柱直径较小　　　(b) 两圆柱直径相等　　　(c) 直立圆柱直径较大

图 3-37　两圆柱垂直相交时直径的变化对相贯线的影响

有相交(常见为垂直相交)、交叉(常见为垂直交叉)、平行等不同的情况,都会引起相贯线形状和大小的变化。这里列举了两圆柱的轴线垂直相交、垂直交叉和平行时几种常见的相贯形式,其相贯线的形状变化如图 3-38 所示。

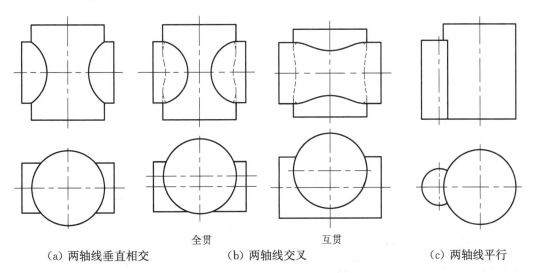

全贯　　　　　　互贯

(a) 两轴线垂直相交　　　(b) 两轴线交叉　　　(c) 两轴线平行

图 3-38　相交两圆柱轴线的相对位置变化对相贯线的影响

图 3-38(a)表示轴线垂直相交的两圆柱,其相贯线为前后、左右对称的两条空间曲线;图3-38(b)为轴线交叉的两圆柱,全贯时相贯线为左右、上下对称的两条空间曲线,互贯时相贯线为左右对称的一条空间曲线;图 3-38(c)表示轴线平行的两圆柱相交,相贯线为前后对称的两条直线段。

3.3.3　辅助平面法求相贯线

相贯线也可用辅助平面法求出。辅助平面法是利用三面共点的原理,其方法如图 3-39(a)所示。作一正平面 P 同时截切两圆柱,则 P 平面与直立圆柱面和水平圆柱面的截交线分别为两条平行直线,这两组平行线位于同一平面上,它们的交点就是两圆柱表面和平面 P

三个面的共有点,也就是相贯线上的点。

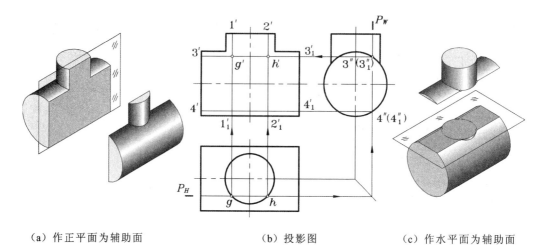

（a）作正平面为辅助面　　　　　　（b）投影图　　　　　　（c）作水平面为辅助面

图 3-39　辅助平面法求相贯线

具体作图方法如图 3-39(b)所示,在 H 投影面上,两圆柱的公共范围内任一位置作正平面 P_H,P 面与直立圆柱面相交,交线为 Ⅰ Ⅰ$_1$、Ⅱ Ⅱ$_1$,作出其 V 面投影 $1'$—$1'_1$、$2'$—$2'_1$两条直线。P 平面与水平圆柱面相交,交线为 Ⅲ Ⅲ$_1$、Ⅳ Ⅳ$_1$,作出其 W 面的投影 $3''(3''_1)$、$4''(4''_1)$及 V 面投影$3'$—$3'_1$、$4'$—$4'_1$,在 V 面投影中,交线均位于 P 平面内,它们的交点 g'、h'即为两圆柱相贯线上的点的正面投影,另外两个交点,由于在直立圆柱范围之外,故舍去。

用辅助平面法求相贯线时,要注意辅助面的选择,为了作图简便,所选择的辅助面与两曲面截交线的投影都应是简单易画的直线或圆。根据这个原则,除图 3-39(a)选择正平面外,还可选择水平面作为辅助平面。因为水平面与直立圆柱面的截交线为圆,与水平圆柱面的截交线为直线,作投影图也是比较简便的,如图 3-39(c)所示。

辅助平面法的具体作图步骤归纳如下:

（1）在已知两曲面相交的范围内,作一辅助平面,使之与两已知曲面相交。

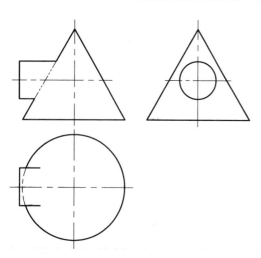

图 3-40　轴线正交的圆柱与圆锥相贯

（2）分别作出辅助平面与两已知曲面的截交线。

（3）求出上述两组截交线的交点,即为两曲面的共有点,也就是相贯线上的点。

例 3.18　求轴线垂直相交的圆柱与圆锥的相贯线(图 3-40)。

分析　如图 3-40 所示,圆柱的侧面投影积聚为圆,故相贯线的侧面投影与这个圆重合,所以不需求相贯线的侧面投影,只要求其他两个投影。

在侧面投影中,表示圆柱侧面投影的圆全部在圆锥侧面投影轮廓线的范围内,说明圆柱上的全部素线都与圆锥相交,因此可以判断相贯线是封闭的,并且其侧面投影分布在圆周上,相贯线上的最高、最低、最前、最后点可直接从这个圆周上定出。其他点则可用辅助平面法求出。

由于圆锥的轴线垂直于水平投影面,而圆柱的轴线垂直于侧投影面,若作一水平面 P 为辅助平面,同时截切两立体,则 P 平面与圆锥面的截交线为圆,与圆柱面的截交线为两条平行直线[图 3-41(a)]。另外,若通过锥顶且平行于圆柱轴线作一侧垂面 Q,则 Q 平面与圆锥面的截交线为过锥顶的相交两直线,与圆柱面的截交线为两条平行直线[图 3-41(b)]。因此,水平面和过锥顶的侧垂面都符合辅助平面的选择要求,但前者比后者作图更为方便,故用水平面为辅助平面作图更好。

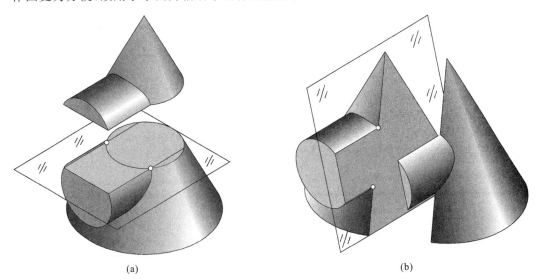

(a)   (b)

图 3-41 轴线正交的圆柱与圆锥相贯辅助平面的选择

作图过程:

(1) 求特殊点。如图 3-42(a)所示,在侧面投影的圆周上,直接得到最高、最低点 A、C 的投影 a''、c'';在正面投影的转向轮廓线交点处直接标出 a'、c',从而可求得 a、c。同时在侧面投影上还可直接得到最前、最后点 B、D 的侧面投影 b''、d'',用一水平面 P 作为辅助平面通过点 B、D 截切,即可求得 b、d 和 $b'(d')$。其中 b、d 是相贯线水平投影的可见与不可见的分界点。由上述所求得的这些点的投影,大致地确定了相贯线投影的范围。

(2) 求一般点。同理根据需要可在适当位置再作一些辅助水平面或辅助侧垂面,求出相贯线上的一般点。图 3-42(b)中显示出了用一个侧垂面为辅助平面求得两个公有点 E、F 的作图过程。

(3) 判别可见性,依次光滑地连线。因为相贯体前后对称,所以相贯线也前后对称。因此,前后两半的正面投影重合在一起,正面投影画粗实线。在水平投影中,圆柱面的上半部和圆锥面都是可见的,因此,相贯线的水平投影以 b、d 点为界,曲线 $b(f)cd$ 段应画成虚线,$bead$ 段为粗实线,图 3-42(c)为完成的图形。

本例也可用表面上取点法求解,作图时所作的辅助线与辅助平面法相似。

与两圆柱相交一样,由于圆柱与圆锥相交的相对位置及圆柱、圆锥的大小不同,相贯线的形状也不相同,图 3-43 中表示圆柱与圆锥的轴线垂直相交时,圆柱直径的变化对相贯线形状的影响。

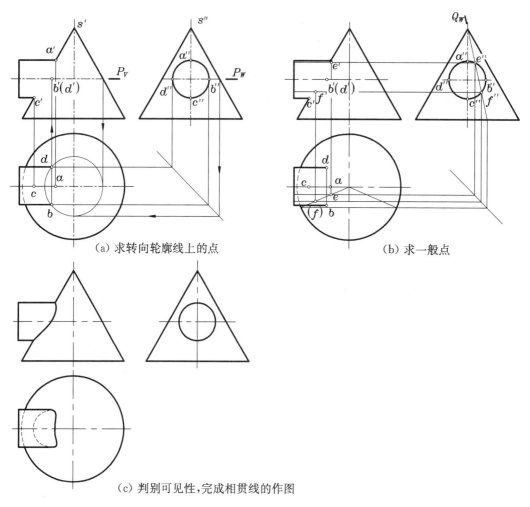

（a）求转向轮廓线上的点　　　　　　　　　　（b）求一般点

（c）判别可见性，完成相贯线的作图

图 3-42　求作圆柱与圆锥的相贯线

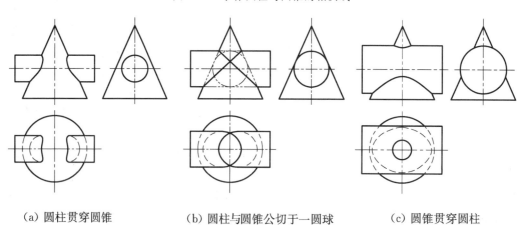

（a）圆柱贯穿圆锥　　　　　（b）圆柱与圆锥公切于一圆球　　　　　（c）圆锥贯穿圆柱

图 3-43　圆柱与圆锥轴线垂直相交时的三种相贯线

从图 3-43 中可以看到：图 3-43（a）表示相贯线为左右两条空间曲线；图 3-43（b）表示相贯线为两个相同的椭圆，它们的正面投影积聚为直线；图 3-43（c）表示相贯线为上下两条空间曲线。

例 3.19　求圆柱和半圆球的相贯线[图 3-44(a)]。

分析　圆柱轴线不通过半圆球心；圆柱轴线与半圆球轴线组成相贯体的对称面，并与正投影面平行，它们的相贯线是一条前后对称的封闭空间曲线。因为圆柱的水平投影具有积聚性，所以相贯线的水平投影已知，与圆周重合。此题可用表面取点法来求解。

作图过程：

（1）求特殊点。在水平投影中，圆周上的 a、b、c、d 四个点为特殊点，由于 A、C 点位于圆球的正面投影转向线上，可直接作出 a'、c'，再求 a''、(c'')。在水平投影中，以 o 为圆心，以 ob 为半径作纬圆，求出此圆的正面投影（一条直线），求得 b'。根据 b、b' 求 b''，同时求出 (d')、d''[图3-44(b)]。

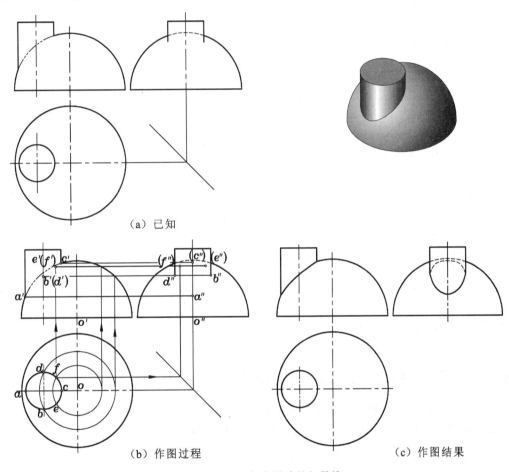

（a）已知

（b）作图过程　　　　（c）作图结果

图 3-44　圆柱与半圆球的相贯线

（2）求一般点。求一般点 E、F 的方法与求 B、D 两点的方法相同[图 3-44(b)]。

（3）判别可见性，依次光滑地连接各点的同面投影[图 3-44(c)]。因为相贯线前后对称，所以正面投影前后重合，画出可见部分。从水平投影可知，B、D 为侧面投影的分界点，投影 d''、a''、b'' 连成粗实线，d''、(f'')、(c'')、(e'')、b'' 连成虚线。

（4）圆球的侧面投影被圆柱遮住的部分画成虚线，如图 3-44(c)所示。

本例也可用辅助平面法求解，作图时所作的辅助平面与表面取点法相似。

例 3.20 求半圆球穿圆柱孔后的投影[图 3-45(a)]。

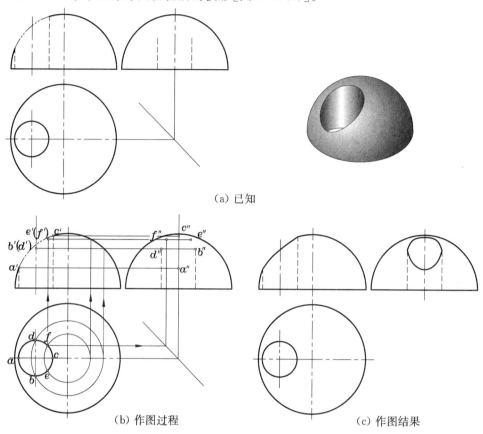

（a）已知

（b）作图过程   （c）作图结果

图 3-45 半圆球穿圆柱孔后的相贯线

分析作图：因为半圆球与圆柱孔的大小、位置和例 3.19 中半圆球与圆柱体相贯一致，所以半圆球穿圆柱孔后产生的相贯线与例 3.19 中半圆球与圆柱实体相贯后产生的相贯线一样，只是相贯线投影的可见性有所变化。

作图过程如图 3-45(b)所示，作图结果如图 3-45(c)所示。

3.3.4 两回转体相贯线的特殊情况

前面已经讲过两回转体相交时在特殊情况下，相贯线可能是平面曲线或直线段。它们常常可根据两相交回转体的性质、大小和相对位置直接判别，可以简化作图。

1. 相贯线是平面曲线

两曲面立体的相贯线为平面曲线的情况有两种：

（1）两相交回转体同轴时，它们的相贯线一定是和轴线垂直的圆。如图 3-46(a)所示，圆柱与圆锥同轴相贯，相贯线为圆，其正面投影积聚为一直线，水平投影与圆柱的水平投影重合，相贯线就可直接求得。如图 3-46(b)所示，圆球穿圆柱孔，当圆柱孔的轴线通过球心时，相贯线为圆，其正面投影积聚为一直线，水平投影与圆柱的水平投影重合，相贯线也可直接求得。

（2）当轴线相交的两圆柱或圆柱与圆锥公切于一个球面时，相贯线是椭圆。当公共

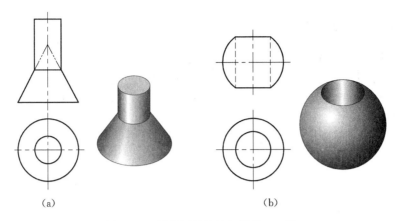

图 3-46　同轴回转体的相贯线——圆

对称面平行于投影面时,则在所平行的投影面上的投影积聚为直线段。

图 3-47 为两内切于同一球面的正圆柱(即等直径的两圆柱)相交,其相贯线为椭圆,正面投影为直线,水平投影和侧面投影分别和圆柱体积聚性的圆重合。图 3-48 为内切于同一球面的圆柱和圆锥相交,其相贯线也是两个形状相同的椭圆,正面投影为直线,侧面投影和圆柱积聚性的圆重合,水平投影为两个相交的椭圆。

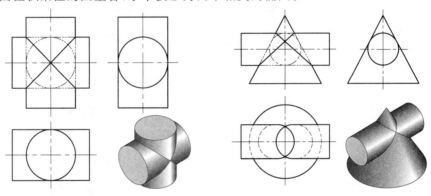

图 3-47　两相交圆柱内切于一球　　　　图 3-48　圆柱和圆锥内切于一球

2. 相贯线是直线

(1) 两圆柱的轴线平行,相贯线是直线,如图 3-49 所示。

(2) 两圆锥共顶点时,相贯线是直线,如图 3-50 所示。

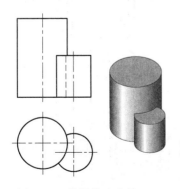
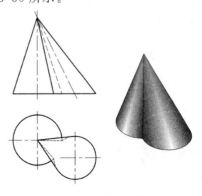

图 3-49　相贯线为直线(一)　　　　　图 3-50　相贯线为直线(二)

3.3.5　组合体相贯线

组合体相贯线是每两个立体表面相贯线的组合,相邻两相贯线的结合点在两立体表面分界线上。因此,求作组合体相贯线时,必须先明确每个基本形体的位置,表面的几何性质和每两立体的相贯线类型,以及形体表面分界线的位置。两形体的表面分界线与另一形体的交点就是结合点。

例 3.21　求组合体相贯线的投影,如图 3-51(a)所示。

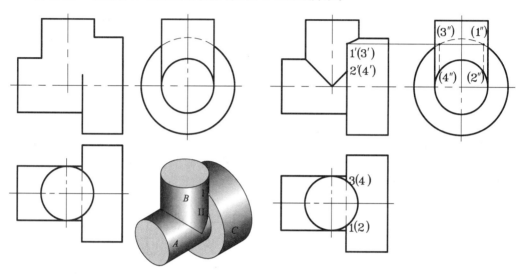

(a) 已知　　　　　　　　　　　　　　(b) 作图结果

图 3-51　求组合体相贯线

分析　该形体是由圆柱 A、B、C 两两相交组合而成的。圆柱 A 和圆柱 C 是在同一轴线上直径不等的叠加体,圆柱 B 分别与圆柱 A、圆柱 C 相交,圆柱 A 的圆柱面与圆柱 C 左端面的交线是两圆柱的表面分界线,它与圆柱 B 表面的交点 II、IV 是一对结合点。圆柱 A 与圆柱 B 部分相交,两者直径相等,轴线垂直相交且平行于正投影面,所以它们的相贯线是两个相同的部分椭圆,其正面投影是相交的两直线段。圆柱 B 与圆柱 C 也是部分正交,圆柱 C 的左端面与圆柱 B 的交线为 I II、III IV,圆柱 C 的左端面是表面分界线,它与圆柱 B 的交点 I、III 是结合点,所以圆柱 B 与圆柱 C 的相贯线要画到 I、III 两点。

作图:如图 3-51(b)所示。

第4章 组 合 体

关键词

组合体 表面连接关系 画图 读图 尺寸标注

主要内容

1. 组合体的组合形式
2. 组合体表面之间的连接关系
3. 组合体视图的画法
4. 组合体视图上的尺寸注法
5. 组合体的读图

学习要求

1. 弄清组合体的组合形式
2. 正确分析组合体表面之间的连接关系
3. 熟练运用画图的方法和步骤,正确画出组合体视图
4. 能在组合体视图上正确、完整、清晰地标注组合体的尺寸
5. 熟练运用读图的方法和步骤,根据已知的两个视图想象组合体形状,同时画出正确的第三视图

4.1 组合体的组合形式及形体表面之间的关系

4.1.1 组合体的组合形式

由基本几何体如柱体(棱柱和圆柱)、锥体(棱锥和圆锥)、球体和圆环体等组成的物体称为组合体。组合体的组合类型有:叠加式、切割式及叠加和切割的综合情况。如图 4-1(a)所示的组合体:可以看成是如图 4-1(b)所示的由一个四棱柱底板上叠加一个四棱柱形成的;也可以看成是如图 4-1(c)所示的由两边各切掉一个四棱柱形成的。图 4-2 则可认为是四棱柱穿孔后形成的,而图 4-3 则可看成是叠加和切割的综合组合形式。

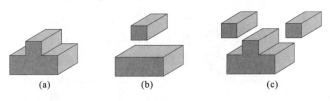

(a)   (b)   (c)

图 4-1 组合体的形成(一)

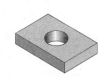

图 4-2 组合体的形成(二)

图 4-3 组合体的形成(三)

4.1.2 组合体的表面连接关系

在组合体中,通过叠加或切割形成的形体表面有四种情况,即相接、相交、相切、相贯,下面分别介绍它们的画法。

1. 相接的画法

相接的画法中要注意形体之间是否共面,共面就没有分界线,不共面就有分界线。

如图 4-4 所示:图 4-4(a)前表面共面,后表面不共面,分界线是虚线;图 4-4(b)前后表面都不共面,所以分界线是实线;图 4-4(c)前表面不共面,后表面共面,分界线是实线;图 4-4(d)前后表面都共面,没有分界线。

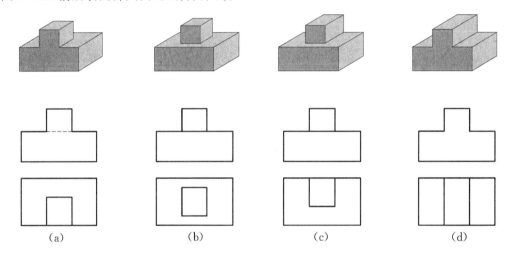

(a)　　　　　　(b)　　　　　　(c)　　　　　　(d)

图 4-4　相接的画法

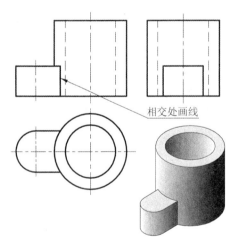

相交处画线

图 4-5　相交的画法

2. 相交的画法

两形体表面相交时表面的交线应在图中画出来,如图 4-5 所示,耳板前后两个正平面与大圆柱表面相交产生的交线是直线,主视图中要画出此交线的投影。

3. 相切的画法

相切是指两个形体表面光滑过渡。当曲面与曲面、平面与曲面相切时,相切处一般不画线。如图 4-6 所示,平板上水平面的正面投影与侧面投影积聚为直线,只能画到切点处为止。

图 4-7 所示的阀杆是一个组合回转体,它上部的圆柱面和环面相切,环面又与圆锥顶部平面相切,因此在视图上的相切处均不要画线。图 4-8 为压铁,它的上表面由两圆柱面相切而成,在主视图上重影成两相切的圆弧。可通过此两圆弧的切点作切线,则此切线即表示两圆柱面公切平面的投影。若此公切平面是投影面的垂直面,则相切处切线的投影不画,如图 4-8(a)所示;若公切平面是投影面的平行面,在该平面所垂直的投影面上,则切线的投影应该画出,如图 4-8(b)在俯视图上相切处就应

该画线。

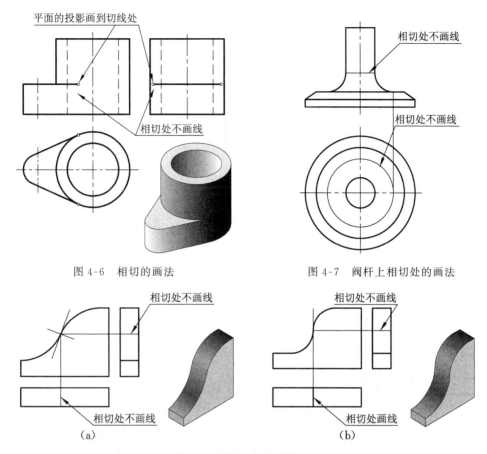

图 4-6　相切的画法

图 4-7　阀杆上相切处的画法

（a）

（b）

图 4-8　压铁上相切处的画法

4.相贯的画法

两曲面立体表面相交,如图 4-9(a)所示,不管是实体相交还是孔与孔之间相交都要考虑相贯线,相贯线一般应采用第 3 章所述方法作出。由于在机件上遇到最多的相贯线

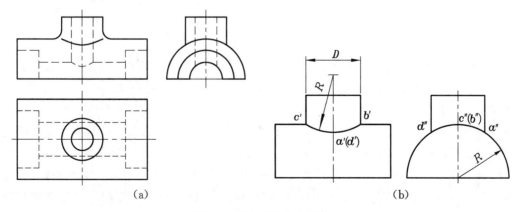

（a）

（b）

图 4-9　组合体上的相贯线

是圆柱与圆柱正交,当垂直相贯的两个大、小圆柱的直径相差较大时,常采用圆弧来近似代替该空间曲线的投影,如图 4-9(b)所示:以大圆柱的半径 R 为半径,通过点 b'、c' 用圆规直接画相贯线的投影。在组合体读图和画图中,截交线和相贯线是最容易漏画和画错的,要特别注意。

4.2 组合体的画法

4.2.1 形体分析

大多数机器零件都可以视为由一些基本形体经过叠加、切割、穿孔等方式组合而成的组合体。这些基本形体可以是一个完整的基本几何体(棱柱、棱锥、圆柱、圆锥、球、环等),也可以是一个不完整的基本几何体或是它们的简单组合。图 4-10 为零件上常见的一些基本形体的例子。熟悉这些基本形体及它们的三视图,对画图和看组合体视图有很大帮助。

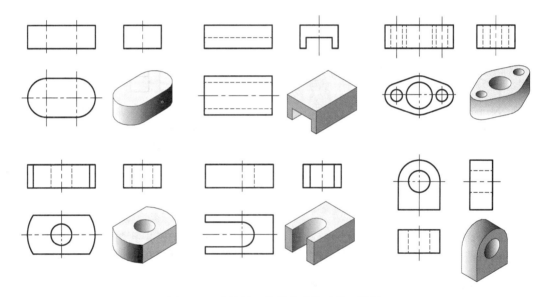

图 4-10 常见的一些基本形体及其三视图

把一个复杂的组合体分解为若干基本形体,并且分析这些基本形体之间的组合形式及基本形体之间的相对位置,这种分析方法称为形体分析法。如图 4-11(a)所示的支架,该零件由六个基本体所组成。支架中间为一个直立的空心圆柱,下部是一个稍小一点的扁空心圆柱,它们之间的相接方式为简单的叠加。左下方底板的侧表面与直立空心圆柱的外圆柱面相切。左方的肋板叠加在底板上。肋板和右上方搭耳的侧表面均与直立空心圆柱相交,产生截交线,肋的左侧斜面与空心圆柱相交产生的截交线是一段椭圆弧。前方的水平空心圆柱与直立的空心圆柱垂直相交,两孔穿通,其内外表面均产生正交的相贯线,如图 4-11(b)所示。

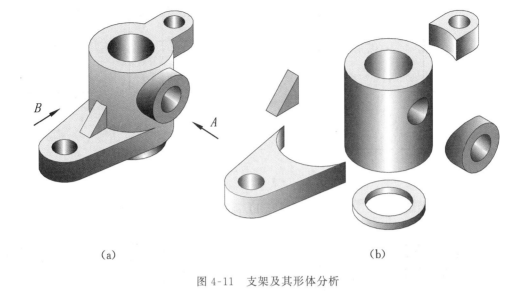

(a)　　　　　　　　　　　　　　　　　(b)

图 4-11　支架及其形体分析

4.2.2　确定主视图

三视图中,主视图是最主要的视图。主视图应能反映组合体的形状特征,并能使其他视图中的不可见轮廓线尽可能地少,使画图、读图方便清晰。

确定主视图时,首先要考虑组合体的安放位置,一般应使组合体的主要表面平行于投影面,主要结构的轴线、对称平面垂直或平行于投影面。然后选择投射方向,主视图应能反映组合体的主要形状特征,如图 4-11 所示的支架,通常将直立空心圆柱的轴线放成铅垂位置,并把肋、底板、搭耳的对称平面放在平行于投影面的位置上。显然,将 A 方向作为主视图的投射方向为最好,因为组成该支架的各基本体及它们间的相对位置关系在此方向表达最为清晰,因而最能反映该支架的结构形状特征。如选择 B 方向作为主视图的投射方向,则搭耳全部变成虚线,底板、肋板的形状及它们与直立空心圆柱间的位置关系也没有像 A 方向那样清晰,故不应选取 B 方向作为主视图的投射方向。

4.2.3　画图步骤

(1) 确定比例及图幅。根据组合体的大小,先选定适当的比例,大概算出三个视图所占图面的大小,包括视图间的适当间隔,然后选定标准的图幅。

(2) 布置视图的位置。固定好图纸后,根据各视图的大小和位置,画出各视图的定位线。一般以对称中心线、轴线、底平面和端面作为定位线,如图 4-12(a)所示。

(3) 画图。按形体分析法画图,逐步画出各基本体的视图底稿(用细实线),注意按先主后次,先外后内的顺序,一个基本体一个基本体地画,必须注意按投影规律同时对应地画每一个基本体的三个视图。切忌单独地画完组合体的一个视图后再画其他的视图。每画一个基本体都要注意按各基本体之间表面结合的形式,正确处理相邻两基本体表面的连接关系,这样既能保证正确的投影关系,又能提高画图速度,如图 4-12(b)~(e)所示。

(4) 检查加深。底稿画完之后,必须仔细检查,纠正错误,擦去多余图线,然后按国家标准规定的线型加深,如图 4-12(f)所示。

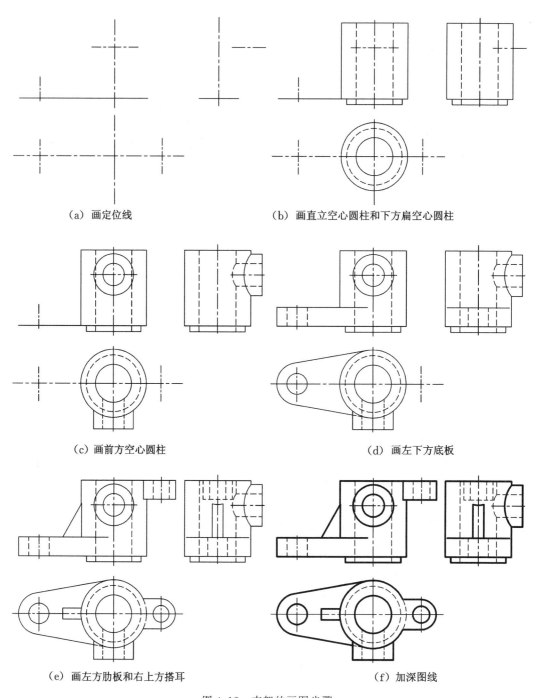

（a）画定位线　　　　　　　　　（b）画直立空心圆柱和下方扁空心圆柱

（c）画前方空心圆柱　　　　　　　　　（d）画左下方底板

（e）画左方肋板和右上方搭耳　　　　　　　　　（f）加深图线

图 4-12　支架的画图步骤

4.3　视图上的尺寸注法

　　视图只能表达物体的形状,而不能反映物体的真实大小。物体的真实大小是根据图样上所注的尺寸来确定的,加工时也是按照图样上的尺寸来制造的。在视图上标注尺寸

时,一般要求做到以下几点:

(1)尺寸标注要符合标准。即所注尺寸应符合国家标准《机械制图 尺寸注法》(GB/T 4458.4—2003)和《技术制图 简化表示法 第2部分:尺寸注法》(GB/T 16675.2—2012)中有关尺寸注法的规定(见附录一与第7章)。

(2)尺寸标注要完整。即应标注出组合体中确定每个基本形体形状大小的定形尺寸和确定各基本形体间相对位置的定位尺寸,不允许遗漏尺寸和重复尺寸。

(3)尺寸安排要清晰。标注尺寸的位置安排要恰当,以便于看图、寻找尺寸和使图面清晰。

(4)尺寸标注要合理。尺寸标注应该尽量考虑到设计与工艺上的要求。

本节主要叙述在视图上标注尺寸时如何使尺寸完整、清晰,至于标注尺寸应考虑到的设计与工艺的要求问题,将在第7章介绍。

4.3.1 基本体的尺寸标注

要掌握组合体的尺寸标注,必须先了解基本体的尺寸标注方法。

(1)平面基本体的尺寸标注。如图4-13所示:四棱柱应标长、宽、高三个方向的尺寸[图4-13(a)];正六棱柱应标正六边形的对边距离及高两个尺寸[图4-13(b)];四棱锥台应标上、下底面的长、宽及高五个尺寸[图4-13(c)]。

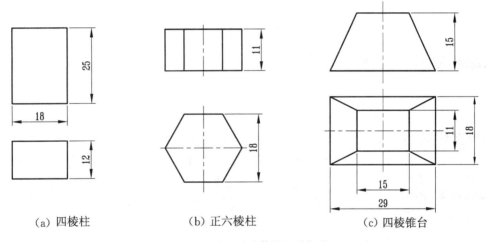

(a) 四棱柱　　　　　　　(b) 正六棱柱　　　　　　(c) 四棱锥台

图 4-13　平面基本体的尺寸标注

(2)回转体的尺寸标注。如图4-14所示:圆柱体应标直径及长度两个尺寸[图4-14(a)];圆锥台应标两底圆直径及轴向距离三个尺寸[图4-14(b)];球体只需标直径一个尺寸[图4-14(c)];圆环应标中心圆和母线圆直径两个尺寸[图4-14(d)]。

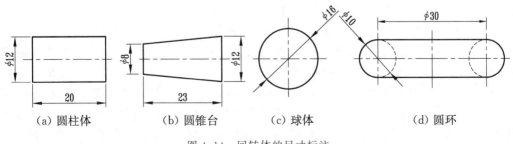

(a) 圆柱体　　　　　(b) 圆锥台　　　　　(c) 球体　　　　　(d) 圆环

图 4-14　回转体的尺寸标注

4.3.2 带切口和相贯的形体的尺寸标注

带切口的形体除了要注出其基本形体的尺寸外,还要注出确定截平面位置的尺寸。形体与截平面的相对位置确定后,切口的交线已完全确定,因此不应该在交线处标注尺寸,如图 4-15(a)所示。因为相贯体相对位置确定后相贯线也相应确定,所以相贯线处也不要标注尺寸,如图 4-15(b)所示。

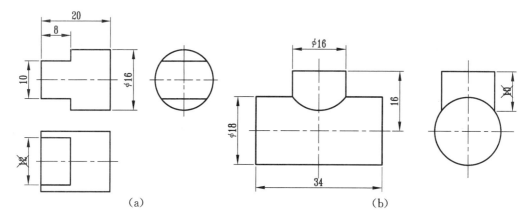

(a)　　　　　　　　　　　　　　　　(b)

图 4-15　带切口和相贯的形体的尺寸标注

4.3.3 组合体的尺寸标注

标注组合体的尺寸时,应该注意以下几点:

1. 尺寸标注要完整

要达到这个要求,应首先按形体分析的方法将整个组合体分解为若干基本体,再注出表示各基本体大小的尺寸(定形尺寸)及确定这些基本体之间相对位置的尺寸(定位尺寸)。按照这样的分析方法去标注尺寸,就比较容易做到既不遗漏尺寸,也不会重复地标注尺寸。下面仍然以支架为例,说明在标注尺寸过程中的分析方法。

(1) 逐个注出各基本体的定形尺寸。如图 4-16 所示,将支架分成六个基本形体后,分别注出其定形尺寸。由于每个基本形体的定形尺寸数量比较少(2～4 个),因而比较容易考虑,如直立空心圆柱的定形尺寸 $\phi72$、$\phi40$、80,底板的定形尺寸 $R22$、$\phi22$、20 等。至于这些尺寸标注在哪一个视图上,则要根据具体情况而定,如直立空心圆柱的尺寸 $\phi40$ 和 80 标注在主视图上,但 $\phi72$ 在主视图上标注就比较困难,故将它标注在左视图上。底板的尺寸 $R22$、$\phi22$ 标注在反映其形状特征的俯视图上最为适宜,而厚度尺寸 20 则注在主视图上。其余基本形体的定形尺寸,请读者自己分析。

(2) 选择尺寸基准,标注出确定各基本体之间相对位置的定位尺寸。尺寸的基准是标注、测量尺寸的起点。在三维空间中,应有长、宽、高三个方向的尺寸基准。组合体的基准一般采用对称平面、较大的平面和轴线作为尺寸基准,如图 4-17 中表示了支架三个方向的尺寸基准。图 4-16 中虽然标注了各基本体的定形尺寸,但对整个支架来说,还必须再标注各基本体与基准之间的定位尺寸及基本体与基本体之间的定位尺寸,这样尺寸才完整。图 4-17 表示了这些基本形体之间的五个定位尺寸,如直立空心圆柱其轴线为长度

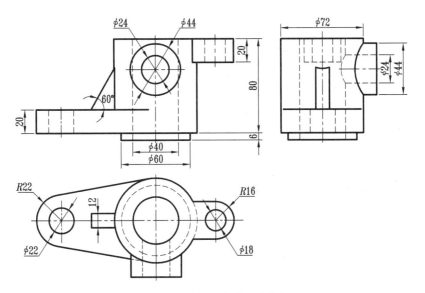

图 4-16　支架的定形尺寸分析

方向基准,与底板孔、肋、搭耳之间在左右方向的定位尺寸分别为 82、56、52,水平空心圆柱与直立空心圆柱在上下方向的定位尺寸为 54,以及前后方向的定位尺寸为 48。一般来说,两形体之间在前后、左右、上下方向均应考虑是否有定位尺寸。通过以上分析,将图4-16 和图 4-17 上的尺寸合起来,则支架上所必需的全部尺寸便标注完整了。

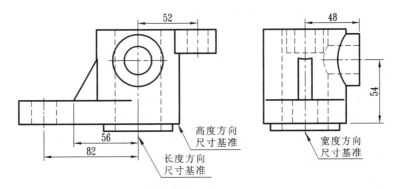

图 4-17　支架的定位尺寸分析

(3) 标注出组合体的总体尺寸。组合体的总长、总宽和总高的尺寸为总体尺寸。值得注意的是:如果已经完整地标注了组合体的定形、定位尺寸,则标注总体尺寸时,可能会出现尺寸重复或多余的现象,此时应该重新对尺寸进行调整。

2. 尺寸安排要清晰

为了便于看图,使图面清晰,安排尺寸时应考虑以下几点:

(1) 尺寸应尽量标注在表示形体特征最明显的视图上。如图 4-18 所示,底板的高度尺寸 20 注在主视图上比注在左视图上要好,水平空心圆柱高度方向的定位尺寸 54 注在主视图上比注在左视图上要好。

(2) 同一形体的尺寸尽量集中标注在一个视图上。在图 4-18 中,将水平空心圆柱的定形尺寸 $\phi24$、$\phi44$ 从原来的主视图移到左视图上,这样便和它的定位尺寸 48 集中在一

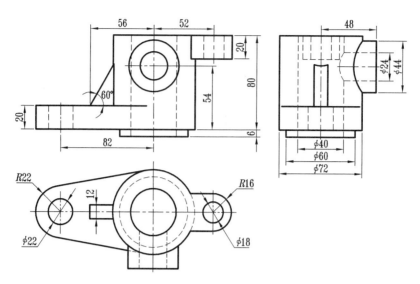

图 4-18　经过调整后的支架尺寸标注

起,因而比较清晰,又便于寻找尺寸。

（3）尺寸应尽量标注在视图的外部,以保持图形清晰。

（4）为了避免尺寸标注零乱,同一方向连续的几个尺寸尽量放在一条线上,如扁空心圆柱的高度 6 与直立圆柱的高度 80 标在一条线上,尺寸标注显得较为整齐。

（5）同轴回转体的直径尺寸尽量标注在反映轴线的视图上。如上面所述的水平空心圆柱的直径 $\phi24、\phi44$ 注在左视图上,也是考虑了这一点要求。

（6）尺寸应尽量避免注在虚线上。例如,搭耳的高度 20,若标注在左视图上,则该尺寸将从虚线处引出,故应标注在主视图上。

（7）尺寸线与尺寸界线、尺寸界线与轮廓线应尽量避免相交。例如,定位尺寸 54 注在左视图上就会与尺寸线相交,因此该尺寸注在主视图上较为清晰;直立空心圆柱的直径 $\phi72$ 可以注在主视图上或左视图上,但若注在主视图上会使尺寸界线与底板或搭耳的轮廓线相交,影响图面的清晰,因此将该尺寸注在左视图上较恰当,同时考虑到和扁空心圆柱的直径 $\phi40、\phi60$ 集中在一起,故将这两个直径全部注在左视图的下面,并将较小的尺寸 $\phi40$ 注在里面（靠近视图）,较大的尺寸 $\phi72$ 注在外面,以避免尺寸线和尺寸界线相交。又如定位尺寸 56,若标注在主、俯视图之间,则尺寸界线要与底板的轮廓线相交,因此该尺寸还是标注在主视图上方和尺寸 52 并列成一条线较为清晰。

3. 校核

最后对已标注的尺寸按正确、完整、清晰的要求进行检查,对重复尺寸或配置不当而不便于读图的尺寸,则应作适当修改或调整,从而完成尺寸标注的工作,如图 4-18 所示。

4.4　组合体的读图

组合体读图就是根据组合体的视图想象出它的空间形状。因为组合体是从机械零件中抽象出来的,所以学习组合体的读图将有助于读懂机械零件图。画组合体的视图是遵循投影规律和运用形体分析法将空间的物体表达在平面上,是由空间到平面的过程,能培养学生的绘图能力。读图则是根据物体的已知视图(二维图形)想象出它的空间形状,即由平面到空间的思维过程,能培养空间分析能力、空间想象能力和空间构思(型)能力。

读图和画图一样,也要运用到投影的基本特性和投影规律及读图的基本方法(形体分析法和线面分析法)。

4.4.1 读图时应该注意的问题

1. 读图时应将几个视图联系起来

一个视图的两个方向尺寸不能完全确定空间物体的形状及大小,因此在读图时,要把几个视图联系起来思考,才能了解其表达的形体。如图 4-19(a)～(e) 所示,虽俯视图相同,但主视图却不同,则表达的形体也就不同。

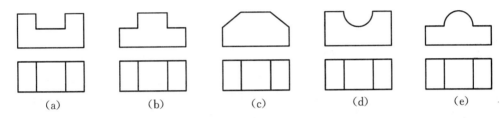

图 4-19　几个视图联系起来读图(一)

若用两个视图表达一个物体时,常常由于视图选择不恰当,造成物体的空间形状不确定。如图 4-20 所示,三个物体的主、俯视图相同,但左视图不同,所以表达三个不同的形体。因此,读图时不能停留在一个视图上,应把几个视图联系起来看,才能想象出物体的空间形状。

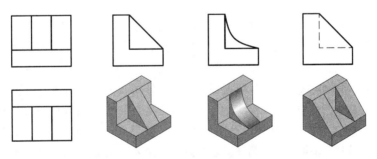

图 4-20　几个视图联系起来读图(二)

2. 读图时要从反映物体形体特征的视图开始

特征视图就是反映物体形状特点的那个视图,如前面讲的圆柱、圆锥反映圆的那个视图是特征视图,棱柱、棱锥反映多边形的那个视图就是它的特征视图。读图时,抓住特征视图很重要,这一步是看懂图的突破口。组成组合体的各个基本形体的类型不同,组合形式各异,因此各基本形体的形体特征不可能集中在一个视图上,所以对每个简单形体都要找到反映它的形状特征的视图,如图 4-21 中,形体 I 和 II 的特征视图在主视图上,形体 III 的特征视图则在左视图上。找到每个形体的特征视图后,要分析这个形体的特征视图

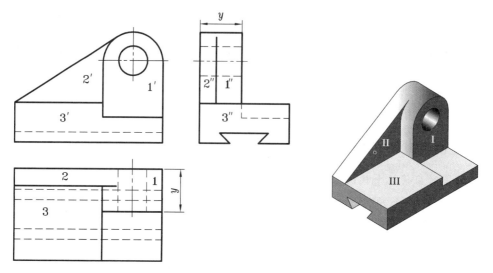

图 4-21 组合体的读图

反映了哪两个方向的尺寸,然后根据投影规律找到这个形体在其他视图上的投影,从而找到第三个方向的尺寸。第三个方向的尺寸即反映了这个形体的长度、宽度或高度,那么这个形体的形状和大小就确定了。如图 4-21 中形体 I 在主视图中反映了形体特征,反映了高度和长度两个方向的尺寸,可以想象它是一个 U 形块,根据投影规律,找到它在俯视图上的投影,俯视图反映长度和宽度,那么第三个方向的尺寸应是宽度 y,即 U 形块的厚度。

4.4.2 读组合体视图的方法和步骤

1. 形体分析法

读组合体视图的基本方法与画组合体视图一样,也是主要运用形体分析法,即把组合体视为由若干基本形体所组成。首先把主视图分解为若干封闭线框(若干部分);然后根据投影关系,找到其他视图上的相应投影线框,根据一个线框的三个投影,读懂每组线框所表示的基本形体的形状;最后再根据投影关系,分析出各基本形体之间的相对位置关系,综合想象出整个组合体的结构形状。下面结合实例来说明具体的读图步骤和方法。

例 4.1 已知组合体的三视图,见图 4-22(a),试想象出它的结构形状。

分析 从已知视图可以初步看出,这可能是一个左右对称的组合体,同时也是一个以叠加为主并有部分切割的组合体,所以读图时可采用形体分析法。

读图步骤:

(1) 分线框,对投影。从主视图入手,如图 4-22(b)所示,将主视图划分成 $1'$、$2'$、$3'$、$4'$、$5'$ 五个线框(在划分线框 $1'$、$5'$ 时,假设它们之间有连线)及 a'、b' 两个线框,并根据投影关系,分别找出相应的俯视图中的 1、2、3、4、5、a、b 及在左视图中的 $1''$、$2''$、$3''$、$4''$、$5''$、a''、b'' 各线框(在划分线框 2、3、4 和线框 $3''$、$4''$ 时,也需要假想添加切线的投影)等,即得到各个线框组。

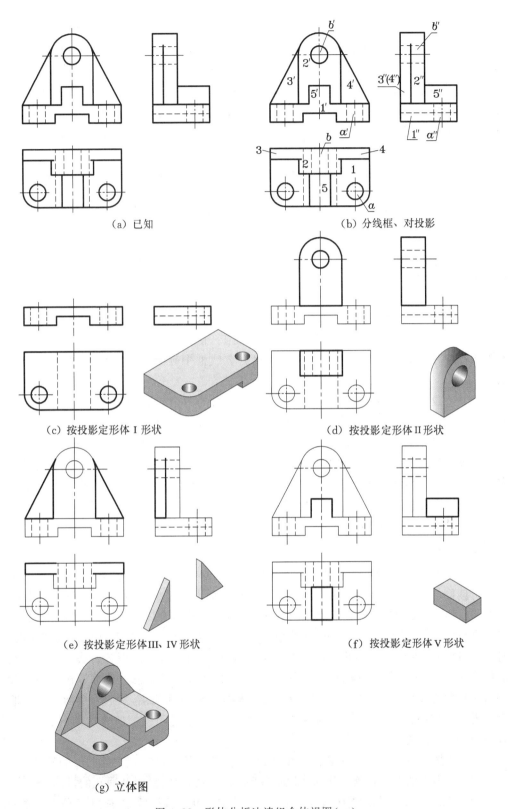

（a）已知

（b）分线框、对投影

（c）按投影定形体 I 形状

（d）按投影定形体 II 形状

（e）按投影定形体 III、IV 形状

（f）按投影定形体 V 形状

（g）立体图

图 4-22　形体分析法读组合体视图（一）

（2）按投影，定形状。根据各个线框组的三个投影，想象出各部分形体的形状。按照线框组1、1′、1″，结合线框组a、a′、a″，可知形体Ⅰ是一长方形底板，中、下部开有长方形通槽，前方左、右角为圆角（1/4圆周），圆角中心处有两个小圆柱形的通孔，如图4-22(c)所示。按照线框组2、2′、2″，结合线框组b、b′、b″，可知形体Ⅱ是一竖板，上部是半圆柱，下部是长方体，半圆柱轴线位置上有一圆柱形的通孔，竖板叠加在底板Ⅰ上面的正中后方，并且两者后表面平齐，如图4-22(d)所示。按照线框组3、3′、3″和4、4′、4″的投影，可知Ⅲ、Ⅳ是两个三棱柱，对称地分布在竖板Ⅱ的两侧，其斜面与竖板Ⅱ的半个圆柱面相切，其后表面与形体Ⅰ、Ⅱ的后面平齐，如图4-22(e)所示。由线框组5、5′、5″可知，形体Ⅴ是长方体，叠加在底板Ⅰ的正上方、竖板Ⅱ的正前方，且前表面与底板Ⅰ平齐，如图4-22(f)所示。

（3）综合起来想整体。根据以上分析，可以想象出组合体的整体结构形状［图4-22(g)］。

例4.2 已知组合体的主、俯视图［图4-23(a)］，试补画左视图。

分析 从已知视图可以看出，这是一个左右对称，同时具有叠加和挖切的组合体，读图时采用形体分析法。

读图步骤：

（1）分线框，对投影。从主视图入手，如图4-23(b)所示，将主视图划分成1′、2′、3′三个线框，根据投影关系，可以很容易找到俯视图中的1。在主视图中2′、3′线框长度相等，因此在俯视图中不能直接找到2、3线框。可以根据2′线框中有圆孔这个特点，在俯视图中确定2、3。

（2）按投影，定形状，补视图。根据各个线框组的两个投影，想象出各部分形体的形状。按照线框组1′、1，可知形体Ⅰ是一个半圆柱，左右挖切掉一部分，见图4-23(c)，补画其左视图。按照线框组2′、2，可知形体Ⅱ是一竖板，上半部是半圆柱，下部是长方体，半圆柱轴线位置上有一圆柱形的通孔，竖板叠加在底板Ⅰ上面的正中后方，并且两者后表面平齐［图4-23(d)］。按照线框3′、3，可知Ⅲ是在底板上挖切而成，因此有截交线［图4-23(e)］。

（3）综合起来想整体。根据以上分析，可以想象出组合体的整体结构形状［图4-23(f)］。作图结果如图4-23(e)所示。

2. 线面分析法

上面介绍的形体分析法是从"体"的角度将组合体分解为若干基本形体，以此为出发点进行读图。立体都是由面（平面或曲面）围成的，而面又是由线段（直线或曲线）围成的。因此，还可以从"面和线"的角度对组合体进行分析，分析组合体由哪些面、线所围成，从而可根据投影，将三视图分解为若干线框组，并由此确定出组合体表面的面、线的形状和相对位置，进而想象出组合体的整体结构形状，这种读图方法称为线面分析法。对于切割形成的形体，用形体分析的方法难于想象时，就应考虑用线面分析法。线面分析法的一般步骤是先想象出物体切割之前的形状，分析这个形体由哪些面切割，然后一个面一个面地求出其投影，最后进行整体思考。对视图上的每条线、每个封闭线框所表达的内容，可以从以下三个方面来考虑：

（1）视图上的线可能是两表面交线、曲面转向轮廓线和具有积聚性的面的投影。

（2）视图上的线框可能是平面、曲面、平面与曲面相切的投影及通孔的投影。

（3）视图上任何相邻的封闭线框必定是物体上具有相交或前后、左右、上下位置关系的两表面。

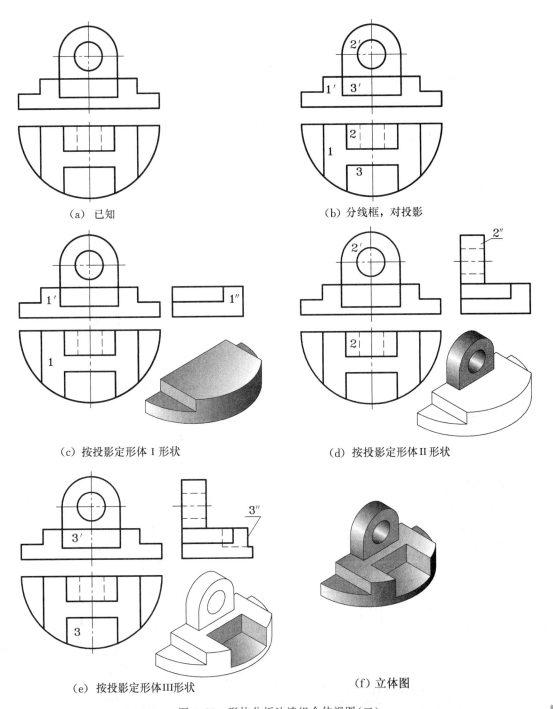

(a) 已知　　　　　　　　　　　　(b) 分线框，对投影

(c) 按投影定形体 I 形状　　　　　　(d) 按投影定形体 II 形状

(e) 按投影定形体III形状　　　　　　(f) 立体图

图 4-23　形体分析法读组合体视图(二)

分析（图 4-24）：

（1）图线：n 为平面与圆柱交线的投影；a'' 为圆柱侧面转向轮廓线的投影；m' 为水平面的投影；b' 为具有积聚性的圆柱的投影。

（2）线框：b、b'' 两线框表示圆柱面的投影；m 表示平面的投影；俯视图中的两小圆表

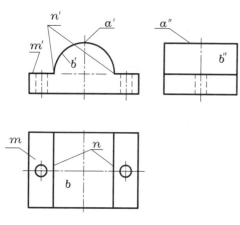

图 4-24 线面分析法

示圆柱通孔的投影。

（3）相邻两线框：b 与 m 为相交的两表面，b 高于 m 并在 m 的上边，其前后位置相同。

上述内容在读图中非常有用，它可以帮助提高构思的能力，下面举例说明用线面分析法读图的步骤与方法。

例 4.3 已知组合体的主、俯视图［图 4-25(a)］，试补画左视图。

分析 由于主视图的边框是正方形，俯视图边框也为接近的正方形，只在左前方缺少了一部分，由此可以初步看出该组合体是由一正方体经切割而成，是一典型的切割式组合体，所以读图时采用线面分析法较为适宜。

读图步骤：

（1）分线框，对投影。从主视图入手，把主视图分成 $1'$、$2'$、$3'$ 三个线框和 a'、b' 两线段，并按投影关系，找出在俯视图上的对应投影，如图 4-25(b)所示。

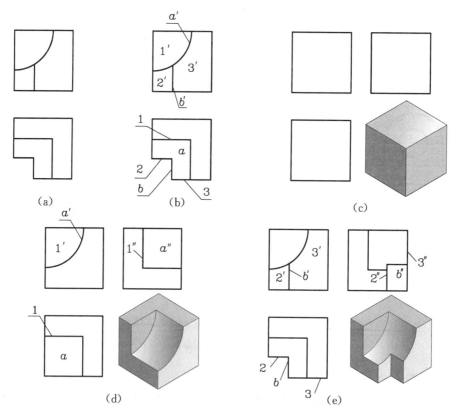

图 4-25 线面分析法读组合体视图（一）

（2）按投影，定形状，补视图。根据投影关系，确定对应线框与线段的含义，从而想象出它的空间形状，补画视图。①因为主视图的边框为正方形，俯视图的边框为接近的正方形，所以可以想象其基本形体为正方体，补画正方体的侧面投影，如图 4-25（c）所示。②由圆弧线 a' 和对应的线框 a 可知此面是一个轴线垂直于正投影面的 1/4 圆柱面，其侧面投影为矩形线框，作出 a''［图 4-25（d）］；由线框 $1'$ 和对应的线段 1，可知此面为一个正平面，正面投影 $1'$ 反映实形，侧面投影积聚为直线 $1''$。以上两点联系起来，可以想象立方体的左上角前方切割了 1/4 圆柱体，如图 4-25（d）所示。③俯视图的左前方缺了一个角，对应线段 2 及线框 $2'$、线段 b 及 b'，可知此缺口由正平面 II 和侧平面 B 切割而成。正平面 II 的正面投影 $2'$ 反映实形，侧面投影积聚为直线段 $2''$；侧平面 B 的侧面投影反映实形，作出侧面投影 b''。由线框 $3'$ 及线段 3 可知 III 为一个正平面，其正面投影 $3'$ 反映实形，侧面投影积聚为直线段 $3''$，如图 4-25（e）所示。

（3）综合想象，补全投影。根据以上分析，该组合体的结构形状如图 4-25（e）所示。

例 4.4 已知压板的主、俯视图，见图 4-26（a），试想象出它的结构形状并补画其左视图。

分析 从压板两视图的外围轮廓线看，均为不完整矩形，由此可见压板的基本体是一个长方体，经多次切割后形成一个切割式组合体。从俯视图还可以看出形体前后对称。此外，俯视图的两个投影圆对应主视图中的虚线，可以看出在压板上面挖了圆柱形阶梯孔。利用形体分析法分析，对压板的形状有了大致的了解，但详细情况还需进行线面分析。

读图步骤：

（1）分线框，对投影。从主视图入手，将主视图分成 b'、c'、e' 三个线框和 a'、d' 两线段，并根据投影关系找到俯视图上对应的投影，如图 4-26（b）所示。

（2）按投影，定形状，补视图。根据投影关系，确定对应线框与线段的含义，想象出它的空间形状，从而补画视图。①因为主视图、俯视图的边框均为接近的长方形，所以可以想象其基本体为长方体，补画出长方体的侧面投影，如图 4-26（c）所示。②由线段 a' 和线框 a 可知 A 面为一个正垂面，其正面投影 a' 具有积聚性，水平投影和侧面投影具有类似形。根据点的投影规律，作出侧面投影（梯形 $1''$—$2''$—$3''$—$4''$）。可以想象此处缺口是由正垂面 A 截去长方体的左上角而形成的，如图 4-26（d）所示。③由线框 b' 和线段 b 可知，平面 B 是一个铅垂面，其水平投影 b 具有积聚性，正面投影和侧面投影具有类似形。根据线框 b' 为七边形 $5'$—$6'$—$7'$—$8'$—$9'$—$10'$—$11'$，对应地求出其侧面投影 $5''$—$6''$—$7''$—$8''$—$9''$—$10''$—$11''$。可以想象：此处是由铅垂面 B 在长方体的左前方切去一角而形成的，如图 4-26（e）所示。④由线框 c' 和虚线段 c 可知此面是一个正平面；由线段 d' 和线框 d 可知此面是一个水平面。由此可见，长方体的前下方被一个正平面 C 和一个水平面 D 切去一角，如图 4-26（f）所示。⑤由线框 e' 和线段 e 可知 E 为一个正平面，其侧面投影积聚为一线段并与 $7''$—$8''$ 重合，如图 4-26（g）所示。⑥从俯视图上的两个圆对应主视图上的虚线来看，这是一个阶梯孔的投影，说明长方体上挖了一个轴线是铅垂线的阶梯孔，如图 4-26（g）所示。⑦整个压板具有前后对称平面，即后面被切割的部分与前面被切割的部分完全一样，其正面投影完全重合，对称地补画出侧面投影，如图 4-26（h）所示。

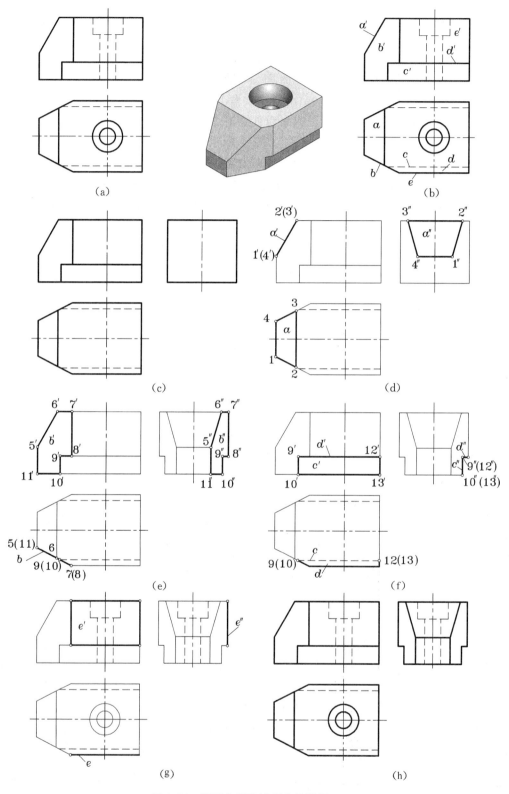

图 4-26　线面分析法读组合体视图(二)

（3）综合想象，补全视图。根据以上分析，该组合体的结构形状如立体图所示。

例 4.5 补画图 4-27(a)中组合体的左视图，并想象其形体的形状。

分析 图 4-27(a)：从主视图中看出，视图上呈现四个实线框——1′、2′、3′、4′，均为可见面，而且这四个实线框都是同一长度，这样的形体就要分清层次，即上下前后位置关系，而且要找到分层的突破口。通过对应投影可以看出，III 表示圆柱孔，且在 II 上存在，从而可以确定 II 在俯视图中如图所示的位置。II、III 确定后，怎样确定 I 和 IV 呢？到底是 I 在前还是 IV 在前呢？假使 I 最前，IV 最后，从主视图看 I 最上，那么 IV 在主视图上被遮住应为虚线，所以可判断 I 在后，IV 在前。由此可知线框 1′和线段 1 对应，线框 2′和线段2 对应，线框 4′和线段 4 对应。可以想象立体形状是一个长方体被正平面和水平面切成一个 L 形，再在 L 形的上面钻一个台阶孔，大的为半圆孔到 I 面为止，小的为圆孔从 II 面钻通，如图 4-27(c)所示。再作图就不难了，具体步骤从略，作图结果如图 4-27(b)所示。

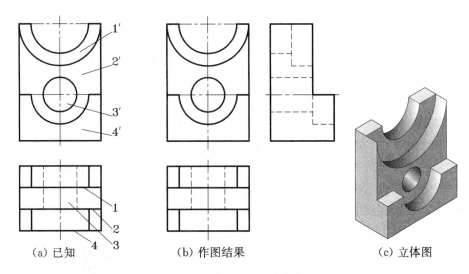

（a）已知　　　　（b）作图结果　　　　（c）立体图

图 4-27　线面分析法读组合体视图（三）

通过上述读图举例，可以作如下小结：

（1）形体分析法和线面分析法两者的读图步骤虽然相同，但前者是从"体"的角度出发，首先从一个线框的三个投影对应找出表示一个形体的三个投影，然后逐个地想象出组成组合体的基本体，以及这些基本体之间的相对位置。而线面分析法则是分析线框和线的含义，想象线、面的形状和相对位置。两种分析方法最后都能综合起来想出组合体的整体。

（2）形体分析法适用于以叠加方式形成的组合体，或切割的部分其形体比较明显时，如挖孔等。线面分析法适用于被切割的物体，且切割后的形体既不完整，形体特征又不明显，并形成了一些切割面与切割面的交线，而难以用形体分析法读图的时候。

（3）线面分析法是在形体分析法基础上的一种读图方法，在分析物体的大致形状时，仍需要用形体分析法进行分析。

（4）组合体的组成方式往往是既有叠加，又有切割，所以读组合体视图时，也往往不是孤立地使用某种方法，而是需要综合应用上述两种方法，互相配合、互相补充。

例 4.6 已知支架的主、俯视图[图 4-28(a)]，作出其左视图。

分析 从已知视图可以初步看出，这是一个左右对称且集叠加和切割于一体的组合体，所以读图时既要用到形体分析法，也要用到线面分析法。

读图步骤：

(1) 分线框，对投影。从主视图入手，将主视图划分为 $1'$、$2'$、$3'$、$4'$、$5'$ 五个线框，分别找出俯视图中的对应线框 1、2、3、4、5，如图 4-28(b)所示。

(2) 按投影，定形状。根据各个线框的两面投影，想象各部分的形状。由 1 和 $1'$ 及 2 和 $2'$ 可知形体 I 为圆柱，在圆柱上挖了一个孔 II；由 3 和 $3'$ 可知形体 III 是支撑板，且支撑板的厚度从俯视图中的宽度看出；由 5 和 $5'$ 可以看出形体 V 是一个长方体的底板；从 4 和 $4'$ 的投影可以看出 IV 是一个倾斜面，说明在底板前方左右各削掉了一个角；从俯视图中的圆对应主视图中的虚线，可知在底板上挖了一个圆柱孔。

作图步骤：

(1) 先画底板，如图 4-28(c)所示，底板及底板上的穿孔作图很简单，倾斜面 IV 作图就比较麻烦。作出 IV 面的投影要用到线面分析法，找出主、俯视图的类似形，即主视图中的 $a'b'c'$，俯视图中的 abc，根据投影规律求出左视图投影 $a''b''c''$ 亦为类似形。特别注意：为什么 B 点在前，A 点在后？假使 A 点在前，又由于 A 在上，那么 B 点在俯视图中则被遮住，俯视图中的斜线应是虚线。所以对投影进行分析后得到图中所示的结果。

(2) 画空心圆柱的投影，如图 4-28(d)所示。注意圆柱与底板的后表面应对齐。

(3) 画出支撑板的投影，如图 4-28(e)所示。画图时找出切线的位置。

(4) 根据各形体的表面结合情况调整线条，即得图 4-28(f)。

例 4.7 已知支承座的三视图[图 4-29(a)]，试想象出它的结构形状。

分析 从三视图中可以初步看出支承座由左右两部分形体组成，并且右边形体为一直立的空心圆柱，左边形体可以看成是由长方体切割而成的一底座，它们是以简单的叠加相交形成的组合体。该题在读图的过程中主要分析左边的形体——底座。

读图步骤：

(1) 分线框，对投影。主视图中根据底座的投影可知有三个线框 p'、r'、s' 和多条投影线 k'、l'、m'、n'、o'、q'、t'，如图 4-29(b)所示。首先确定三个线框在底座上为何面，再去判断其他投影线为何要素。

(2) 按投影，定形状。①在图 4-29(c)中，由 r'、r、r'' 可知 R 面是铅垂面，故底座的左前方被铅垂面切去一角。②在图 4-29(d)中，由 p'、p、p'' 可知 P 面为正平面，线段 M（m、m'、m''）则为正平面 P 和铅垂面 R 的交线，线段 O（o、o'、o''）为正平面 P 和圆柱面的截交线。在图 4-29(e)中，由 q'、q、q'' 可知 Q 面为水平面，可见底座的前上方被正平面 P 和水平面 Q 切去一块。③在图 4-29(f)中，由 s'、s、s'' 可知 S 平面是正平面，是底座的前表面经上述切割后留下的一部分。线段 N（n、n'、n''）是正平面 S 与铅垂面 R 的交线，而线段 K（k、k'、k''）为正平面 S 与圆柱面的截交线。底座左端的中间还开有一 U 形槽，而由 t'、t、t'' 可知 T 面是水平面，为底座的上表面。L 面（l、l'、l''）为底座的左端面开槽后留下的一部分面。④根据投影关系，分析底座的各面之间的相对位置。P 面与 S 面同为正平面，P 面

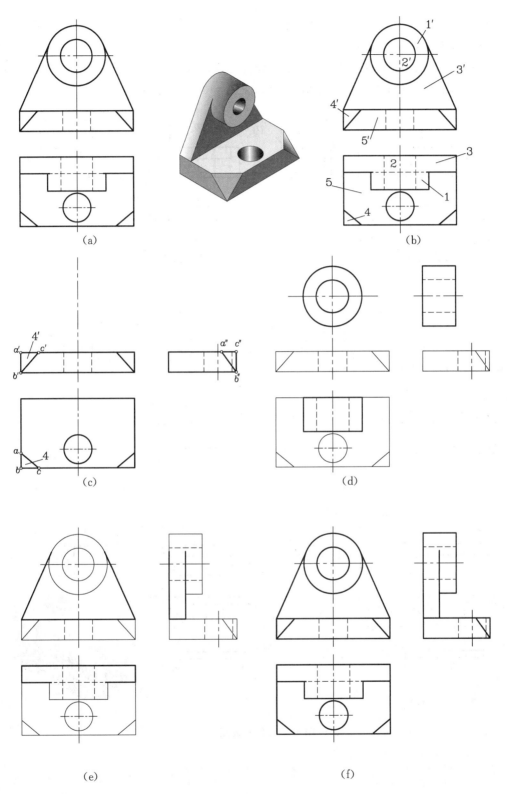

图 4-28 综合读图(一)

在 S 面的上后方，S 面在 P 面的前下方；T 面和 Q 面同为水平面，T 面在上方中部，Q 面在下前方；铅垂面 R 在左前方。

（3）综合归纳想整体。综合以上形体分析与线面分析，又根据支承座具有前后对称面，就可总结归纳出支承座的整体结构形状，见图 4-29(f) 中的立体图。

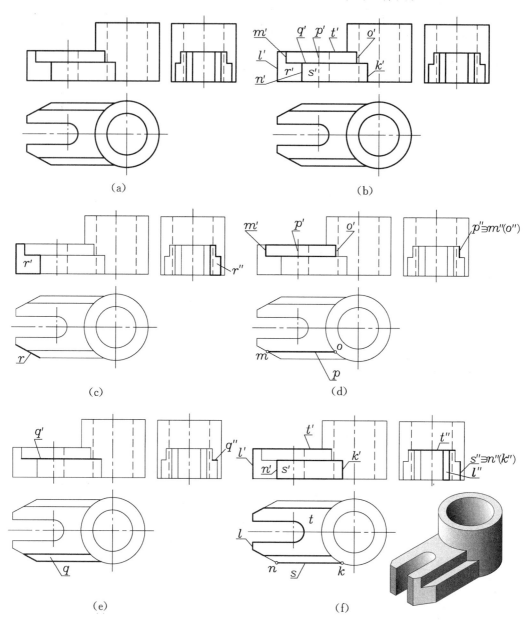

图 4-29　综合读图（二）

第 5 章　机件形状表达方法

关键词

　　视图　剖视图　断面图　局部放大图　简化画法　规定画法　第三角投影

主要内容

　　1. 视图的概念、画法和标注

　　2. 剖视图的概念、画法、标注及适用范围

　　3. 断面图的概念、画法、标注及规定

　　4. 局部放大图的画法和标注

　　5. 常用简化画法及其他规定画法介绍

　　6. 第三角投影简介

学习要求

　　1. 掌握视图、剖视图、断面图的概念、画法、标注及适用范围

　　2. 掌握断面图的规定画法及其他规定画法

　　3. 熟悉局部放大图及常用简化画法

　　4. 熟练运用各种表达方法,正确、完整、清晰地表达物体内、外结构形状

　　5. 了解第三角投影的基本知识

　　在生产实际中,当机件的形状和结构比较复杂时,如果仍用前面介绍的三视图,还不足以准确、完整、清晰地表达它们的内、外形状。为了满足这些要求,国家标准《技术制图》《机械制图》图样画法(GB/T 17451—1998、GB/T 4458.1—2002、GB/T 17452—1998、GB/T 16675.1—2012)中规定了一系列的表达方式。本章将介绍视图、剖视图、断面图、局部放大图及简化表示法等。

5.1　视　　图

5.1.1　基本视图

　　对于形状比较复杂的机件,用两个或三个视图尚不能完整、清晰地表达出它们的内、外形状时,则可根据国标规定,如图 5-1(a)所示,在原有三个投影面的基础上,再增设三个投影面,组成一个正六面体,这六个投影面称为基本投影面。机件向基本投影面投射所得的视图,称为基本视图。除了前面已介绍的三个视图外,还有:由右向左投射所得的右视图;由下向上投射所得的仰视图;由后向前投射所得的后视图。当投影面如图 5-1(a)所示展开时,基本视图的配置关系如图 5-1(b)所示。在同一张图纸内,按图 5-1(b)配置视图时,一律不标注视图的名称。

　　国家标准《技术制图　图样画法　视图》(GB/T 17451—1998)规定:绘制机件的视图时应首先考虑看图方便;根据机件的结构特点,选用适当的表达方法;在完整、清晰地表达机件各部

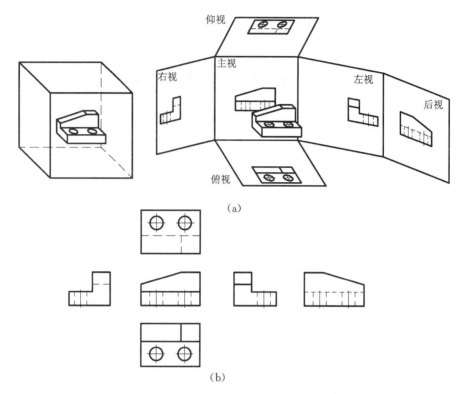

（a）

（b）

图 5-1　基本视图及其配置

分形状的前提下，力求制图简便；视图一般只画出其可见部分，必要时才画出其不可见部分。

　　在实际画图时，并不是任何机件都要用六个基本视图来表达。除主视图外，应根据机件外部结构形状的复杂程度，选用必要的基本视图，如图 5-2 所示机件采用了四个基本视图。为了清楚表达这个机件的内腔结构及孔的情况，在主视图中仍需画出虚线，而在俯、左、右视图中的虚线则省略了。

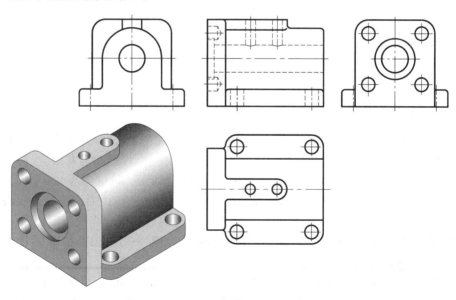

图 5-2　阀体的视图

5.1.2　向视图

向视图是可自由配置的基本视图。向视图的上方标注"×"("×"为大写拉丁字母),在相应视图的附近用箭头指明投射方向,并标注相同的字母(图 5-3),字母一律水平书写。

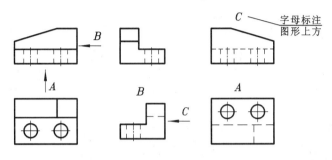

图 5-3　向视图

5.1.3　局部视图

当采用一定数量的基本视图后,该机件上仍有部分结构形状尚未表达清楚,而又没有必要再画出完整的基本视图时,可单独将这一部分的结构形状向基本投影面投射,所得的视图是一个不完整的基本视图,称为局部视图。局部视图是将物体的某一部分向基本投影面投射所得的视图。

局部视图可按基本视图的形式配置(图 5-4 的俯视图),也可以按向视图的形式配置并标注如图 5-5"A""B"局部视图。

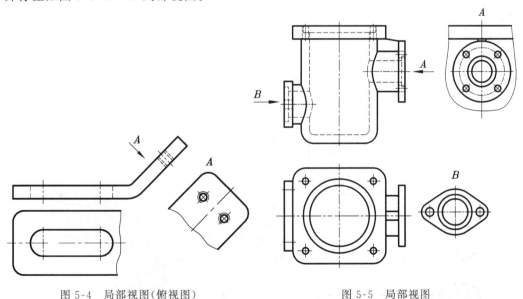

图 5-4　局部视图(俯视图)　　　　　图 5-5　局部视图

如图 5-6(b)所示,当画出主、俯两个基本视图后,仍有两侧的凸台和其中一侧的肋板厚度没有表达清楚。因此,需要画出表达该部分的局部左视图和局部右视图。局部视图的断裂边界用波浪线画出。当所表达的局部结构是完整的,且外轮廓线又封闭时,波浪线可省略不画,如图 5-6(b)中的"B"。

画局部视图时,一般在局部视图上方标出视图的名称"×",在相应的视图附近用箭头指明投射方向,并注上同样的字母。画波浪线时,波浪线不应超出轮廓线,也不应画在中空处,如图 5-6(c)所示。

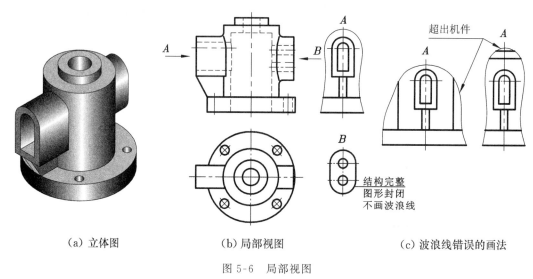

(a) 立体图　　　　　　(b) 局部视图　　　　　　(c) 波浪线错误的画法

图 5-6　局部视图

5.1.4　斜视图

机件向不平行于基本投影面的平面投射所得的视图,称为斜视图,如图 5-4"A"所示。

当机件上某一部分的结构形状是倾斜的,且不平行于任何基本投影面时,无法在基本投影面上表达该部分的实形和标注真实尺寸。图 5-7(a)为压紧杆的三视图,因为压紧杆的耳板是倾斜的,所以它的俯视图和左视图都不反映实形,表达得不清楚,画图也较困难,看图又不方便。为了清晰地表达压紧杆的倾斜结构,可选择一个与机件倾斜部分平行,且垂直于一个基本投影面的辅助投影面,将该部分的结构形状向辅助投影面投射,如图 5-7(b)所示,然后将此投影面按投射方向旋转到与其垂直的基本投影面上,如图 5-8(a)所示。

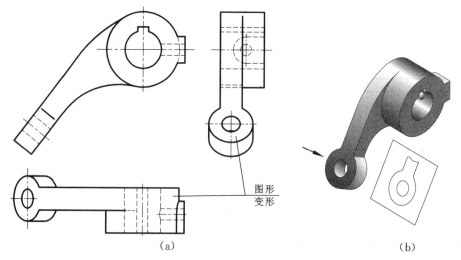

(a)　　　　　　　　　　(b)

图 5-7　压紧杆的三视图

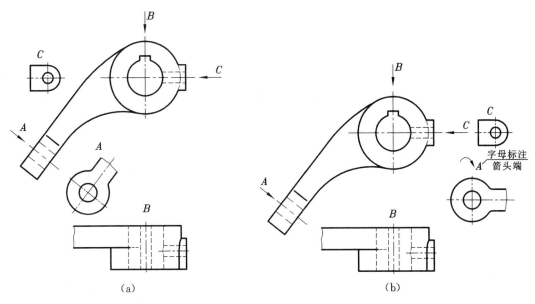

| (a) | (b) |

图 5-8　斜视图

斜视图通常按向视图的形式配置并标注,必要时,允许将斜视图旋转配置,表示该视图名称的大写拉丁字母应靠近旋转符号的箭头端,旋转符号的方向要与实际旋转方向相一致,如图 5-8(b)所示。旋转符号的尺寸和比例如图 5-9 所示。如需给出旋转角度,角度应注写在字母之后,如图 5-10 所示。

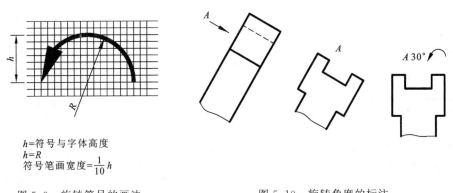

h=符号与字体高度
$h=R$
符号笔画宽度=$\frac{1}{10}h$

图 5-9　旋转符号的画法　　　　　　图 5-10　旋转角度的标注

5.2　剖　视　图

剖视图主要用来表达机件的内部结构形状。

5.2.1　剖视图的概念

当机件的内部结构比较复杂时,视图中就会出现较多的虚线,给读图、绘图及标注尺寸带来不便。因此,在实际绘图工作中常用剖视图来表达机件的内部结构。

剖视图(简称剖视)是假想用剖切面剖开机件,将处在观察者和剖切面之间的部分移出,而将其余部分向投影面投射所得的图形。

如图 5-11(b) 为一底座零件。当用视图表达时,机件内部的孔和槽在主视图上均需用虚线画出[图 5-11(a)]。若假想将一个正平面作为剖切平面,在底座的对称平面处将它剖开[图 5-12(b)],移去前面部分,使零件内部的孔、槽等结构显示出来,从而在主视图上得到剖视图[图 5-12(a)],这样原来不可见的内部结构在剖视图上成为可见的部分,虚线可以画成实线。

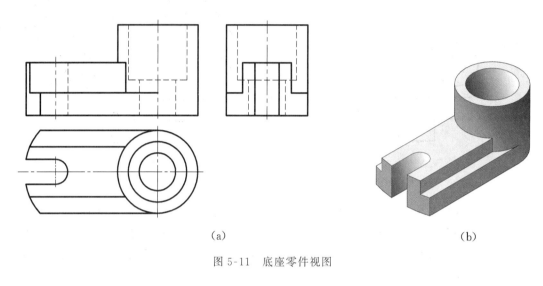

(a)   (b)

图 5-11 底座零件视图

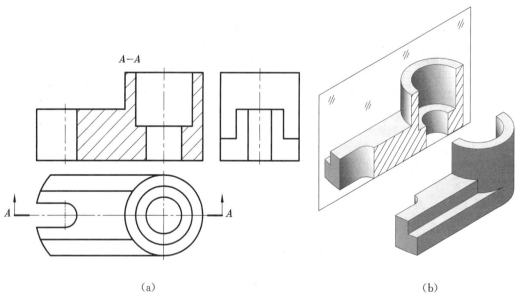

(a)   (b)

图 5-12 底座零件剖视图

在剖视图中,剖切到的断面部分称为剖面区域。国家标准《技术制图 图样画法 剖面区域的表示法》(GB/T 17453—2005)中有如下规定。

(1) 剖面区域内要画出剖面符号。各种材料具有不同的剖面符号,如表 5-1 所示。

国家标准规定金属材料的剖面符号最好用与主要轮廓线或剖面区域的对称线成45°且间隔均匀的细实线画出（左、右倾斜都可以）。但同一机件的所有剖面线的倾斜方向和间隔必须一致，如图5-13所示。

表 5-1　常见材料的剖面符号（GB/T 4457.5—2013）

金属材料（已有规定剖面符号者除外）		木质胶合板（不分层数）	
线圈绕组元件		基础周围的泥土	
转子、电枢、变压器和电抗器等的叠钢片		混凝土	
非金属材料（已有规定剖面符号者除外）		钢筋混凝土	
型砂、填砂、粉末冶金、砂轮、陶瓷刀片、硬质合金刀片等		砖	
玻璃及供观察用的其他透明材料		格网（筛网、过滤网等）	
木材	纵断面	液体	
	横断面		

图 5-13　剖面线的角度

（2）画剖视图时的注意事项：①画剖视图的目的在于清楚地表示机件的内部结构形状，因此，剖切平面位置应尽量与机件的对称平面重合，或通过所需表达机件内部的孔、槽的轴线或对称中心线，使机件的内部结构在剖视图上能反映实形。②剖视是用一个假想的剖切面剖开机件，并不是真的将机件切开并移去观察者和剖切面之间的部分，因此，当机件的某一个视图画成剖视图后，其他视图的表达仍应按完整的机件考虑。③画剖视图时，在剖切面后方的可见轮廓线应全部画出，不能遗漏，如图5-14和图5-15所示。④视图上一般不画虚线，但当机件的某一结构仍未表达清楚时，就应画出虚线，如图5-16所示，用两个视图表达机件时，底板前后台阶的高度未表达，此时在主视图中则必须用虚线表示出来。

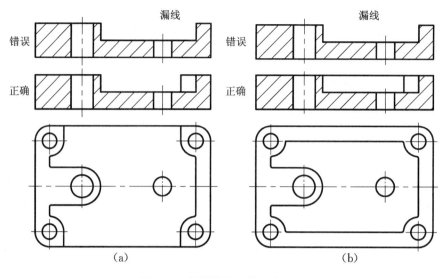

图 5-14　剖视图的正误对比(一)

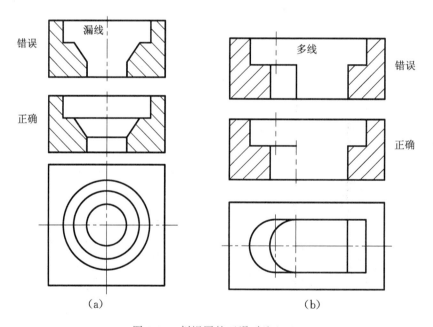

图 5-15　剖视图的正误对比(二)

5.2.2　剖视图的标注方法

　　为了便于看图,在画剖视图时,应将剖切位置、剖切后的投射方向和剖视图名称标注在相应的视图上。标注的内容有以下三项:

　　(1)剖切符号。用以表示剖切面的位置。在相应的视图上,用剖切符号(线长 5～8 的粗实线)表示剖切面的起、讫和转折处位置,并尽可能不与图形的轮廓线相交,如图 5-12 所示。

（2）投射方向。在剖切符号的两端外侧，用箭头指明剖切后的投射方向。

（3）剖视图的名称。在剖视图的上方用大写拉丁字母标注剖视图的名称"×—×"，并在剖切符号的一侧注上同样的字母。

5.2.3　省略或简化标注的条件

在下列情况下，可省略或简化标注。

（1）当单一剖切平面通过物体的对称面或基本对称面，且剖视图按投影关系配置，中间又没有其他图形隔开时，可以省略标注，如图 5-16 中的主视图所示。

（2）当剖视图按投影关系配置，中间又没有其他图形隔开时，可以省略箭头，如图5-16所示。

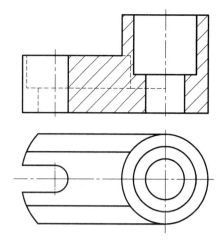

图 5-16　需要画虚线的剖视图

5.2.4　剖视图的种类

1. 全剖视图

用剖切平面完全地剖开机件后所得的剖视图，称为全剖视图，如图 5-12 所示。当机件的外形比较简单（或外形已在其他视图中表达清楚），内部结构较复杂时，常采用全剖视图来表达机件的内部结构。

2. 半剖视图

当机件的结构具有对称平面时，向垂直于对称面的投影面上投射所得到的图形，可以画成图 5-17 中主视图所示的形式，一半画成视图（表达外部结构），另一半画成剖视图（表达内部结构），中间以中心线作为分界。这样的视图称为半剖视图。它的原理如图 5-18 所示，取视图（表达外部结构）的一半和剖视图（表达内部结构）的一半组合而成。在表达外部结构的视图上内部结构的虚线一般应省略不画。

3. 局部剖视图

用剖切平面局部地剖开机件所得的剖视图称为局部剖视图（图 5-19）。

在局部剖视图上，视图和剖视部分用波浪线分界。波浪线可认为是断裂面的投影，因此波浪线不能在穿通的孔或槽中连起来，也不能超出视图轮廓线。为了不引起读图的误解，波浪线不要与图形中的其他图线重合，也不要画在其他图线的延长线上（图5-20）。

局部剖视图是一种比较灵活的表达方式，剖切范围的大小视机件的具体结构而定，运用恰当能使图形简明清晰。但在一个视图上局部剖切的数量不宜过多，否则会使图形过于破碎。

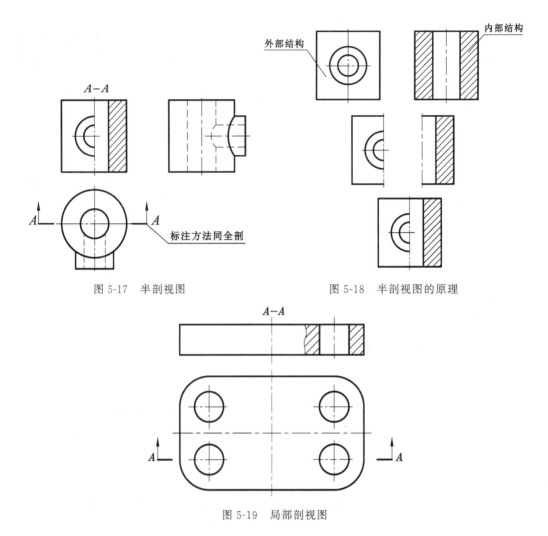

图 5-17 半剖视图

图 5-18 半剖视图的原理

图 5-19 局部剖视图

图 5-20 局部剖的波浪线常见错误示例

5.2.5 剖切面的种类

1.单一剖切平面

（1）单一剖切面。它是采用一个平行于投影面的剖切平面剖开机件而获得剖视图的方式,如图5-12(b)所示。

(2) 单一斜剖切平面。它是采用一个垂直于投影面的剖切平面剖开机件而获得剖视图的方式,如图 5-21 中所示的"A—A",它表达了弯管、凸台及通孔等结构。

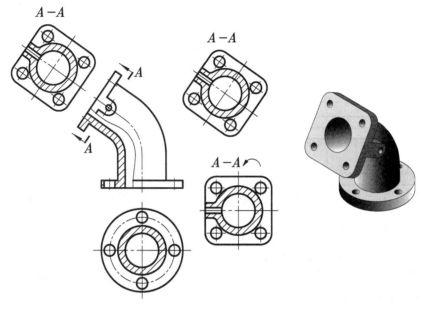

图 5-21 单一斜剖切平面

剖视图可如图 5-21 那样按投射关系配置在与剖切符号相对应的位置;也可以将剖视图移到图纸的适当位置,并在不致引起误解时,允许将图形旋转,但旋转后的剖视图上方应加注旋转符号,如图 5-21 中的"A—A ↻"。

2. 几个相交的剖切平面(交线垂直于某一基本投影面)

当机件的内部结构形状用一个剖切平面剖切不能将其表达完全,且这个机件在整体上又具有回转轴线时,可用相交的剖切平面剖开机件(图 5-22)。

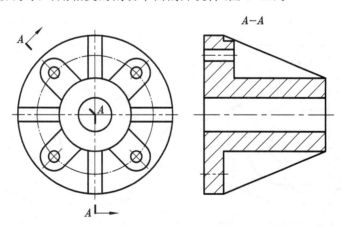

图 5-22 几个相交的剖切面

此时画剖视图时,要把倾斜面剖开的结构连同有关部分绕两相交剖切面的交线旋转到与选定的基本投影面平行后再进行投射,使剖视图既反映实形,又便于画图。

剖切形式必须标注,在剖切面的起、迄、转折处画上剖切符号,标注上同一字母,并在起、迄处画出箭头表示投射方向。在所画的剖视图的上方中间位置用同一字母写出其名称"×—×"。

3. 几个平行的剖切平面

当机件有较多的内部结构需表达,而它们的轴线又不在同一平面内时,可用几个相互平行的剖切平面(平行于基本投影面)剖开机件[图 5-23(b)]。

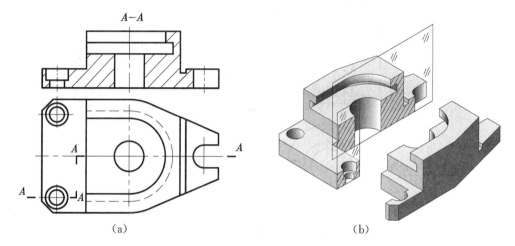

(a) (b)

图 5-23　几个平行的剖切平面

画剖视图时,虽然是由两个或多个相互平行的剖切平面剖开机件,但所得的剖视图是一个图形,在剖视图中不应画出各剖切面转折处的分界线,如图 5-24(a)所示;同时,在图形内也不能因剖切而产生不完整要素,如图 5-24(b)所示;只有当两个要素在图形上具有公共对称中心线或轴线时,可以各画一半,此时剖视图应以对称中心线或轴线为界,如图5-25 所示。

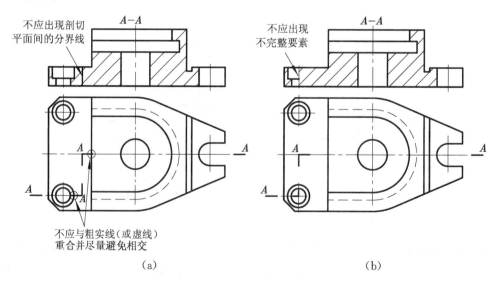

(a) (b)

图 5-24　错误剖视图的示例

平行剖的标注与相交剖的标注要求相同,在相互平行的剖切平面的转折处的位置不应与视图中的粗实线(或虚线)重合并尽量避免相交,如图5-24(a)所示。当转折处的地方很小时,可省略字母。

5.2.6 画零件视图的表达方法综合举例

1. 全剖视图

(1)用单一平面剖切后画出的全剖视图,如图5-12、图5-21所示。

(2)用相交平面剖切后画出的全剖视图,如图5-22、图5-26所示。

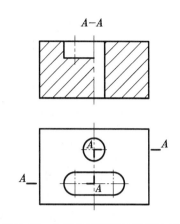

图5-25 允许出现不完整要素示例

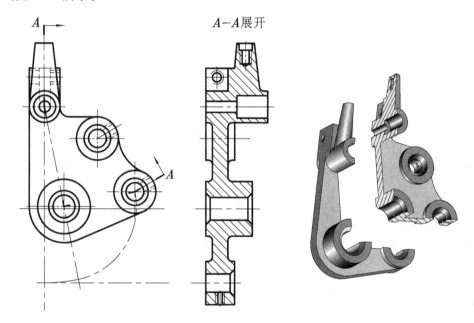

图5-26 用相交平面剖切后画出的全剖视图

(3)用平行平面剖切后画出的全剖视图,如图5-23所示。

2. 半剖视图

(1)用单一平面剖切后画出的半剖视图,如图5-17、图5-27所示。

(2)用相交平面剖切后画出的半剖视图,如图5-28所示。

(3)用平行平面剖切后画出的半剖视图,如图5-29"A—A"、图5-30"A—A"所示。

3. 局部剖视图

(1)用单一平面剖切后画出的局部剖视图,如图5-19"A—A"和图5-21中的主视图,图5-27主视图中上、下板的孔,图5-30"B—B",图5-31所示。

(2)用相交平面剖切后画出的局部剖视图,如图5-32"A—A"所示。

(3)用平行平面剖切后画出的局部剖视图,如图5-33"A—A"所示。

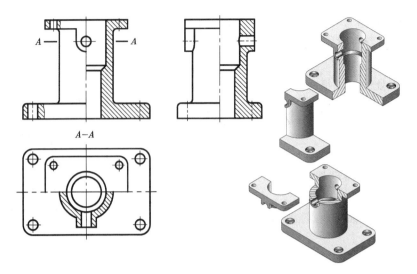

图 5-27 用单一平面剖切后画出的半剖视图

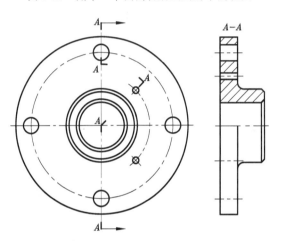

图 5-28 用相交平面剖切后画出的半剖视图

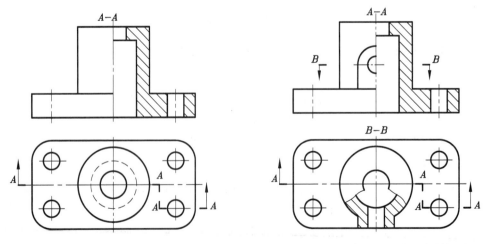

图 5-29 用平行平面剖切后画出的半剖视图　图 5-30 用平行平面剖切后画出的半剖视图（$A-A$）

和用单一平面剖切后画出的局部剖视图（$B-B$）

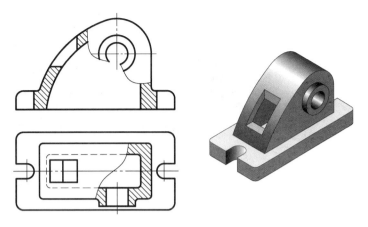

图 5-31　用单一平面剖切后画出的局部剖视图

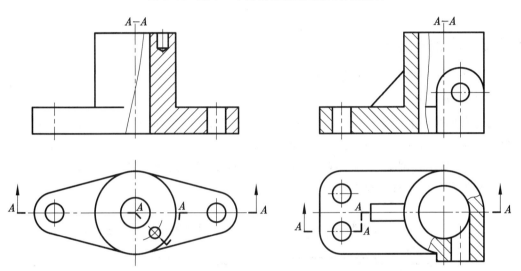

图 5-32　用相交平面剖切后画出的局部剖视图　　　图 5-33　用平行平面剖切后画出的局部剖视图

5.3　断　面　图

断面图主要用来表达机件上某些结构的断面形状。

5.3.1　断面图的概念

假想用剖切面将机件的某处切断,仅画出该剖切面与机件接触部分的图形,称为断面图,简称断面,如图 5-34(a)、(b)所示。

剖切时,剖切面应与被切断处的中心线或主要轮廓线垂直。

断面图和剖视图的区别在于:断面图仅画出被切断部分的图形,而剖视图除了要画出被切断部分的图形外,还要画出断面后所有可见部分的图形。图 5-34(b)、(c)为断面图和剖视图的区别。

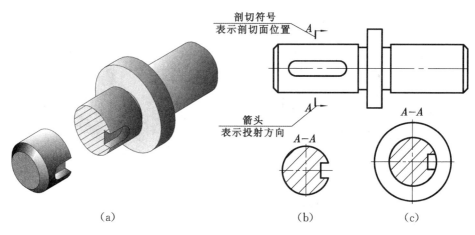

（a）　　　　　　　　　（b）　　　　　　　（c）

图 5-34　断面图

5.3.2　断面图的种类

断面图分为移出断面图和重合断面图两种。

1. 移出断面图

画在视图外的断面称为移出断面图，如图 5-35 所示。移出断面图的轮廓线用粗实线绘制。为了便于看图，移出断面应尽量配置在剖切符号或剖切平面迹线的延长线上，如图 5-35（b）、（c）所示。剖切平面迹线是剖切平面与投影面的交线，用细点画线表示，如图 5-35 右边通孔处的垂直点画线。

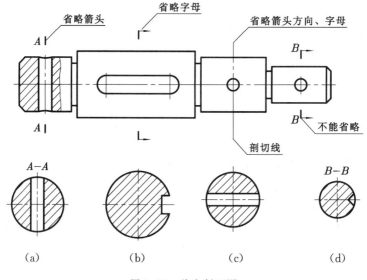

（a）　　　　　　（b）　　　　　　（c）　　　　　　（d）

图 5-35　移出断面图

2. 重合断面图

画在视图内的断面称为重合断面图。重合断面图的轮廓线用细实线绘制，如图 5-36 所示。

· 112 ·

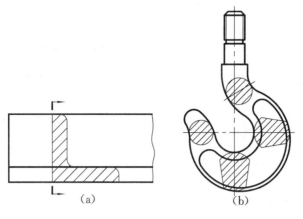

图 5-36　重合断面图

当视图中的轮廓线与重合断面的图形重叠时,视图中的轮廓线仍应连续画出,不可间断,如图 5-36(a)所示角钢的重合断面。

5.3.3　剖切位置与断面图的标注

(1) 移出断面图一般应用剖切符号表示剖切位置,用箭头表示投射方向,并注上大写拉丁字母,在断面图的上方应用同样的大写字母标出相应的名称"×—×",如图 5-35(d)所示。

(2) 配置在剖切符号或剖切面延长线上的不对称移出断面[图 5-35(b)]及不对称重合断面[图 5-36(a)]可省略字母。

(3) 不配置在剖切符号延长线上的对称移出断面[图 5-35(a)]及按投射关系配置的不对称移出断面[图 5-37(a)]可省略标注投射方向。

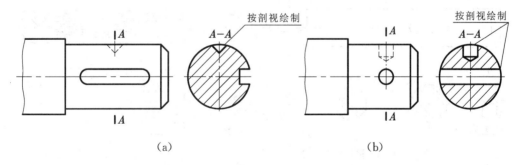

图 5-37　断面的规定画法(一)

(4) 配置在剖切面迹线的延长线上的对称移出断面[图 5-35(c)]及对称的重合断面[图 5-36(b)]可不必标注。

5.3.4　画断面的规定

(1) 当剖切平面通过回转面形成的孔或凹坑的轴线时,这些结构应按剖视图绘制,如图5-35(a)、(d),图 5-37 所示。

（2）当剖切面通过非圆孔，会导致完全分离的两个断面出现时，这些结构也按剖视图绘制，如图 5-38 所示。

（3）两个或多个相交的剖切平面剖切得的移出断面，中间应断开，如图 5-39 所示。

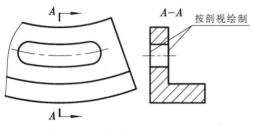

图 5-38　断面的规定画法（二）

图 5-39　断面的规定画法（三）

5.4　局部放大图

将机件的部分结构用大于原图形所采用的比例画出的图形，称为局部放大图。它用于当机件上的结构较小，在视图上表达不清时，或标注尺寸有困难时，将较小的结构局部放大后画出。

局部放大图应尽量配置在放大部位的附近，如图 5-40 所示。局部放大图可以画成视图、剖视图和断面图，它与被放大部分的表达方式无关。

画局部放大图时，应用有规则的细实线圈出被放大部分的部位。当同一零件上有几个被放大的部分时，必须用罗马数字依次标明被放大的部位，并在局部放大图的上方标注出相应的罗马数字和采用的比例（图 5-40）。当零件上被放大的部分仅有一个时，在局部放大图的上方只需注明所采用的比例（图 5-41）。

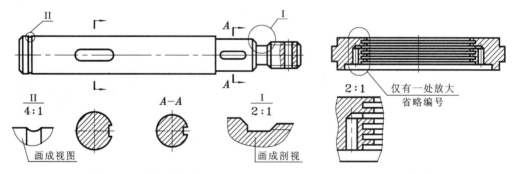

图 5-40　局部放大图（一）　　　　　　图 5-41 局部放大图（二）

这里特别要注意：局部放大图上标注的比例是指该图形与零件的实际尺寸之比，而不是与原图形之比。

5.5　简化画法及其他规定画法

制图时，在不影响对零件表达完整和清晰的前提下，应力求制图简便。《技术制图 简化画法　第 1 部分：图样画法》（GB/T 16675.1—2012）、《机械制图　图样画法　视图》

(GB/T 4458.1—2002)中规定了一些简化画法和规定画法,现将一些常用的方法介绍如下。

5.5.1 简化原则

(1)简化必须保证不致引起误解和产生理解的多意性。在此前提下,应力求制图简便。

(2)要便于识图和绘制,注重简化的综合效果。

(3)在考虑便于手工制图和计算机制图的同时,还要考虑缩微制图的要求。

5.5.2 简化要求

(1)应避免不必要的视图和剖视图,如图 5-42 所示。

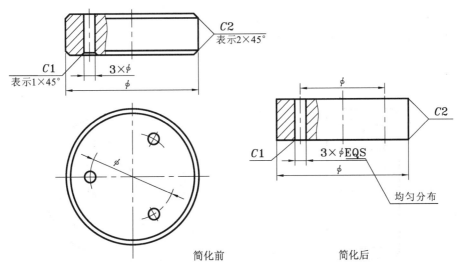

图 5-42 简化要求(一)

(2)不致引起误解时,应避免使用虚线表示不可见的结构,如图 5-43 所示。

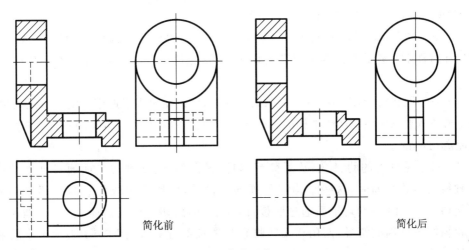

图 5-43 简化要求(二)

（3）尽可能减少相同结构要素的重复绘制，如图 5-44 所示。

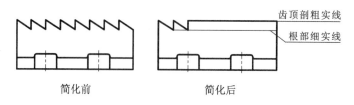

图 5-44　简化要求（三）

5.5.3　简化画法

1. 对相同结构的简化

（1）当零件具有若干相同结构（如齿、槽等），并按一定规律分布时，只需画出几个完整的结构，其余用细实线连接，在零件图中则必须注明该结构的总数，如图 5-44～图 5-46 所示。

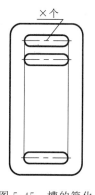

图 5-45　槽的简化

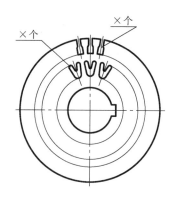

图 5-46　齿的简化

（2）若干直径相同且成规律分布的孔，可以仅画出一个或少量几个，其余只需用细点画线或"⊕"表示其中心位置，如图 5-47(a)～(c)所示。

（3）某一图形对称时，可画略大于一半，如图 5-48(a)的俯视图；也可只画出一半或 1/4，此时必须在对称中心线的端部画出与其垂直的两平行细实线，以示对称，如图 5-48(b)、(c)所示。

（4）对于网状物、编织物或零件上的滚花部分，可以在轮廓附近用细实线示意画出，并在图上或技术要求中注明这些结构的具体要求，如图 5-49 所示，图中网纹 m0.8 表示网纹直线距离 0.8 mm。

（5）对于零件上的肋、轮辐及薄壁等，如按纵向剖切，即剖切平面通过这些结构的基本轴线或对称平面时，这些结构都不画剖面符号，而用粗实线将它与其邻接部分分开。例如，图 5-48 中剖切平面通过肋板；图 5-50 中剖切平面经过轮辐，但在剖视图上肋及轮辐均不画剖面符号，而用粗实线将它与邻接部分分开；图 5-51 表示十字肋和单一肋的画法。

（6）当零件回转体上均匀分布的肋板、轮辐、孔等结构不处于剖切平面上时，可将这

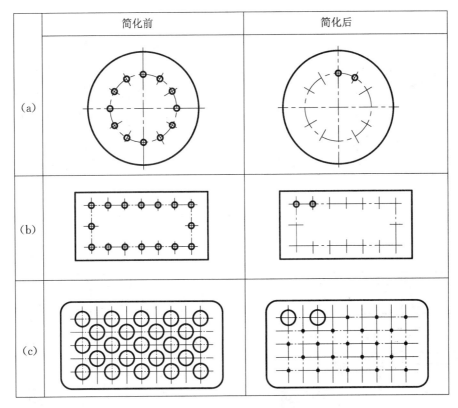

	简化前	简化后
(a)		
(b)		
(c)		

图 5-47　直径相同且成规律分布的孔的简化

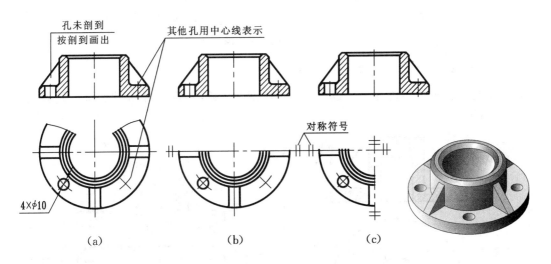

图 5-48　对称图形的简化

些结构旋转到剖切平面上画出,如图 5-48 中的孔和图 5-52 中的肋板所示。

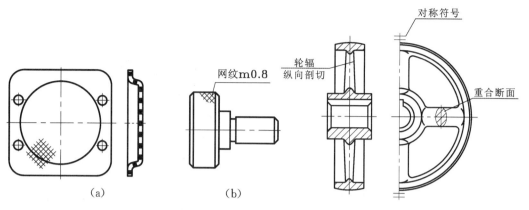

图 5-49　网状物、编织物或零件上滚花部分的简化

图 5-50　剖切平面经过轮辐的画法

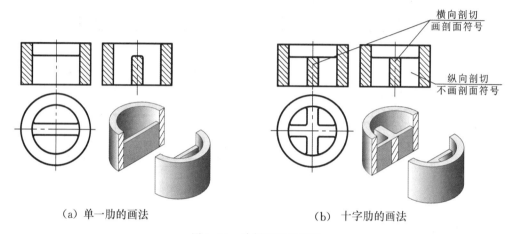

（a）单一肋的画法　　　　　　　（b）十字肋的画法

图 5-51　肋剖切图的画法

2. 对某些投影和交线的简化

（1）与投影面倾斜角度小于或等于 30° 的圆或圆弧，其投影可用圆或圆弧代替，如图 5-53 所示。

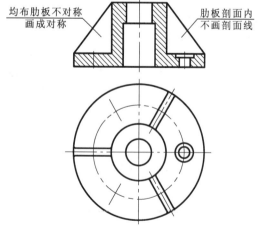

图 5-52　不处于剖切面的肋板的画法

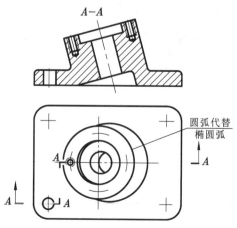

图 5-53　倾斜的圆或圆弧的投影简化

(2) 图形不能充分表达平面时,可用平面符号(相交的两条细实线)表示,如图 5-54(a)、(b)所示。

(3) 在不致引起误解的情况下,剖面符号可省略,如图5-55所示。

(4) 零件上对称结构的局部视图可按图 5-56(a)、(b)所示方法绘制。

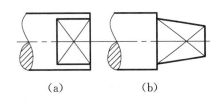

图 5-54 图形不能充分表达平面时的投影

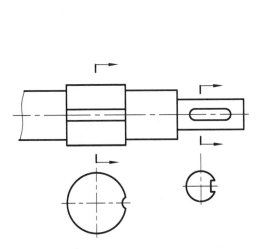

图 5-55 剖面符号的省略

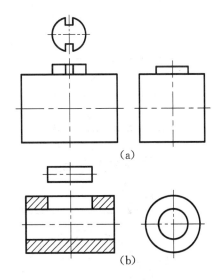

图 5-56 对称结构的局部视图的绘制

(5) 较长的零件(轴、杆、型材、连杆等)沿长度方向的形状一致或按一定规律变化时,可断开后缩短绘制,如图 5-57(a)、(b)所示。

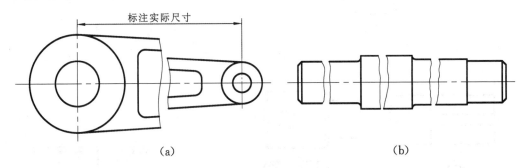

图 5-57 较长零件的绘制

(6) 零件上的过渡线与相贯线在不会引起误解时,允许用圆弧或直线来代替非圆曲线,如图 5-58(a)～(e)所示。

3. 对小结构的简化

(1) 零件上的一些较小结构如在一个图形中已表示清楚,则在其他图形中可以简化或省略,如图 5-59(a)、(b)所示。

（2）零件上斜度不大的结构如在一个图形中已表示清楚,其他图形可以只按小端画出,如图 5-60 所示。

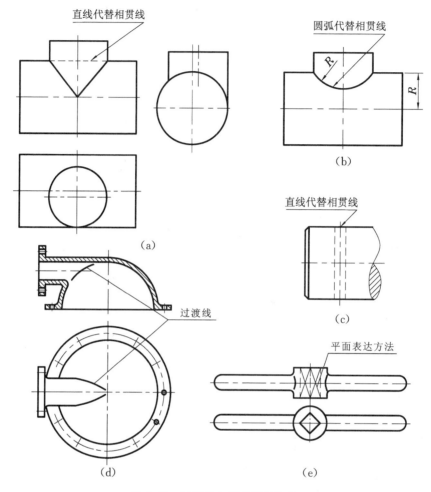

图 5-58 过渡线与相贯线的简化

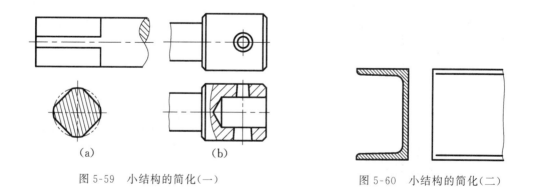

图 5-59 小结构的简化(一)   图 5-60 小结构的简化(二)

（3）在不致引起误解时,零件上的小圆角、锐边的小倒圆或 45°小倒角允许省略不画,但必须注明尺寸或在技术要求中加以说明,如图 5-61 所示。

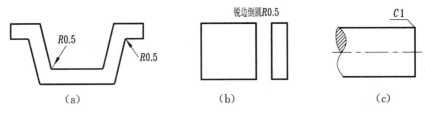

图 5-61　小结构的简化（三）

5.5.4　其他规定画法

在剖视图的断面中可再作一次局部剖视。采用这种方法表达时，两个断面的剖面线应同方向、同间隔，但要互相错开，并用引出线标注其名称，如图 5-62 所示。

需要表示位于剖切平面前的结构时，这些结构按假想投影的轮廓线（双点画线）绘制，如图 5-63 所示零件前面的长圆形槽在 $A-A$ 剖视图上的画法。

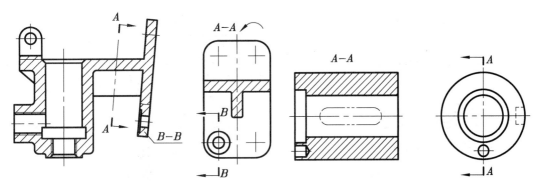

图 5-62　剖视图断面中的局部剖视　　　　图 5-63　剖切平面前的结构表示

5.6　第三角投影简介

相互垂直的两个投影面 V 和 H 将空间分为四个分角，按顺序分别称为第一分角、第二分角、第三分角和第四分角，如图 5-64 所示。我国国家标准《技术制图　图样画法　视图》（GB/T 17451—1998）中规定采用第一角投影画法，但在国际技术交流中，常常会遇到用第三角投影画法的图纸，现将第三角投影的画法简介如下：

将物体置于第三分角内，使投影面处于观察者与物体之间而得到投影图，然后按规定展开投影面，如图 5-65 所示。用第三角投影所得到的三视图是主视图（从前向后投射）、俯视图（从上向下投射）和右视图（从右向左投射）。

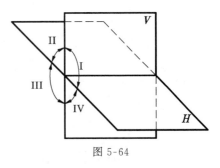

图 5-64

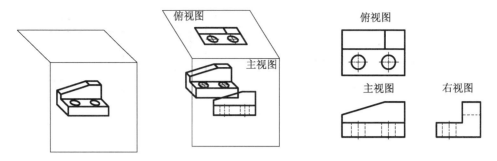

图 5-65　第三角投影

采用第三角画法时,必须在图样中画出第三角投影的识别符号,如图 5-66 所示。第三角画法的六个基本视图配置如图 5-67 所示,一律不注视图名称。

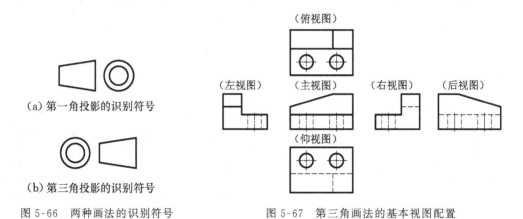

（a）第一角投影的识别符号

（b）第三角投影的识别符号

图 5-66　两种画法的识别符号

图 5-67　第三角画法的基本视图配置

第6章 常用机件的特殊表达法

关键词

    螺纹　螺纹连接件　键销　轴承　齿轮　弹簧

主要内容

    1. 螺纹与各种螺纹连接件基础知识及画法

    2. 键、销、滚动轴承基础知识及画法

    3. 齿轮、弹簧基础知识及画法

学习要求

    1. 掌握螺纹的规定画法、标记方法、标注方法及查阅相关标准

    2. 掌握螺纹连接件的画法、简化画法、连接画法、标记方法及查阅相关标准

    3. 了解各种键连接、销连接、滚动轴承的规定画法及查阅相关标准

    4. 了解直齿圆柱齿轮及其啮合的规定画法及工作图的画法

    5. 了解弹簧的规定画法、工作图的画法及装配图中的画法

在机器零件中,有些零件在各种不同机器中都经常用到,这些零件称为常用件。常用件种类很多,例如,起连接作用的螺钉、螺栓、螺母、垫圈、销和键等;起传动作用的齿轮等;起储能作用的弹簧;起支承作用的各种滚动轴承等。

为便于生产、使用和简化设计,提高产品质量和生产效率,便于专业化大量生产,对其中一些常用零件的结构要素、形状、大小和规格,都制订了明确的标准,如螺纹紧固件。有一些常用件,如滚动轴承、键、销,在使用中必须保证互换性,除了结构要素、形状、大小、规格外,还制订了严格的公差要求。由于这些零件已经全部标准化,我们称为标准件。有些常用件,如齿轮、弹簧等,其结构已经定型,国家标准对其进行了部分标准化。

第5章介绍的视图、剖视图、断面图等表示法是对图样画法的基本规定,即图样的基本表示法。基本表示法是按投影要求对表达机件的基本规定,它广泛地用于各种机件的内外形状的表达。与图样画法的基本规定相对应的有图样画法的特殊规定,即图样的特殊表达法。它是指国家标准对常用的零部件和结构要素所规定的、按比例简化地表达特定的机件和结构要素的表达法。

按照图样的特殊表达法规定绘图,可减少绘图工作量,有利于提高绘图效果,缩短设计周期。特殊表达法主要是通过两条途径进行标准化处理。一是规定比真实投影简单得多的画法,例如,螺纹画法中只用两条简单易画的图线代替画法烦琐的螺旋面的投影;二是用规定的符号、代号或标记进行图样标注,以表示对结构要素的规格和精度方面的要求。本章将介绍常用机件的特殊表达法。

6.1 螺　　纹

螺纹是零件上常用的一种结构,有外螺纹与内螺纹两种(图 6-1),一般成对使用。螺

纹可起连接作用,称连接螺纹;也可起传递运动和动力的作用,称传动螺纹。

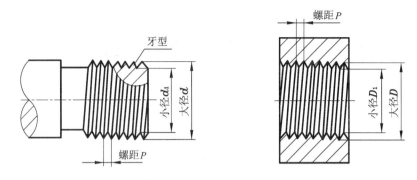

图 6-1　外螺纹与内螺纹

6.1.1　螺纹的形成

螺纹有各种制造方法,都是根据螺旋线的形成原理而得到的。图 6-2(a)表示在车床上车制外螺纹的方式,图 6-2(b)表示的是内螺纹的加工方式。对于直径较小的内螺纹,可先用钻头钻孔,再用丝锥攻丝得到,如图 6-2(c)所示。

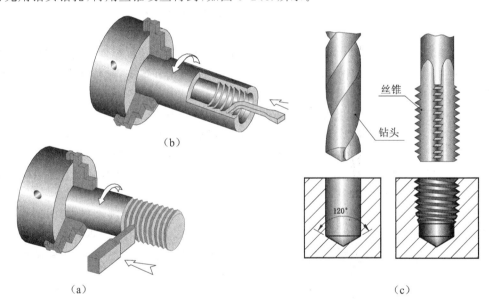

图 6-2　螺纹的形成

6.1.2　螺纹的结构要素

螺纹的基本要素有五个,详细介绍如下。

1. 牙型

牙型是螺纹轴向剖面的轮廓形状。常见的牙型有三角形、梯形、锯齿形和矩形等。不同牙型的螺纹有不同的用途,如三角形螺纹用于连接,梯形、矩形螺纹用于传动等。在图样上一般只要标注螺纹种类代号即能区别出各种牙型。

2. 螺纹直径

螺纹的直径分为大径、中径和小径,如图 6-3 所示。

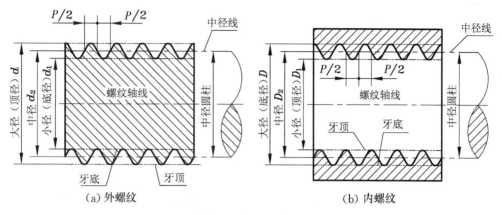

图 6-3　螺纹的直径

(1) 大径是指与外螺纹的牙顶或内螺纹牙底相重合的假想圆柱的直径。大径又称为公称直径。内、外螺纹的大径分别用 D、d 表示。

(2) 小径是指与外螺纹的牙底或内螺纹牙顶相重合的假想圆柱的直径。内、外螺纹的小径分别用 D_1、d_1 表示。

(3) 中径是一个假想圆柱的直径,即在大径和小径之间,其母线通过牙型上的沟槽和凸起宽度相等的地方。内、外螺纹的中径分别用 D_2、d_2 表示。

3. 线数

螺纹有单线和多线之分。在同一螺纹件上沿一条螺旋线所形成的螺纹称为单线螺纹,如图 6-4(a)所示;沿两条以上螺旋线形成的螺纹称为多线螺纹,如图 6-4(b)所示。螺纹的线数用 n 表示。

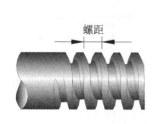
(a) 单线螺纹距 P = 导程Ph

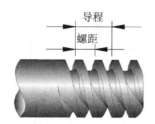
(b) 双线螺纹导程Ph=2×螺距 P

(c) 左旋螺纹

(d) 右旋螺纹

图 6-4　线数、螺距和导程、螺纹的旋向

4. 螺距和导程

螺纹相邻两个牙型在中径线上对应点间的轴向距离称为螺距,用 P 表示;同一条螺旋线上相邻两牙在中径线上对应点间的距离称为导程,用 Ph 表示。如图 6-4 所示,对于单线螺纹,螺距等于导程,多线螺纹的螺距 $P = Ph/n$。

5. 旋向

螺纹有右旋和左旋之分。当内、外螺纹旋合时按顺时针旋入时为右旋螺纹,按逆时针旋入时为左旋螺纹。或把轴线铅垂放置,螺纹的可见部分从左下向右上倾斜的为右旋螺纹,从右下向左上倾斜的为左旋螺纹。图6-4(c)为左旋螺纹,图6-4(d)为右旋螺纹。工程上常用右旋螺纹。

内、外螺纹旋合的条件是螺纹的五个要素必须完全相同。上述五个要素中,螺纹牙型、大径和螺距是决定螺纹的最基本要素,称为螺纹三要素。凡是这三项都符合标准的,称为标准螺纹。大径或螺距不符合标准的,称为特殊螺纹。对于牙型不符合标准的,称为非标准螺纹。

6.1.3　螺纹的种类

螺纹可以从不同的角度对其进行分类。例如,可按牙型、牙型角、螺距、外形、单位制、标准化及配合类型等分类,但较多的场合是按用途进行分类,螺纹按用途可分为以下四类:

(1) 紧固连接用螺纹,简称紧固螺纹。例如,普通螺纹、小螺纹、过渡配合螺纹和过盈配合螺纹。

(2) 传动用螺纹,简称传动螺纹。例如,梯形螺纹、锯齿形螺纹和矩形螺纹。

(3) 管用螺纹,简称管螺纹。例如,55°密封管螺纹、55°非密封管螺纹、60°密封管螺纹和米制锥螺纹。

(4) 专门用途螺纹,简称专用螺纹。例如,自攻螺钉用螺纹、木螺钉纹和气瓶用螺纹等。

6.1.4　螺纹的规定画法

螺纹的真实投影比较复杂,为简化作图,国家标准《机械制图　螺纹及螺纹紧固件表示法》(GB/T 4459.1—1995)规定了螺纹的画法。

1. 外螺纹的画法

(1) 外螺纹的大径用粗实线表示。

(2) 外螺纹的小径用细实线表示,通常画成大径的0.85倍。在螺杆的倒角或倒圆部分也应画出。在垂直于螺纹轴线的投影面的视图(以下称为端视图)中表示小径的细实线圆只画约3/4圈(空出约1/4圈的位置不作规定),轴上倒角的投影圆省略不画。

(3) 有效螺纹的终止界线(简称螺纹终止线)用粗实线表示,如图6-5(a)所示。如图6-5(b)所示为剖切时的画法。

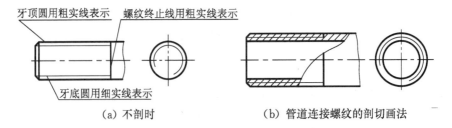

(a) 不剖时　　　　　　　　(b) 管道连接螺纹的剖切画法

图6-5　外螺纹的画法

(4) 在剖视图或断面图中,剖面线必须画到螺纹大径(粗实线)处,如图6-5(b)所示。

2. 内螺纹的画法

内螺纹一般多画成剖视图,其规定画法如下(图 6-6):

(1) 内螺纹的小径用粗实线表示。

(2) 内螺纹的大径用细实线表示,在端视图中,表示大径的细实线圆只画约 3/4 圈(空出的 1/4 圈的位置不作规定),且倒角的投影圆省略不画。

(3) 内螺纹的终止线用粗实线画出,如图 6-6(b)所示。

(4) 在剖视图或断面图中,剖面线必须画到小径(粗实线)处。

(5) 对于不穿通螺孔,应将钻孔深度和螺孔深度分别画出[图 6-6(b)],在装配图中也可画成一致[图 6-6(c)]。由于钻孔时所用钻头端部接近 120°,钻孔顶端应画成 120°,如图 6-6(b)、(c)、(e)所示。

(6) 当内螺纹以视图形式画出时,则不可见螺纹的所有图线均按虚线绘制,如图 6-6(d)、(e)所示。

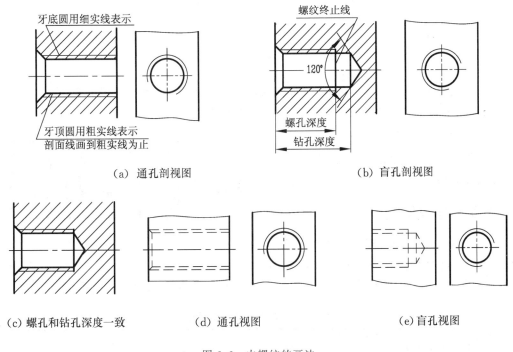

(a) 通孔剖视图   (b) 盲孔剖视图

(c) 螺孔和钻孔深度一致   (d) 通孔视图   (e) 盲孔视图

图 6-6 内螺纹的画法

3. 圆锥内、外管螺纹的画法

在投影为圆的视图上,如图 6-7 所示,不可见端面牙底圆的投影省略不画,当牙顶圆的投影为虚圆时可省略不画。

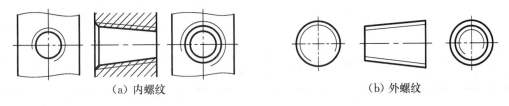

(a) 内螺纹   (b) 外螺纹

图 6-7 圆锥管螺纹的画法

4．非标准螺纹的画法

图 6-8 非标准螺纹的画法

当需要表示螺纹牙型时，或表示非标准螺纹（如矩形螺纹）时，可按图 6-8 绘制。

5．内、外螺纹连接的画法

（1）不剖时，不可见部分，内、外螺纹的牙顶圆和牙底圆投影均画虚线，其余部分仍按前述各自的规定画法绘制，如图 6-9（a）所示。

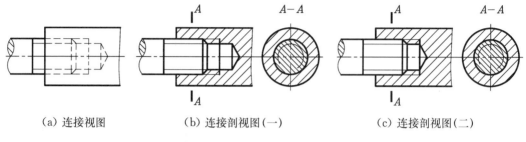

（a）连接视图　　　　　　　（b）连接剖视图（一）　　　　　　（c）连接剖视图（二）

图 6-9　螺纹连接的画法

（2）剖切时，螺纹结合部分按外螺纹画法绘制，其余部分仍按前述各自的规定画法绘制，且内、外螺纹的大、小径的粗细实线应分别对齐，如图 6-9（b）或（c）所示。

6．螺纹孔相贯线的画法

两螺纹孔或螺纹孔与光孔相贯时，其相贯线按螺纹小径画出，如图 6-10 所示。

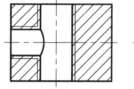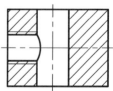

图 6-10　螺纹相贯线的画法

6.1.5　螺纹的标注

由于螺纹采用统一规定的画法，为了便于识别螺纹种类和要素，对螺纹必须按规定格式进行标注。各种常用螺纹的标注方式及示例如表 6-1、表 6-2 所示。

表 6-1　常用标准螺纹特征的标记示例

序号	螺纹类别	标准编号	特征代号	标记示例	螺纹副标记示例	附注
1	普通螺纹	GB/T 197—2018	M	M8×1—LH M8 M16×Ph6P2—5g6g—L	M20—6H/5g6g M6	粗牙不标注螺距，左旋时尾加"—LH"； 等公差精度不标注公差带代号； 中等旋合长度不标注 N（下同）； 多线时注出导程、螺距
2	梯形螺纹公差	GB 5796.4—86	Tr	Tr40×7—7H Tr40×14(P7)LH—7e	Tr36×6—7H/7e	

序号	螺纹类别		标准编号	特征代号	标记示例	螺纹副标记示例	附注
3	锯齿形(3°, 30°)螺纹		GB/T 13576—2008	B	B40×7a B40×14(P7)LH—8c—L	B40×7A/7c	
4	55°密封管螺纹	圆锥外螺纹	GB/T 7306.1～7306.2—2000	R₁	R₁3	R_C/R₂ 3/4 R_P/R₁ 3	R₁ 表示与圆柱内螺纹相配合的圆锥外螺纹; R₂ 表示与圆锥内螺纹相配合的圆锥外螺纹; 内、外螺纹均只有一种公差带,故省略不注,表示螺纹副时,尺寸代号只注写一次; R_C 表示圆锥内螺纹; R_P 表示圆柱内螺纹
				R₂	R₂ 3/4		
		圆锥内螺纹		R_C	R_C 1 1/2—LH		
		圆柱内螺纹		R_P	R_P 1/2		
5	55°非密封管螺纹		GB/T 7307—2001	G	G1 1/2 A G 1/2—LH	G1 1/2 A	外螺纹公差等级分 A 级和 B 级两种;内螺纹公差等级只有一种。表示螺纹副时,仅需标注外螺纹的标记

表 6-2 常用螺纹的种类和标注示例

类型		牙型放大图	特征代号	标注示例	用途及说明
普通螺纹	粗牙		M	M20-6g M20×1.5-7H-L	最常用的一种连接螺纹,直径相同时,细牙螺纹的螺距比粗牙螺纹的螺距小,粗牙螺纹不注螺距,右旋不标注。中径和顶径公差相同,只注一个代号
	细牙				
管螺纹	非螺纹密封		G	G1/2A	管道连接中的常用螺纹,螺距及牙型均较小,其尺寸代号以英寸为单位,近似地等于管子的孔径。螺纹的大径应从有关标准中查出,代号 R 表示圆锥外螺纹,R_C 表示圆锥内螺纹,R_P 表示圆柱内螺纹
	螺纹密封		R_C R_P R	Rc1 1/2	

类型	牙型放大图	特征代号	标注示例	用途及说明
梯形螺纹		Tr	Tr40×14(P7)LH-7H	常用的两种传动螺纹,用于传递运动和动力,梯形螺纹可传递双向动力,锯齿形螺纹用来传递单向动力
锯齿形螺纹		B	B32×6LH	

1. 标准螺纹的标注格式

螺纹特征代号—尺寸代号—螺纹号—螺纹公差带代号(中径、顶径)—旋合长度代号—旋向代号

其中:

(1) 特征代号见表 6-1。

(2) 尺寸代号为

公称直径×导程螺距

导程:Ph 后写数字;螺距:P 后写数字。

管螺纹的标注格式为

螺纹牙型符号　尺寸代号　旋向

管螺纹的尺寸代号单位为英寸。

(3) 螺纹公差带代号。螺纹公差带代号由数字和字母组成(内螺纹用大写字母,外螺纹用小写字母),如 6H、5g 等。若螺纹的中径公差带与顶径公差带的代号不同(顶径指外螺纹的大径和内螺纹的小径)则分别标注,如 6H7H、5h6h,中径公差带在前,顶径公差带在后。梯形螺纹、锯齿形螺纹只标注中径公差带代号。

(4) 旋合长度代号。螺纹旋合长度是指两个相互配合的螺纹,沿螺纹轴线方向相互旋合部分长度(螺纹端倒角不包括在内)。

普通螺纹旋合长度分 S(短)、N(中)、L(长)三组;梯形螺纹分 N、L 两组。当旋合长度为 N 时,省略标注,必要时,也可用数值注明旋合长度。

(5) 旋向代号。当螺纹为右旋时,"旋向"省略标注。左旋螺纹用"LH"表示。

2. 螺纹标注示例

(1) 普通螺纹、梯形螺纹是从螺纹大径处引出尺寸界线,按标注尺寸的形式进行标注的,其标注形式见表 6-2,标注格式如下:

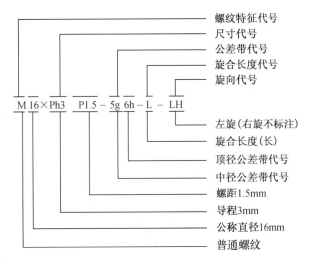

（2）管螺纹的标注与上述标注不同，是采用指引线形式标注，指引线从大径线引出，如表 6-1 所示。

（3）管螺纹公差等级代号：外螺纹分 A、B 两级标记，内螺纹则不标记，如表 6-2 所示。

（4）管螺纹的尺寸代号不是螺纹大径，画图时，大、小径的数值应根据有关标准查出。

3．简化标注说明

（1）单线螺纹的尺寸代号为"公称直径×螺距"，此时不必注写"Ph"和"P"字样；当为粗牙螺纹时不注螺距。

（2）中径与顶径公差带代号相同时，只注写一个公差带代号。

（3）最常用的中等公差精度螺纹（公称直径≤1.4 mm 的 5H、6h 和公称直径≥1.6 mm 的 6H、6g）不标注公差带代号。

（4）旋合长度为中等时，旋合长度 N 不标注。

4．特殊螺纹的标注

特殊螺纹的标注应在牙型符号前加注"特"字，并注出大径和螺距，如图 6-11 所示。

5．非标准螺纹的标注

非标准螺纹在标注时应注出螺纹的大径、小径、螺距和牙型等尺寸，如图 6-12 所示。

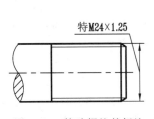

图 6-11 特殊螺纹的标注

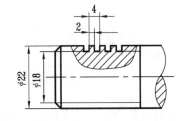

图 6-12 非标准螺纹的标注

6.2 螺纹连接件及其连接画法

螺栓、双头螺柱、螺钉、螺母和垫圈等统称为螺纹连接件。它们都属于标准件,其结构、尺寸均已标准化,一般由标准件厂大量生产。根据螺纹连接件的规定标记,能在相应的标准中查出有关的尺寸。外购时只要写出它们的规定标记即可,而不必画出它们的零件图。

6.2.1 螺纹连接件及其标记

常用螺纹连接件的标记示例如表 6-3 所示。标记的一般形式为

名称　国标代号－规格－性能等级

表 6-3　螺纹连接件及其标记示例

种类	轴测图	结构形式和规格尺寸	标记示例	说　明
六角头螺栓			螺栓 GB/T5782 M12×80	螺纹规格 d＝M12,l＝80 mm(当螺杆上为全螺纹时,应选取国标代号为 GB/T 5783—2016)
双头螺柱			螺柱 GB/T897 AM10×50	两端螺纹规格均为 d＝M10,l＝50 mm,按 A 型制造(若为 B 型,则省去标记"B")
开槽圆柱头螺钉			螺钉 GB/T65 M5×30	螺纹规格 d＝M5,公称长度 l＝30 mm
开槽沉头螺钉			螺钉 GB/T68 M5×20	螺纹规格 d＝M5,公称长度 l＝20 mm
开槽锥端紧定螺钉			螺钉 GB/T71 M5×20	螺纹规格 d＝M5,公称长度 l＝20 mm
1 型六角螺母			螺母 GB/T6170 M8	螺纹规格 D＝M8 的 1 型六角螺母

种类	轴测图	结构形式和规格尺寸	标记示例	说　明
垫圈	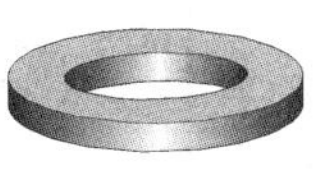	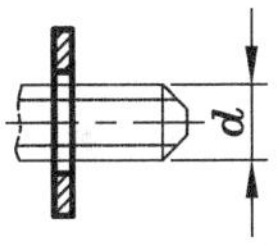	垫圈 GB/T97.3 8-140HV	与螺纹规格 M8 配用的平垫圈，性能等级为 140HV
弹簧垫圈		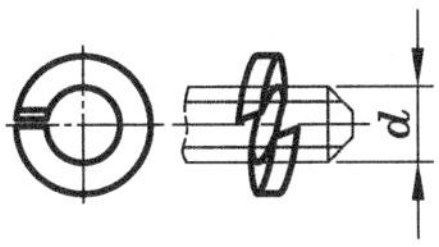	垫圈 GB/T93 16	规格 16 mm，材料为 65Mn，表面氧化的标准型弹簧垫圈

当需要画出螺纹连接件时，可采用如下两种画法：

（1）查表画法。根据给出的连接件的名称、国标代号和规格，即连接件的标记，通过查表获得它的结构形式和全部结构尺寸，并以此进行画图。

（2）比例画法。根据具体要求确定公称直径和公称长度后，其他尺寸均按公称直径 d 的一定比例由计算获得，并以此进行画图。

实质上，查表画法是按查表所得的实际尺寸来画图的一种真实画法，而比例画法则是一种近似画法。具体的比例关系见下一节。

常用螺栓、螺钉的头部及螺母等也可采用如表 6-4 所列的简化画法。

表 6-4　螺栓、螺钉头部及螺母的简化画法

序号	种类	简化画法	序号	种类	简化画法
1	六角头螺栓	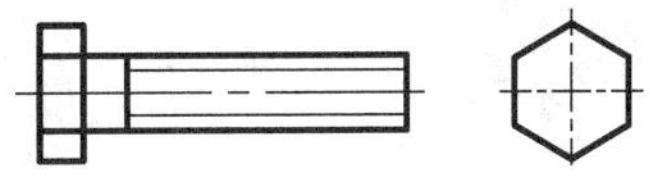	8	半沉头一字槽螺钉	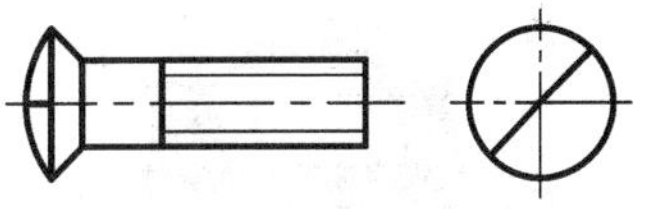
2	方头螺钉	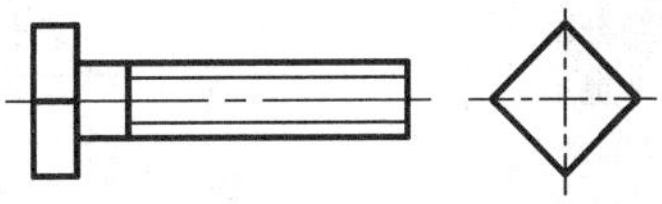	9	沉头十字槽螺钉	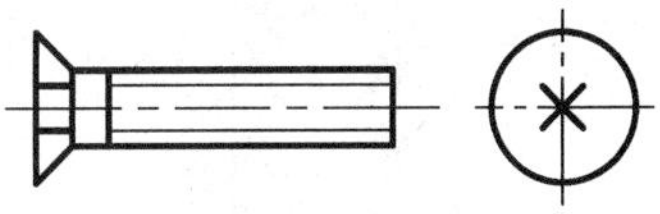
3	圆柱头内六角螺钉	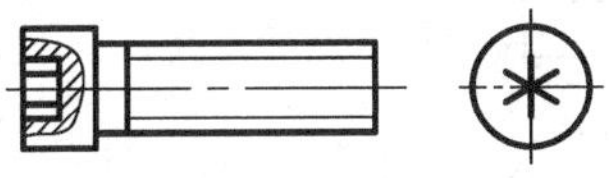	10	半沉头十字槽螺钉	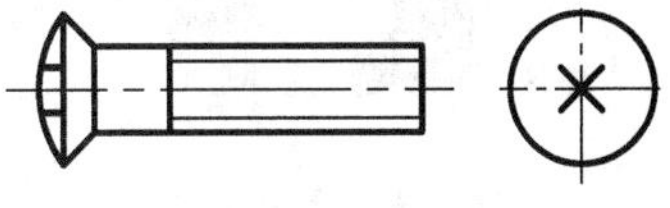
4	无头内六角螺钉	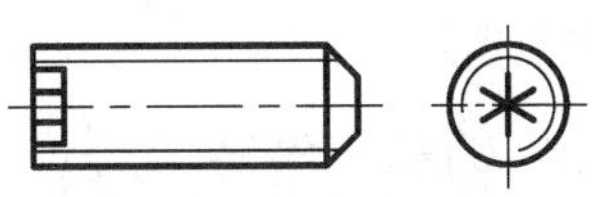	11	盘头十字槽螺钉	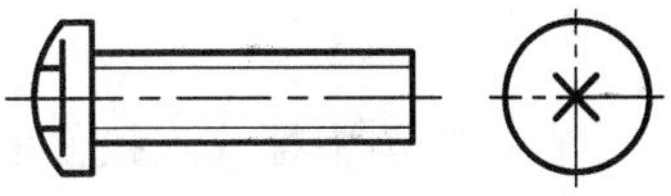
5	无头一字槽螺钉	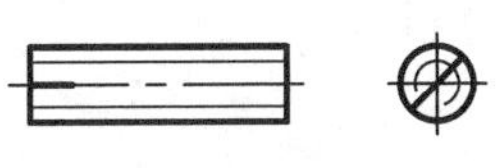	12	六角形螺母	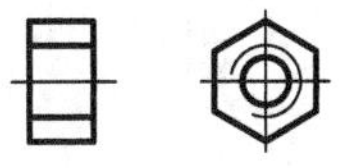

序号	种类	简化画法	序号	种类	简化画法
6	沉头一字槽螺钉		13	方形螺母	
7	圆柱头一字槽螺钉		14	开槽六角形螺母	
		螺栓连接简化画法示例			螺钉连接简化画法示例

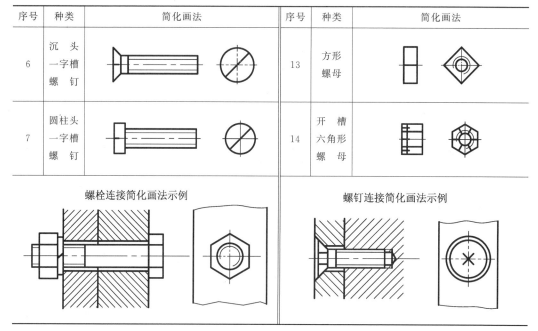

6.2.2 螺纹连接件的装配图画法

螺纹连接件连接的基本形式有:螺栓连接、螺钉连接、双头螺柱连接,如图 6-13 所示。采用哪种连接视连接需要而定。

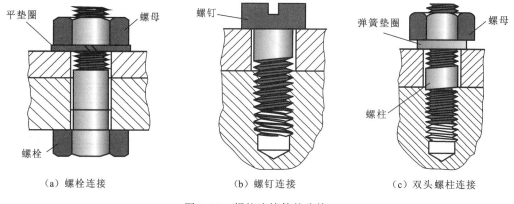

（a）螺栓连接　　　　　（b）螺钉连接　　　　　（c）双头螺柱连接

图 6-13 螺纹连接件的连接

在装配图中螺纹连接件的工艺结构如倒角、退刀槽、缩颈、凸肩等均可省略不画。

1. 画螺纹装配图的一般规定

画螺纹装配图时,应遵守下列基本规定(图 6-14):

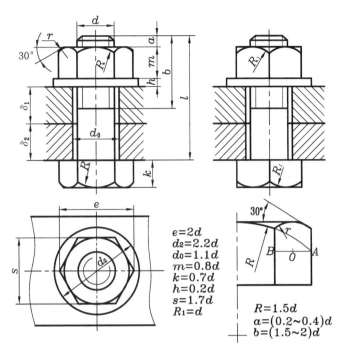

$e=2d$
$d_2=2.2d$
$d_0=1.1d$
$m=0.8d$
$k=0.7d$
$h=0.2d$
$s=1.7d$
$R_1=d$

$R=1.5d$
$a=(0.2\sim0.4)d$
$b=(1.5\sim2)d$

图 6-14　六角螺栓连接画法

（1）相邻两零件的接触表面画成一条线,不接触表面画成两条线。

（2）对于连接件和实心零件(如螺栓、螺柱、螺母、垫圈、轴等),若剖切平面通过它们的轴线时均按不剖绘制,仍画外形。需要时,可采用局部剖视。

（3）相邻两零件的剖面线应不同,可用方向相反或间隔不等来区别,但同一个零件在各个视图中的剖面线的方向和间隔应一致。

2. 螺栓连接

螺栓连接常用的连接件有螺栓、螺母、垫圈。它用于被连接件都不太厚,能加工成通孔且要求连接力较大的情况,连接方式如图 6-13(a)所示。

（1）螺栓连接的查表画法:

根据螺栓、螺母、垫圈的标记,在有关标准中,查出它们的全部尺寸。

确定螺栓的公称长度 l 时,可按以下方法计算(图 6-14):

$$l\geqslant\delta_1+\delta_2+h+m+a \quad [式中\ a\ 一般取(0.2\sim0.4)d]$$

由 l 的初算值,在螺栓标准中的 l 公称系列值中选取一个与之相近的标准值。

例 6.1　已知螺纹连接件的标记为

螺栓　　GB/T 5782—2016　M20×l

螺母　　GB/T 6170—2015　M20

垫圈　　GB/T 97.3—2000　20

被连接件的厚度　　$\delta_1=20$　　$\delta_2=20$

解　由附录查得 $m=18,h=3$。取 $a=0.3×20=6$,则

$$l\geqslant20+20+3+18+6=67$$

根据国家标准《六角头螺栓》(GB/T 5782—2016)查得最接近的标准长度为70,即螺栓的有效长度,同时查得螺栓的螺纹长度 $b=46$。

螺栓连接的画图步骤如图 6-15 所示。

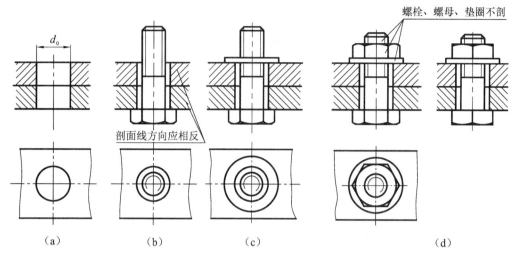

图 6-15　螺栓连接的画图步骤

对六角螺栓头部及六角螺母上的交线,可按图 6-14 绘制,双曲线用圆弧代替,图中 r 由作图得出,其中 $OA=OB$。

(2) 螺栓连接的比例画法。为了提高画图速度,螺栓连接也可采用近似画法,即按图 6-14 所示的比例进行作图,主要是以螺栓公称直径为依据,但不得把按比例关系计算的尺寸作为螺纹连接件的尺寸进行标注。

(3) 螺栓连接的简化画法。在零件装配图中,螺栓连接的画法允许按简化画法绘制,如表 6-4 所示。

(4) 画图时应注意的问题:①被连接件的孔径 d_0 必须大于螺栓的大径 d,作图时一般取 $d_0=1.1d$。②螺母及螺栓的六角头的投影符合三视图的投影关系。③为了使螺母拧紧,螺栓的螺纹终止线必须画在垫圈之下,即应在被连接两零件的接触面上方。

3. 螺钉连接

螺钉连接多用于受力不大,又不经常拆装的场合,被连接的零件中较薄的加工成通孔,另一较厚零件加工成螺孔,其连接方式如图 6-13(b) 所示。在装配图中,不穿通的螺纹孔可不画出钻孔深度,仅按有效螺纹部分的深度画出,如图 6-16(a)、(b) 所示。

(1) 螺钉连接的查表画法:①根据螺钉的标记,在有关标准中查出螺钉的全部尺寸。②确定螺钉的公称长度,如图 6-17 所示,初算 $l=\delta+b_m$,根据标准中的系列值取一近似值。③螺钉的旋入端长度 b_m 与被连接件的材料有关,可参照表 6-5 的 b_m 值近似选取。④按图 6-17 所示的画图步骤画出螺钉连接图。

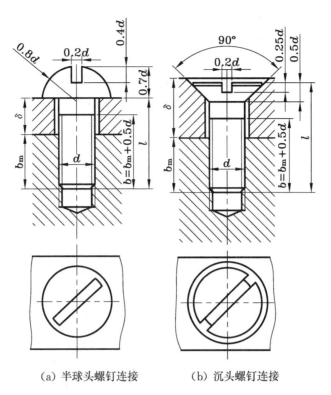

(a) 半球头螺钉连接　　　(b) 沉头螺钉连接

图 6-16　螺钉连接画法

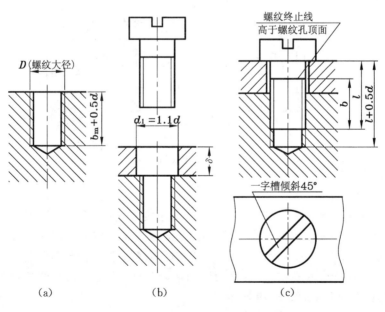

(a)　　　　　　　(b)　　　　　　　(c)

图 6-17　开槽圆柱头螺钉连接的画图步骤

表 6-5　螺纹旋入深度参考值

被旋入零件的材料	旋入端长度 b_m
钢	$b_m = d$
青铜	$b_m = 1.25d$
铸铁	$b_m = 1.5d$
铝	$b_m = 2d$

（2）螺钉连接的比例画法：螺钉连接的比例画法可按图 6-16 中的标注形式进行作图，主要以螺纹的公称直径 d 为依据。

（3）画图时应注意的问题：①为使螺钉连接牢固，螺钉的螺纹长度 b 和螺孔的螺纹深度都应大于旋入深度 b_m，即螺钉装入后，其上的螺纹终止线必须高出下板的上端面。螺钉的下端面至螺纹孔的终止线之间应至少留有 $0.5d$ 的间隔。b 的值可按图 6-16 中给定的比例关系确定。②螺钉头部槽口在反映螺钉轴线的视图上，应画成垂直于投影面；在投影为圆的视图上，则应画成与中心线成 $45°$，方向由左下至右上。

紧定螺钉常用于定位、防松而且受力较小的情况，图 6-18 是紧定螺钉的连接画法。

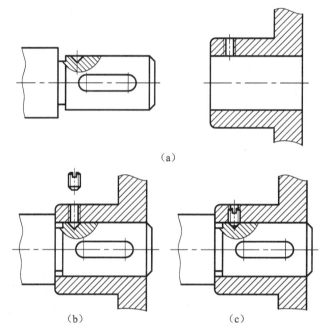

(a)

(b)　　　　　(c)

图 6-18　紧定螺钉连接

4. 双头螺柱连接

双头螺柱连接件有双头螺柱、螺母、垫圈，其连接方式如图 6-13（c）所示。螺柱连接用于被连接零件之一较厚或不允许钻成通孔，且要求连接力较大的情况，被连接的其他零件上加工成通孔，如图 6-19 所示。双头螺柱连接的下部似螺钉连接，而其上部似螺栓连接。

双头螺柱的两端带有螺纹，一端称为紧固端，其有效长度为 l，螺纹长度为 b，另一端为旋入端，其长度为 b_m，如图 6-19 所示。

双头螺柱的有效长度的计算：$l \geqslant \delta + s + m + (0.2 \sim 0.4)d$，由 l 的初算值，在双头螺柱标准的 l 公称系列值中选取一个与之相近的标准值。

为了保证连接牢固，旋入端的螺纹终止线应与被旋入零件上螺孔顶面的投影线重合。旋入端长度 b_m 值参照表 6-5 选取。

在绘制上述各种螺纹连接件的连接画法时常见的错误见表 6-6。

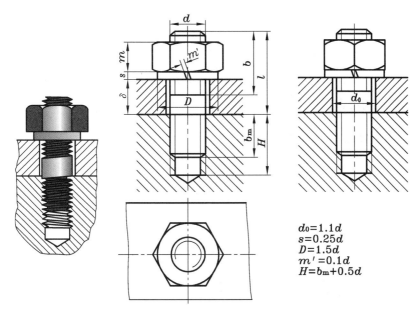

$$d_0 = 1.1d$$
$$s = 0.25d$$
$$D = 1.5d$$
$$m' = 0.1d$$
$$H = b_m + 0.5d$$

图 6-19　双头螺柱连接画法

表 6-6　绘制螺纹连接的正、误比较

名称	正确画法	错误画法	说明
六角头螺栓连接			①螺栓长度选择不当，螺纹末端应超出螺母$(0.2\sim0.4)d$； ②螺纹漏画，终止线漏画； ③光孔部分漏画连接零件之间的分界线
双头螺柱连接			①螺纹长度b太短，螺纹不能把被连接零件并紧，必须使$l-b<\delta$； ②双头螺柱必须将拧入金属端的螺纹拧到底，即螺纹终止线与螺孔顶面投影线对齐； ③螺孔画错； ④120°锥坑应画在钻孔直径上； ⑤弹簧垫圈开口槽方向画错
螺钉连接			①光孔直径要大于螺纹大径，$d_0=1.1d$，这样便于装配，不会损伤螺纹，图上漏画光孔的投影； ②螺孔深度不够，并漏画钻孔结构

6.3 键及其连接

键用来连接轴与轴上传动件(如齿轮、带轮等),以便与轴一起转动,起传递扭矩的作用。这种连接称为键连接。

6.3.1 键的画法及其标记

键的种类很多,常用的有普通型 平键、普通半圆型 键、钩头型 楔键等,如图 6-20 所示,其中普通型 平键最为常见。键也是标准件,普通型 平键、普通半圆型 键的尺寸及键槽尺寸等见附表 9-4、附表 9-5。

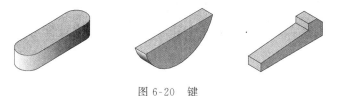

图 6-20 键

表 6-7 为以上三种键的画法及规定标记示例,未列入本表的其他键可参阅有关标准。

表 6-7 键的画法和规定标记示例

名称	标准编号	图例	规定标记示例
普通型平键	GB/T 1096—2003		$b=18$ mm,$h=11$ mm,$L=100$ mm 的 A 型普通平键: 键 18×100 GB/T1096 (A 型平键可不标出 A,B 型或 C 型则必须在规格尺寸前标出 B 或 C)
普通型半圆键	GB/T 1099.1—2003		$b=6$ mm,$h=10$ mm,$d_1=25$ mm,$L=24.5$ mm 的普通半圆键: 键 6×25 GB/T1099
钩头型楔键	GB/T 1565—2003		$b=18$ mm,$h=11$ mm,$L=100$ mm 的钩头楔键: 键 18×100 GB/T1565

6.3.2　键连接的画法

画平键连接、半圆键连接时,应已知轴的直径、键的形式、键的长度,然后根据轴的直径 d 查阅标准选取键和键槽的剖面尺寸,键和键槽的剖面尺寸及其极限偏差见附表9-4、附表9-5。键的长度按轮毂长度在标准系列中选用。

平键连接与半圆键连接的画法类似,如图6-21(a)、(b)所示,这两种键与被连接零件是键的侧面接触,而顶面留有一定间隙。在键连接图中,键的倒角或小圆角一般不画。

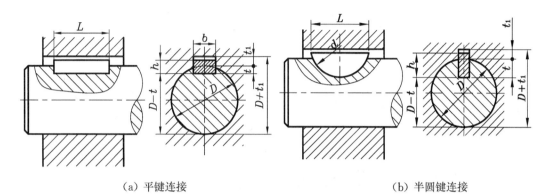

（a）平键连接　　　　　　　　　　　　　（b）半圆键连接

图 6-21　平键连接与半圆键连接的画法

图6-22所示为钩头楔键的连接画法。钩头楔键的顶面有1:100的斜度,装配后楔键与被连接零件键槽的顶面、底面都接触,这是它与平键及半圆键连接画法的不同之处。键的侧面为间隙配合,这时也画一条线。

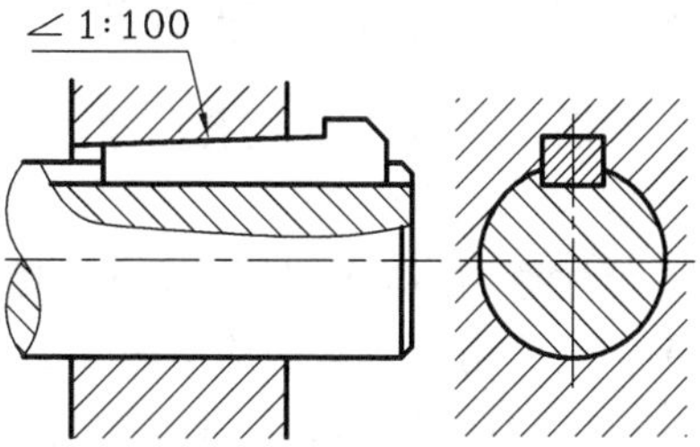

6.4　销及其连接

销也可用来连接零件,这种连接称为销连接。为了可靠地确定零件间的相对位置,也常用销来定位。销还可作为安全装置中的过载剪断元件。

图 6-22　钩头楔键连接画法

6.4.1　销的画法及其标记

常用的销有圆锥销、圆柱销、开口销等,如图6-23所示。销也是标准件,使用时应按有关标准选用。

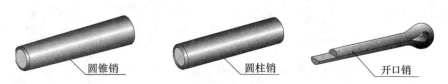

图 6-23　圆锥销、圆柱销、开口销

表 6-8 为以上三种销的画法和规定标记示例,其他类型的销可参阅有关标准。

表 6-8 销的画法和标记示例

名称	标准编号	图例	规定标记示例
圆锥销	GB/T 117—2000	A 型 ◁1:50 $\sqrt{Ra0.8}$ d R_1 R_2 a l a $\frac{6.3}{\sqrt{}}$	公称直径 $d=10$ mm,公称长度 $l=60$ mm,材料为 35 铜,热处理硬度 HRC28~38,表面氧化处理的 A 型圆锥销: 销 GB/T117 A10×60
圆柱销不淬硬钢和奥氏体不锈钢	GB/T 119.1—2000	A 型 15° $\sqrt{Ra0.8}$ a $R=d$ d l $\frac{6.3}{\sqrt{}}$	公称直径 $d=10$ mm,公称长度 $l=30$ mm,材料为 35 铜,热处理硬度 HRC28~38,表面氧化处理的 A 型圆锥销: 销 GB/T119.1 A10×30
开口销	GB/T 91—2000	b l a c d	公称直径 $d=5$ mm,公称长度 $l=50$ mm,材料为碳钢,不经热处理的开口销: 销 GB/T91 5×50

6.4.2 销连接的画法

图 6-24(a)表示销孔尺寸的标注,图 6-24(b)则表示圆柱销和圆锥销的连接画法及其标记。

注意:画销连接图时,当剖切平面通过销的轴线时,销按不剖绘制,如图 6-24(b)所示。因为用销连接的两个零件上的销孔通常需一起加工,如图 6-24(c)所示,所以在图样中标注销孔尺寸时,一般要注写"配作"或"装配时作",如图 6-24(a)所示。

圆锥销的公称直径是小端直径,在圆锥孔上需用引线标注尺寸,如图 6-24(a)所示。

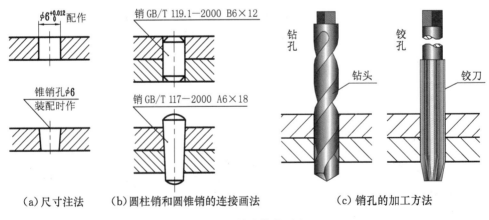

（a）尺寸注法　　（b）圆柱销和圆锥销的连接画法　　（c）销孔的加工方法

图 6-24 销连接的画法

6.5 滚动轴承

支承旋转轴的部件称为轴承。轴承分为滑动轴承和滚动轴承两种。下面主要介绍滚动轴承的结构、代号和画法。

6.5.1 滚动轴承的结构及其分类

滚动轴承的结构紧凑,摩擦阻力小,所以在工程上被广泛采用。滚动轴承的种类很多,但结构大体相同,一般是由外圈、内圈、滚动体和隔离圈等部分组成,见表 6-9,其外圈装在机座的孔内,内圈套在轴上,在大多数情况下都是外圈固定不动而内圈随轴转动。

表 6-9　常用轴承的结构及应用

轴承类型	圆锥滚子轴承 (GB/T 297—2015)	深沟球轴承 (GB/T 276—2013)	推力球轴承 (GB/T 301—2015)
立体	外圈 滚动体(圆锥) 内圈 隔离圈	外圈 滚动体(钢球) 内圈 隔离圈	滚动体(钢球)　隔离圈　上圈 下圈
应用	同时承受轴向和径向负荷	主要承受径向力,同时承受不大的轴向力。适用于刚性较大,转速高的轴上	承受轴向力,不能承受径向力。受离心力的影响,用于低速与中速的轴上

6.5.2 滚动轴承的代号

滚动轴承是标准件,它的结构形式、特点、承载能力、类型和内径尺寸等均采用代号来表示。轴承代号由前置代号、基本代号和后置代号构成,其排列方式如下:

前置代号　　基本代号　　后置代号

其中,基本代号是滚动轴承的基础。

1. 基本代号

由轴承类型代号、尺寸系列代号、内径代号构成,其排列方式如下:

轴承类型代号　　尺寸系列代号　　内径代号

(1) 轴承类型代号用数字或字母表示,见表 6-10。

表 6-10　部分轴承类型代号

轴承类型	圆锥滚子轴承	深沟球轴承	推力球轴承	圆柱滚子轴承
轴承类型代号	3	6	5	N

（2）尺寸系列代号由轴承的宽(高)度系列代号和直径系列代号组合而成,用两位数字来表示。它的主要作用是区别内径相同而宽度和外径不同的轴承。具体代号请查阅相关标准。

（3）内径代号。内径代号表示轴承的公称内径,一般用两位阿拉伯数字表示,见表 6-11,代号数字即为轴承内径。轴承公称内径为 $1\sim9$ mm 时,用公称内径毫米数直接表示;公称内径为 22 mm、28 mm、32 mm、500 mm 或大于 500 mm 时,用公称内径毫米数直接表示,但与尺寸系列之间用"/"分开,如深沟球轴承 62/22,内径 $d=22$ mm,推力球轴承 511/500,内径 $d=500$ mm。

表 6-11　滚动轴承内径代号

内径代号	00	01	02	03	04 以上
内径数值/mm	10	12	15	17	将内径代号乘以 5 即为内径值

2. 前置和后置代号

前置和后置代号即补充代号,是轴承在结构形状、尺寸、公差、技术要求等有改变时,在其基本代号左右添加的代号。前置代号用字母表示,后置代号用字母(或加数字)表示。

3. 滚动轴承代号示例

例 6.2　深沟球轴承 6206,规定标记为:轴承 6206GB/T 276—2013,基本代号示例为

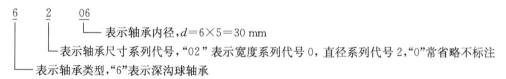

例 6.3　推力球轴承 51107,规定标记为:轴承 51107GB/T 301—2015,基本代号示例为

```
5 11 07
     └── 表示轴承内径,d=7×5=35 mm
   └──── 表示轴承尺寸系列代号,"11"表示高度系列代号1,直径系列代号1
 └────── 表示轴承类型,"5"表示推力球轴承
```

6.5.3　滚动轴承的画法

滚动轴承是标准件,不需单独画出各组件的零件图或它的装配图。但在画装配图时,要根据国家标准所规定的简化画法或示意画法表示。画图时,应先根据轴承代号由国家标准中查出轴承的外径 D、内径 d、宽度 B 等几个主要尺寸,然后将其他部分的尺寸按与主要尺寸的比例关系画出。

在装配图中需较详细地表达滚动轴承的主要结构时,可采用规定画法或简化画法;在装配图中只需简单地表达滚动轴承的主要结构时,可采用通用画法。常用滚动轴承的规定画法、简化画法和通用画法见表 6-12。

表 6-12　常用滚动轴承的画法

轴承类型	规定画法及尺寸比例	简化画法 一律不画剖面符号	特征画法及尺寸比例	通用画法及尺寸比例
深沟球轴承				
推力球轴承				
圆锥滚子轴承				

6.6　齿　　轮

　　齿轮是机械传动中应用广泛且非常重要的零件,通过齿轮轮齿啮合的传动,机器上一根轴可带动另一根轴转动,从而达到传递动力、改变运动速度和方向的目的。常用的齿轮传动有三种(图 6-25):圆柱齿轮——用于两平行轴之间的传动;圆锥齿轮——用于两相

直齿　　　　　　斜齿　　　　　齿轮与齿条

(a) 圆柱齿轮

图 6-25　几种常用齿轮

交轴之间的传动;蜗轮和蜗杆——用于两交叉轴之间的传动。

(b) 圆锥齿轮   (c) 蜗轮和蜗杆

图 6-25　几种常用齿轮(续)

6.6.1　圆柱齿轮

轮齿在圆柱体上切出的齿轮称为圆柱齿轮,它是工业中最常见的一种齿轮,按其轮齿与轴线的位置可分成直齿、斜齿和人字齿。下面以直齿圆柱齿轮为例介绍圆柱齿轮的有关尺寸参数及其规定画法。

1. 直齿圆柱齿轮各部分名称及几何尺寸计算

直齿圆柱齿轮各部分的名称及代号如图 6-26 所示。

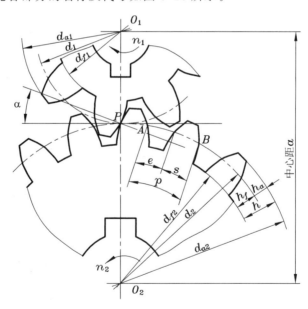

图 6-26　直齿圆柱齿轮各部分的名称及代号

(1) 直齿圆柱齿轮各部分名称:

齿数(z):齿轮上的轮齿数。

齿宽(b):沿齿轮轴线量得轮齿的宽度。

齿顶圆(直径为 d_a):过齿轮各轮齿顶端所形成的圆。

· 146 ·

齿根圆(直径为 d_f):过齿轮各齿槽底部所形成的圆。

分度圆(直径为 d):两齿轮连心线上齿廓的啮合接触点(P 点)所形成的圆称为分度圆。它是齿轮设计时计算齿轮各部分尺寸的基准圆,也是加工制造齿轮时作为齿数分度的圆。一对正确安装的标准齿轮,其分度圆是相切的。

齿距(p):相邻两齿同侧齿廓在分度圆上对应点间的弧长。显然,$\pi d = zp$,即 $d = \dfrac{p}{\pi}z$。

模数(m):在式 $d = \dfrac{p}{\pi}z$ 中,令 $\dfrac{p}{\pi} = m$,则 $d = mz$。m 称为齿轮的模数,两啮合齿轮的模数应相等。模数是齿轮计算中的一个重要参数,其单位为 mm。模数越大,齿距和轮齿越大,轮齿的抗弯能力也越高。由于 π 为无理数,给齿轮的设计、加工带来不便,为此国家标准规定了圆柱齿轮模数的标准值,见表 6-13。

表 6-13　标准模数　　　　　　　　　　　　　　　　　　　　　单位:mm

第一系列	0.1,	0.12,	0.15,	0.2,	0.25,	0.3,	0.4,	0.5,	0.6,	0.8,	1,	1.25,
	2,	2.5,	3,4,	5,	6,	8,	10,	12,	16,	20,25,	32,	40,50
第二系列	0.35,	0.7,	0.9,	1.75,	2.25,	2.75,	(3.25),	3.5,	(3.75),	4.5,		
	5.5,	(6.5),	7,	9,	(11),	14,	18,	22,	28,	36,	45	

注:优先选用第一系列(括号内的模数尽可能不选用)

压力角(α):在节点 P 处,两齿廓曲线公法线(作用力的方向)与分度圆公切线(P 点瞬时运动方向)所夹的锐角,称为压力角。我国标准规定的压力角 $\alpha = 20°$。

齿顶高(h_a):齿顶圆与分度圆之间的径向距离。

齿根高(h_f):齿根圆与分度圆之间的径向距离。

全齿高(h):齿顶圆与齿根圆之间的径向距离,即 $h = h_a + h_f$。

中心距(a):两齿轮中心的距离。

传动比(i):主动轮转速 n_1 与从动轮转速 n_2 之比,由于两齿轮作纯滚动,故

$$i = \frac{n_1}{n_2} = \frac{d_2}{d_1} = \frac{z_2}{z_1}$$

(2)直齿圆柱齿轮的几何尺寸计算。直齿圆柱齿轮的几何尺寸计算公式见表 6-14。

表 6-14　直齿圆柱齿轮的尺寸计算

名称及代号	公　　式
模数 m	$m = \dfrac{p}{\pi}$(根据设计要求而定,取标准值)
压力角 α	$\alpha = 20°$
分度圆直径 d	$d_1 = mz_1$　　　$d_2 = mz_2$
齿顶高 h_a	$h_a = m$
齿根高 h_f	$h_f = 1.25m$
全齿高 h	$h = h_a + h_f = 2.25m$
齿顶圆直径 d_a	$d_{a1} = m(z_1 + 2)$　　　$d_{a2} = m(z_2 + 2)$
齿根圆直径 d_f	$d_{f1} = m(z_1 - 2.5)$　　　$d_{f2} = m(z_2 - 2.5)$
齿距 p	$p = \pi m$
中心距 a	$a = d_1 + d_2 = \dfrac{1}{2}m(z_1 + z_2)$
传动比 i	$i = \dfrac{n_1}{n_2} = \dfrac{d_2}{d_1} = \dfrac{z_2}{z_1}$

2．直齿圆柱齿轮的画法

（1）单个直齿圆柱齿轮的画法。根据国家标准《机械制图　齿轮表示法》(GB/T 4459.2—2003)规定的齿轮画法：齿顶圆和齿顶线用粗实线绘制；分度圆和分度线用点画线绘制；齿根圆和齿根线用细实线绘制（也可省略不画）。在剖视图中当剖切平面通过齿轮的轴线时，轮齿一律按不剖处理，此时齿根线用粗实线画出，如图 6-27 所示。

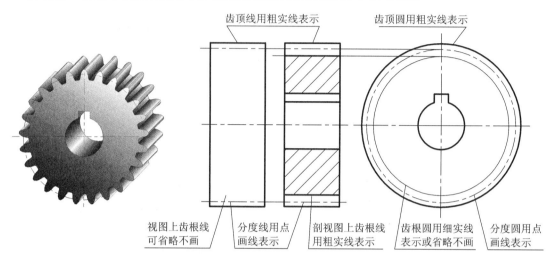

图 6-27　单个直齿圆柱齿轮的画法

（2）直齿圆柱齿轮的啮合画法。国家标准对齿轮啮合画法规定如下：

在垂直于圆柱齿轮轴线的投影面的视图中，两分度圆应相切；啮合区内的齿顶圆均用粗实线绘制，也可省略不画；齿根圆用细实线绘制，也可省略不画，如图 6-28 所示。

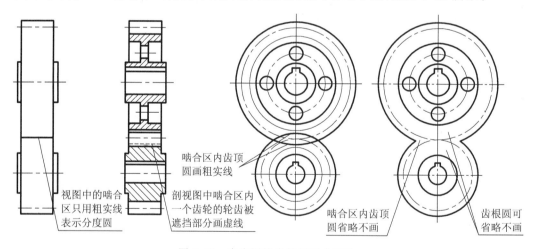

图 6-28　直齿圆柱齿轮的啮合画法

在平行于圆柱齿轮轴线的投影面的视图中，啮合区的齿顶线和齿根线都不需要画出，分度线用粗实线绘制，其他处按单个齿轮画法绘制，如图 6-28 所示。

在平行于圆柱齿轮轴线的投影面的剖视图中，啮合区处将一个齿轮的齿顶圆和齿根圆用粗实线绘制，另一个齿轮的轮齿被遮挡部分（齿顶圆）用虚线绘制，如图 6-28 所示，也可省略不画。

（3）圆柱齿轮工作图画法。图6-29为一直齿圆柱齿轮的工作图。在齿轮工作图中，除具有一般零件图的内容（包括足够的视图及制造时所需的尺寸和技术要求）外，齿顶圆直径、分度圆直径及有关齿轮的基本尺寸必须直接注出（齿根圆直径规定不注），并在图样右上角的参数表中，注写模数、齿数等基本参数。

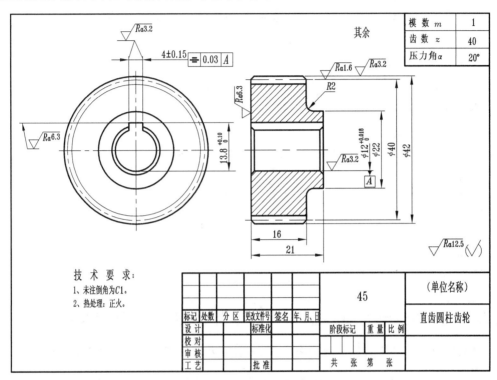

图6-29 直齿圆柱齿轮工作图

6.6.2 齿轮齿条的画法

齿条可以看成圆柱齿轮的直径增加到无限大时，齿轮就变成了齿条，这时分度圆、齿顶圆、齿根圆和齿廓曲线都成了直线。它的模数等于啮合齿轮的模数。齿距、齿顶高及齿根高等参数的设计和圆柱齿轮相同。画齿条和齿轮啮合图时，如图6-30所示，齿轮分度圆和齿条分度线相切。剖视图的画法与圆柱齿轮啮合画法相同。

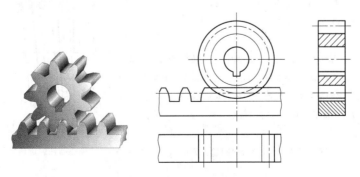

图6-30 齿轮、齿条啮合画法

6.7 弹　　簧

　　弹簧是一种储存能量的机器零件,在机器中广泛用来减震、夹紧、储能、测力等,其特点是外力去除后立即恢复原状。

　　弹簧的种类很多,常见的有螺旋压缩弹簧、拉伸弹簧、扭转弹簧、蜗卷弹簧、板簧等,如图 6-31 所示。其中以普通圆柱螺旋弹簧应用最为广泛,根据受力不同,它又可分为螺旋压缩弹簧、螺旋拉伸弹簧和螺旋扭转弹簧三种。在国家标准《机械制图　弹簧表示法》(GB/T 4459.4—2003)中对其画法作了规定。下面仅介绍普通圆柱螺旋压缩弹簧的主要尺寸关系及规定画法。

图 6-31　弹簧的种类

6.7.1　普通圆柱螺旋压缩弹簧的参数名称、尺寸计算及画法

　　普通圆柱螺旋压缩弹簧的参数名称、尺寸计算及画法如表 6-15、表 6-16 所示。

表 6-15　普通圆柱螺旋压缩弹簧的参数名称、尺寸计算及画法

画法说明	在非圆投影的视图中,弹簧各圈的轮廓线应画成直线; 无论螺旋弹簧的旋向是左还是右,其投影均可按右旋绘制,对于左旋弹簧,可标注旋向"左"; 无论螺旋弹簧两端并紧磨平的圈数是多少,其投影均可按圆柱压缩弹簧视图/剖视图绘制,螺旋弹簧的有效圈数大于 4 圈时,可以只画出两端的 1～2 圈,中间部分可用通过弹簧钢丝截面中心的两条细点画线表示
弹簧尺寸代号	线径 d:制造弹簧的钢丝直径 弹簧外径 D_2:弹簧的最大直径 弹簧内径 D_1:弹簧的最小直径,$D_1 = D_2 - 2d$ 弹簧中径 D:弹簧的平均直径 $$D = (D_2 + D_1)/2$$ 弹簧节距 t:相邻两圈间的轴向距离(除两端的支承圈外) 有效圈数 n:除支承圈外,参加弹簧的工作并保持节距相等的圈数 总圈数 n_1:支承圈数与有效圈数之和为总圈数,$n_1 = n + n_0$ 自由高度 H_0:弹簧未受到负荷时的高度,$H_0 = nt + (n_0 - 0.5)d$ 支承圈数为 n_0 展开长度 L:弹簧钢丝展开后的长度,即制造弹簧时所需的钢丝的长度

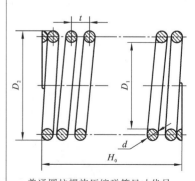

普通圆柱螺旋压缩弹簧尺寸代号

视图	剖视图	示意图
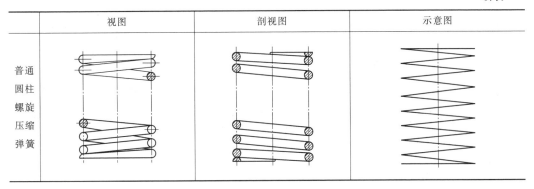		

普通圆柱螺旋压缩弹簧

表 6-16　装配图中弹簧的画法

(a) 被弹簧挡住的结构一般不画出,可见轮廓线画到弹簧的外轮廓线或弹簧丝的中心线为止;

(b) 当弹簧丝直径或厚度小于或等于 2 mm 时,允许用示意图表示,其剖面线也可用涂黑表示;

(c) 弹簧内有零件,弹簧直径在图形上小于或等于 2 mm 时,可用示意图表示

装配图中弹簧的画法

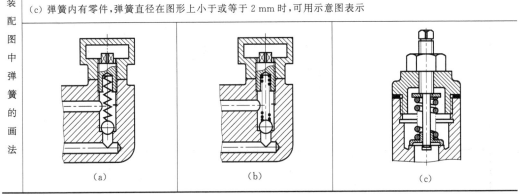

(a)　　　　　　　(b)　　　　　　　(c)

6.7.2　弹簧工作图

　　如图 6-32、图 6-33 所示,在弹簧的工作图中,弹簧的参数应直接标注在图形上,若直接标注有困难,可在技术要求中说明。当需要表明弹簧负荷与长度(或扭转角度)之间的变化关系时,必须用图解表示,称为弹簧的示性线。圆柱螺旋压缩弹簧和拉伸弹簧的示性线一般均画成直线。

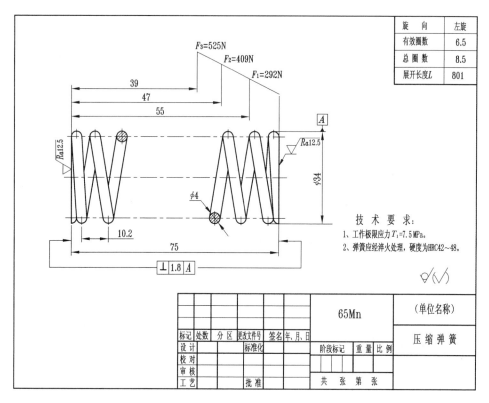

旋　向	左旋
有效圈数	6.5
总圈数	8.5
展开长度L	801

技 术 要 求：
1、工作极限应力 T_1=7.5 MPa。
2、弹簧应经淬火处理，硬度为HRC42~48。

						65Mn				（单位名称）
										压 缩 弹 簧
标记	处数	分区	更改文件号	签名	年、月、日					
设 计			标准化				阶段标记	重 量	比 例	
校 对										
审 核										
工 艺			批 准				共　张　第　张			

图 6-32　压缩弹簧工作图

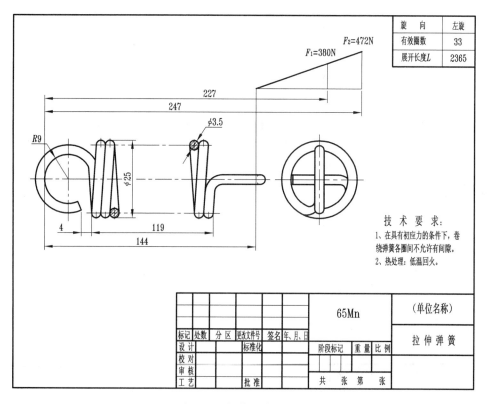

旋　向	左旋
有效圈数	33
展开长度L	2365

技 术 要 求：
1、在具有初应力的条件下，卷绕弹簧各圈间不允许有间隙。
2、热处理：低温回火。

						65Mn				（单位名称）
										拉 伸 弹 簧
标记	处数	分区	更改文件号	签名	年、月、日					
设 计			标准化				阶段标记	重 量	比 例	
校 对										
审 核										
工 艺			批 准				共　张　第　张			

图 6-33　拉伸弹簧工作图

第7章 零件图

关键词

零件图 表达方案 尺寸标注 技术要求 工艺结构

主要内容

1. 零件的分类

2. 零件图的内容

3. 零件图上的尺寸标注和技术要求

4. 零件的工艺结构

5. 看零件图

学习要求

1. 熟悉一张完整的零件图所应具备的内容

2. 掌握各类零件的结构特点及如何正确、合理地选择表达方案

3. 能够正确选择尺寸基准,了解合理标注零件尺寸的方法和步骤,并能正确、完整、清晰地标注零件图上的尺寸

4. 了解表面粗糙度、公差与配合、几何公差等技术要求的标注及含义,并能在零件图中正确标注

5. 了解零件上常见的工艺结构,以便能绘制出符合加工和装配要求的零件图

6. 掌握看零件图的方法和步骤,看懂零件图中的各项内容

任何一台机器(如汽车)或一个部件(如汽车发动机、转向器、化油器等)都是由若干个零件按照一定的装配连接关系和技术要求组装而成的,因此,零件是装配机器或部件的基本单元。将在第8章介绍的柱塞泵是某机器的供油系统,属于部件,它由泵体、柱塞、衬套、填料压盖、管接头、螺母、垫圈、螺柱、垫片、填料、上阀瓣、下阀瓣等14种零件组装而成,这些零件在机器中都有它必不可少的作用。

零件图就是表示单个零件的结构形状、尺寸大小和技术要求的图样。制造机器时,先根据零件图制造出全部零件,再按装配图要求将零件装配成机器或部件,因此在实际生产中,零件图是一份重要的技术文件,也是指导零件加工制造和检验的重要依据。

7.1 零件的分类

根据零件标准化程度的不同,一般可将零件分为三类:

(1) 标准件。这类零件在机器或部件中主要起连接、支承、密封等作用,其结构形状和尺寸等全部制订了标准,如螺栓、螺柱、螺钉、螺母、垫圈、键、销、轴承、密封圈、螺塞等。标准件有规定的画法,通常不必画出其零件图,只需根据需要标注出它们的规定标记即可。需要时可直接按标记到生产厂家或商店购买。

（2）常用零件。这类零件在机器或部件中起传递动力和运动的作用,在实际生产中被广泛应用,如齿轮、皮带轮、蜗轮、蜗杆、弹簧等。传动零件有部分结构的参数经过标准化,如齿轮模数、齿形、皮带轮轮缘等,且各部分尺寸之间有一定的联系,并有规定的画法,一般要画出它们的零件图。

（3）一般零件。除了标准件和常用件以外,其他零件都属于一般零件,如第 8 章中柱塞泵的泵体、柱塞、衬套、填料压盖、管接头、上阀瓣、下阀瓣等。这类零件的结构形状和尺寸大小是根据它在机器或部件中的作用和制造工艺要求进行设计的。根据它们的结构特点,一般零件又可分为轴套类、盘盖类、箱体类和叉架类四类典型零件。这类零件需要根据设计要求和工艺要求画出它们的零件图。

7.2 零件图的内容

一张完整的零件图(图 7-1)通常应包括以下四方面的基本内容。

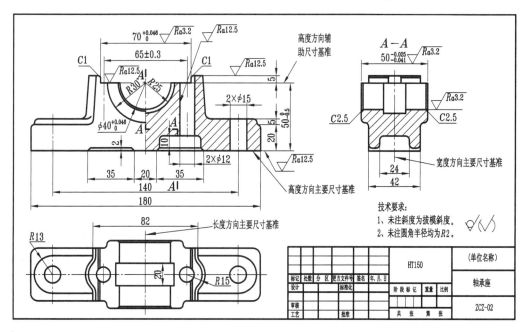

图 7-1 轴承座的零件图

1. 一组图形

在零件图中,用适当的视图、剖视图及其他表达方法,将零件的内、外结构形状正确、完整、简明、清晰地表达出来。如图 7-1 所示的轴承座零件图,选用了主、俯、左三个基本视图,且主视图采用了半剖视,左视图采用了平行剖切的全剖视图,通过这样的一组图形就完整、清晰地表达了轴承座的内、外结构形状。

2. 完整的尺寸

在零件图中,应标注出能确定零件各部分形状大小及其相对位置的全部尺寸,做到正确、完整、清晰、合理,并能满足制造、工艺、检验、装配等方面的要求。如图 7-1 所示,标注了确定轴承座各部分形状大小和相对位置关系的全部尺寸,即提供制造和检验零件所需的全部尺寸。

3. 技术要求

在零件图中,用规定的文字、代(符)号、数字等标注说明零件在制造、检验或装配等过程中应达到的各项技术指标和要求,如表面粗糙度、尺寸公差、几何公差、热处理、表面处理及其他要求等。例如,图 7-1 标注出了表面粗糙度、尺寸公差等技术要求,并在标题栏上方作了几点文字说明。

4. 标题栏

在零件图的适当地方(图 7-1 中右下角),绘制标准的标题栏,并应按规定的表格内容填写零件的名称、图号、材料、数量、重量、绘图比例、单位名称,以及设计、制图、审核等人员的签名和日期。

7.3 零件图的表达分析

生产上要求用最简明的表达方案,将零件的全部结构形状正确、完整、清晰地表达出来。因此,在绘制零件图时,必须根据零件的结构特点、工作位置和加工方法,以及看图和画图的方便等因素全面考虑,恰当地选用视图、剖视图、断面图及其他表达方法。

7.3.1 零件表达方案的选择

1. 主视图的选择

主视图是表达零件最主要的一个视图,是零件图的核心。因此,主视图选择是否合理将直接影响零件图的表达效果。通常,在选择主视图时,首先必须考虑下面两个问题。

(1) 零件的安放位置。零件的安放位置应尽量符合零件的主要加工位置和工作位置。

加工位置就是零件在机床上加工时的装夹位置。零件的每道加工工序都有一定的加工位置,因此,在选择主视图时,应尽量使它的摆放与零件的主要加工位置一致。例如,轴、套、轮和圆盘等类零件,因为加工位置比较单一,主要是在车床和磨床上进行加工,其轴线为水平状态。为了使工人在加工时便于对照实物看图,这类零件主视图的安放位置一般与加工位置相一致,即轴线为侧垂线,并将车削加工量较多的一头放在右边,如图 7-2 所示。

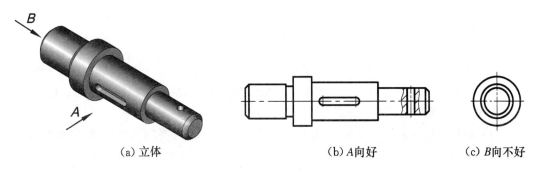

(a) 立体　　　　　　　　　　(b) A 向好　　　　　　　　(c) B 向不好

图 7-2　轴的主视图选择

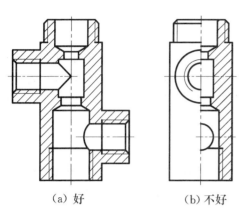

（a）好　　　　　　（b）不好

图 7-3　阀体主视图的选择

工作位置就是零件安装在机器或部件中工作时的位置。选择主视图时，应尽量使它的摆放与零件的工作位置一致。例如，支座、箱体、叉架等类零件的结构形状一般比较复杂，在加工不同的表面时，其加工位置往往也不同，这样就不能按其中某一加工位置来放置了。为了便于对照装配图来绘制和阅读零件图，这类零件的主视图一般按工作位置安放，如图 7-3 所示。如果零件的工作位置是倾斜的，或者工作时零件在运动，其位置在不断变化，如手柄类，则习惯上将零件摆正，使尽量多的表面平行或垂直于基本投影面。

（2）主视图的投射方向。主视图的投射方向应尽量选择在最能明显反映零件结构形状特征及各形体间相对位置的方向，同时，还要使其他视图的虚线最少。这样，在看零件图时，就能比较容易从主视图看出零件的主要结构形状。如图 7-2 所示的轴，以 A 向作主视图的投射方向，能明显反映轴上的键槽、退刀槽等部位的结构形状，而 B 向作主视图的投射方向则明显不好；图 7-3 所示的阀体中，图 7-3(a) 作为主视图能清楚地将两边的管接头表示出来，而图 7-3(b) 不能表现其结构特征，则不能作为主视图；又如图 7-4 所示的压板，选择 A 向作主视图的投射方向，能较明显地反映压板的弯曲特征和两个小孔的分布情况，如图 7-4(b) 所示，如以 B 向作主视图的投射方向，虽符合工作位置，但不能反映零件的形状特征，如图 7-4(a) 所示；又如图 7-5 所示的支架，图 7-5(a)、(b) 虽然都符合工作位置，但图 7-5(b) 的左视图虚线较多，不如图 7-5(a) 的投射方向好。

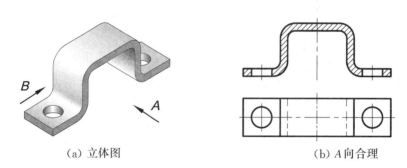

（a）立体图　　　　　　　　　　　（b）A 向合理

图 7-4　压板

2. 其他视图的选择

为了进一步将零件的内外结构形状表达完整、清晰，在主视图选定以后，就要根据零件的结构特点和复杂程度，确定是否要增加视图、增加几个视图、采用什么样的表达方法。一般情况下，选择其他视图应注意以下几个问题：

（1）根据零件的复杂程度和内、外结构特点全面考虑所需要的其他视图，使每个视图都有一个表达的重点。

（2）在完整、清晰地表达零件结构形状的前提下，所选用的视图数量要尽可能少，并

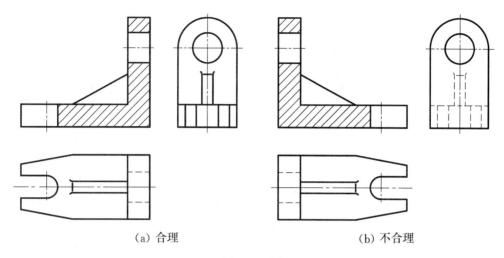

（a）合理　　　　　　　　　　（b）不合理

图 7-5　支架

避免重复。

（3）要充分合理地利用图幅，做到布图匀称，图样清晰、美观。

对于结构比较简单的零件，如图 7-6 所示的轴套，各部分都是由回转体所组成的，如果在主视图上加注直径和足够的尺寸，那么仅用一个视图就能把该零件表达清楚了，不必增加其他视图。但是，对于大多数零件来讲，仅用一个主视图是不能完全表达清楚的，还需要增加其他视图才行。对于结构形状比较复杂的零件，就要根据零件的内、外结构形状，进行多种方案的比较，用最少的视图，最小的绘图量，把零件的内外结构完整、清晰地表达出来。例如，将图 7-7 中支承座的两个表达方案进行比较，图 7-7（b）的方案表达清晰，作图简单，较为合理。因为支承座的主要

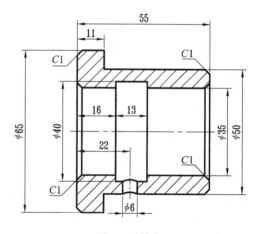

图 7-6　轴套

结构形状已在主、俯两个视图中表示清楚了，仅局部结构未能表达出来，为此，只用 A 向局部视图即可。如果采用图 7-7（a）的方案，左视图中除将凸台形状表达清楚外，其他结构均为重复表达，从而增加了绘图量。

总之，在选择零件的表达方案时要目的明确、重点突出，达到视图完整、清晰、数量适当的要求，做到既便于看图，又便于绘图。

7.3.2　零件的表达分析

在考虑零件的表达方案之前，必须先了解零件上各部分结构的作用和要求。在表达零件时应优先采用基本视图及在基本视图上作的剖视图，采用局部视图或斜视图时应尽可能按投影关系配置，并配置在有关视图附近。下面分别以轴套类、盘盖类、叉架类和箱

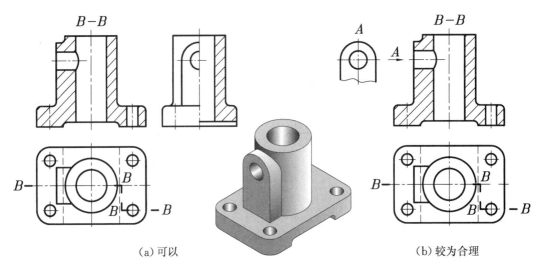

(a) 可以　　　　　　　　　　　　　　　(b) 较为合理

图 7-7　支承座的视图选择

体类零件来分析一般零件在实际生产中是如何表达的。

1. 轴套类零件的表达分析

轴套类零件通常在机器中起支承和传递动力的作用，它们的基本形状大多为同轴回转体，主要是在车床和磨床上加工。因此，轴套类零件的主视图的投射方向选在与轴线垂直的方向，将轴线按加工位置水平放置并把直径较小的一端放在右边。这类零件一般只用一个基本视图，再辅以适当的断面图、局部剖视图、局部视图或局部放大图等其他表达方法将键槽、退刀槽及其他未表达清楚的结构表达出来。

图 7-8 所示是转子泵泵轴的零件图，它主要是在车床和磨床上加工的。为了加工时看图直观、方便，将轴线水平放置，主视图的投射方向与轴线垂直。因泵轴的主要形状是同轴的回转体，采用一个主视图既可把各段回转体的形状大小及相对位置反映出来，又能反映出轴肩、退刀槽、砂轮越程槽、倒角等结构，同时将平键键槽转向正前方，还可反映出平键键槽的形状和位置。左边的销孔用局部剖表示出来，然后采用移出断面反映轴上键槽的深度及销孔的直径，轴上的螺纹退刀槽、砂轮越程槽用局部放大图更清晰地表示出来。

如图 7-9 所示的轴套，其内部结构比较复杂，外部结构较简单，主视图采用全剖视图来表达，增加一个移出断面，表示左段的上、下两个平面结构。

2. 盘盖类零件的表达分析

盘盖类零件一般是指机器上的端盖、压盖、法兰盘、手轮、皮带轮、齿轮等。这类零件在机器中主要起支承、密封或传递动力等作用，其主体结构是扁平状同轴回转体或其他平板形体，且厚度方向的尺寸比其他两个方向的尺寸小。同轴回转体主要是在车床上加工的，零件上常有一些孔、槽、肋和轮辐等结构，这些零件通常是按加工位置将轴线水平放置，用垂直于轴线的方向作为主视图的投射方向。对于直径较大或基本形状不是回转体的零件，这时则按其工作位置放置。

盘盖类零件一般要选用两个基本视图，并按其结构形状的需要，采用适当的剖视，对

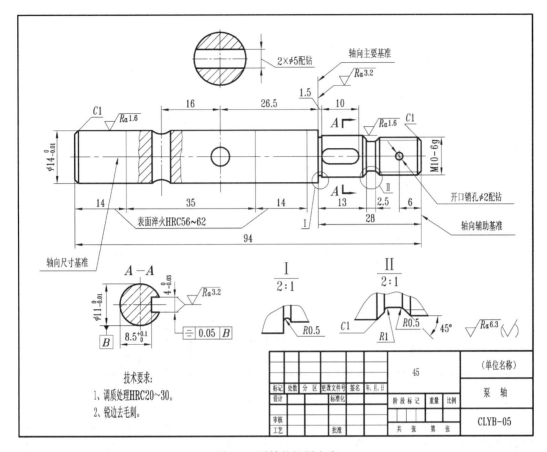

图 7-8　泵轴的视图方案

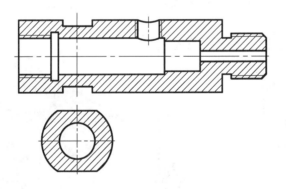

图 7-9　轴套的视图方案

某些细部结构可用局部放大图等方法来表示清楚。

　　图 7-10 所示是端盖的零件图,其基本形状是扁平状的同轴回转体。主视图是根据端盖的加工位置(也符合工作位置)将轴线水平放置,用垂直于轴线的方向作为主视图的投射方向。为了表达端盖的轴孔和安装孔的内部形状,主视图采用全剖视,并且在左视图上清晰地反映出六个安装孔和两个螺孔的位置。

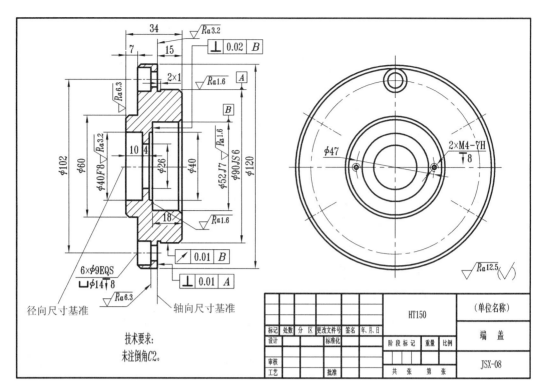

图 7-10　端盖的视图方案

图 7-11 中的减速箱视孔盖基本上是一个平板型零件。主视图是按照视孔盖的安装位置放置,为了表达视孔盖厚度的变化和加油孔、螺孔的内部形状,主视图采用全剖视图。俯视图采用对称结构的简化画法表示了视孔盖的外形和加油孔、凸台、沉孔、螺孔等结构的形状与位置。此外,采用 $A-A$ 局部剖视图表达了沉孔的深度。

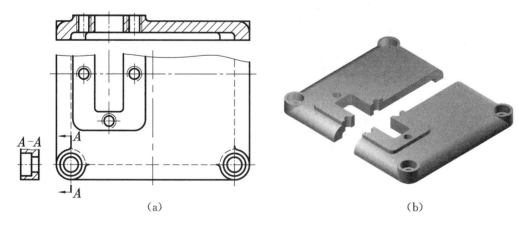

(a)　　　　　　　　　　　　　　　　　　　　(b)

图 7-11　视孔盖的视图方案

图 7-12 所示是车床尾架上的手轮,为盘盖类中比较复杂的一种,它由轮毂、轮辐和轮缘三部分组成,轮毂和轮缘不在同一平面上,中间用三根互成 $120°$ 均布的轮辐相连。其中一根轮辐和轮缘连接处有凹坑和通孔用于装配手柄杆。手轮中心的轴孔和键槽

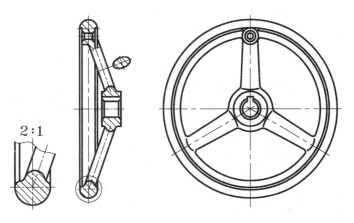

图 7-12　手轮的视图方案

与丝杆相连。该零件主要是在车床上加工,绘图时通常是根据加工位置将轴线水平放置,主视图采用全剖视图表达手轮的厚度和轮毂、轮缘、轮辐的相对位置,左视图表示轮廓形状和轮辐分布。轮辐的截面形状(椭圆)用移出断面表示。一共采用了两个基本视图、一个局部放大图和一个断面图。

3. 叉架类零件的表达分析

叉架类零件在机器中一般起支承、连接、操纵、调节等作用,其结构形状也比较复杂,常见的有连杆、拨叉、支架、摇杆等。在选择主视图时,一般按工作位置放置,其形状特征、主要结构之间的相对位置都是我们选择主视图投射方向的主要依据。叉架类零件通常采用两个基本视图,再辅以斜视图、局部视图、断面图等形式来表达。

图 7-13 所示是拨叉的零件图,它以其工作位置放置,主视图反映了拨叉的主要形状特征;左视图采用相交剖切的全剖视图来反映各部位厚度及其相对位置;另外用 B 向局部视图和两个移出断面、一个重合断面表达出拨叉后方及肋板等细部结构。

4. 箱体类零件的表达分析

箱体类零件在机器中是用来支承、包容、保护运动零件或其他零件的,如减速箱箱体、泵体、轴承座、阀体等都属于箱体类零件。这类零件的结构形状很复杂,加工方式各异,因此,在选择主视图时,一般按工作位置放置。主视图的投射方向可根据其结构特点,选在最能反映其形状特征、主要结构及结构之间的相对位置,且其他视图虚线最少的方向。通常采用三个或三个以上的基本视图,并适当运用剖视、断面、局部视图等多种形式进行进一步的表达。

图 7-1 所示是轴承座的零件图,按工作位置摆放来选择主视图的投射方向。该零件左右、前后对称,其主视图采用半剖的形式,以表达轴承座半圆柱孔、顶面凹槽、底面凹槽的相对位置和形状,左右连接板和凸台的高度,孔的穿通状态;俯视图表达了各孔的位置、连接板和凸台的形状;采用平行剖切获得的左视图主要表达了上方半圆柱孔和下方凹槽的结构与位置。

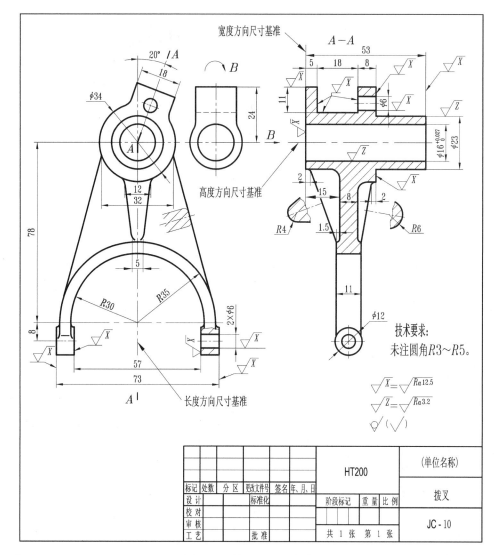

图 7-13 拨叉的视图方案

7.4 零件图上的尺寸标注

零件图上的尺寸是零件加工、检验的重要依据,零件图上的尺寸标注得不合理,不仅使加工工艺复杂,甚至会造成零件的报废。因此,零件图上的尺寸标注除了要求正确、完整和清晰外,还应考虑其合理性,即满足设计要求和便于加工测量,符合生产实际。这就要求设计人员对零件的作用、加工制造工艺及各种加工设备都有所了解,并按实际生产要求合理地标注尺寸。本节主要介绍合理标注尺寸的基本知识。

7.4.1 正确选择尺寸基准

尺寸标注是否合理,关键在于是否正确地选择了尺寸基准。尺寸基准就是标注尺寸的起点,一般分为设计基准和工艺基准。

设计基准是根据设计要求用以确定零件在机器或部件中相对位置的基准,在零件的尺寸标注中通常作为主要基准;工艺基准是根据零件在加工、测量等方面的要求所确定的基准,在零件的尺寸标注中通常作为辅助基准。

每个零件在长、宽、高三个方向上必须有一个主要尺寸基准,有时为了满足设计、加工、测量上的要求,还要附加一些辅助基准,这些辅助基准与主要基准之间必须有一个尺寸联系。

在标注零件的尺寸时,零件的尺寸基准通常选择在:零件的对称面、装配结合面(重要的支承面、安装面、底面和端面等)及零件上主要回转面的轴线。下面以轴承座为例,说明尺寸基准的选择。

在图 7-14 所示的尺寸标注中,考虑到一根轴通常要用两个轴承,那么两个轴孔应在同一轴线上。因此,在标注轴承孔高度方向的定位尺寸时,应以底面 A 为基准,以保证轴承孔到底面的高度,见主视图中的尺寸 40±0.02。其他高度方向的尺寸 58、12、10 均以 A 面为基准。

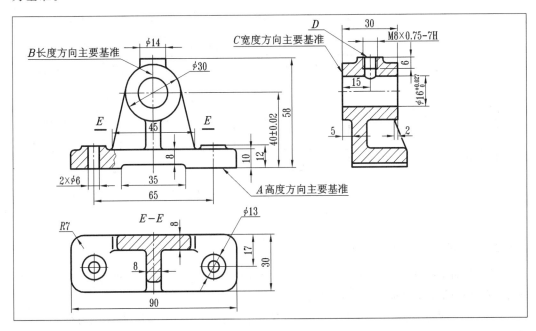

图 7-14 轴承座的尺寸基准

从图 7-14 中可看出,轴承座是左右对称结构,因此,在标注底板上两孔的定位尺寸时,长度方向应以底板的对称平面 B 为基准,以保证底板上两孔之间的距离对轴孔的对称关系,见主视图中的尺寸 65。根据安装要求,轴承座上的轴是以轴承的后端面定位的,因此,宽度方向上以后端面 C 为基准。

底面 A,对称面 B 和后端面 C 都是满足设计要求的基准,是设计基准。

轴承座上部螺孔 M8×0.75−7H 的深度尺寸,若以轴承座底面 A 为基准标注,就不易测量。这时应以凸台端面 D 为基准,标注出尺寸 6,这样测量起来就比较方便,所以平面 D 是工艺基准。

因此,在图 7-14 中,长度方向的主要基准为对称面 B,宽度方向的主要基准为后端面 C,高度方向的主要基准为底面 A,在高度方向还有一个辅助基准 D,两者之间用尺寸 58 联系起来。

7.4.2　合理标注尺寸时应注意的问题

1. 重要尺寸必须直接标注

影响产品工作性能和装配技术要求的尺寸,称为重要尺寸。为了保证零件质量,避免不必要的尺寸换算和误差积累,重要尺寸必须从设计要求出发直接标注。

图 7-15(a)表示 Ⅰ、Ⅱ 两个零件装配在一起的情形,设计时要求左右不能松动,右端面平齐。在标注这两个零件长度方向尺寸时,应如图 7-15(b)所示。其中因为尺寸 B 为两零件的配合尺寸,要求较高,应直接注出。尺寸 C 为保证其右端面平齐,必须从同一基准出发,这样才能满足设计要求。图 7-15(c)、(d)中的注法均不能保证尺寸 B 的配合要求及右端面的准确对齐。

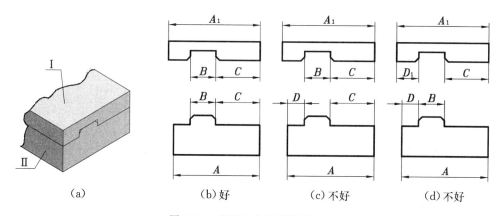

图 7-15　重要尺寸必须直接注出

2. 非重要尺寸的标注要符合工艺要求

(1) 按加工顺序标注尺寸。图 7-16(a)所示的阶梯轴,其加工顺序如图 7-16(b)～(f)所示,所以它的尺寸应按图 7-16(a)标注。

(2) 考虑测量方便。如图 7-17 所示的套筒中,图 7-17(a)中的尺寸 A 不方便测量,若改注图 7-17(b)中的尺寸 B,测量起来就方便多了。

(3) 避免注成封闭的尺寸链。在同一方向按一定顺序依次首尾连接起来的尺寸标注形式称尺寸链。如图 7-18 所示的阶梯轴,在图 7-18(a)中,轴长度方向的尺寸 a、b、c、d 首尾相连,构成封闭的尺寸链,这种情况应当避免。因为每个尺寸都是尺寸链中的一环,尺寸链中任一环的尺寸公差都是各环尺寸误差之和。因此,这样标注往往使加工难以保证设计上的精度要求。若要保证尺寸 a 的精度要求,就要提高尺寸 b、c、d 每一段尺寸的精度,这将增加加工成本。所以,在几个连续尺寸构成的尺寸链中,应当挑选一个不重要的尺寸空出不注,使尺寸误差累积在这个不重要的尺寸上,如图 7-18(b)中,将尺寸 c 空出不标就避免了尺寸链的封闭,从而保证了尺寸精度,也使加工容易,降低加工成本。

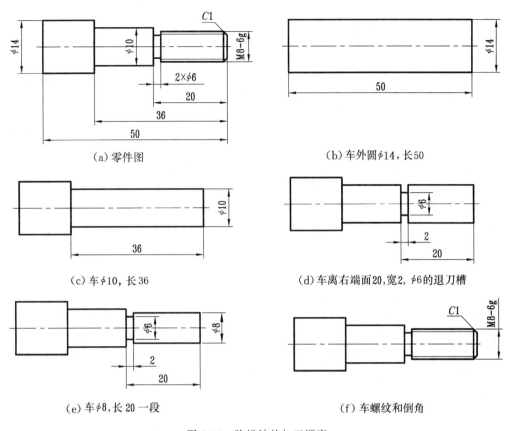

(a) 零件图　　　　　　　　　　　　　(b) 车外圆φ14，长50

(c) 车φ10，长36　　　　　　　　(d) 车离右端面20，宽2，φ6的退刀槽

(e) 车φ8，长20一段　　　　　　　　(f) 车螺纹和倒角

图 7-16　阶梯轴的加工顺序

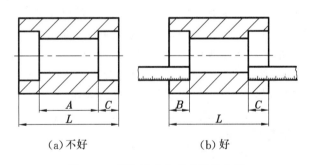

(a) 不好　　　　　　　　(b) 好

图 7-17　标注尺寸应考虑测量方便

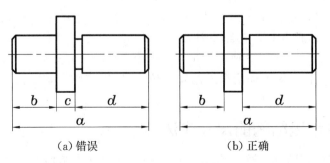

(a) 错误　　　　　　　　(b) 正确

图 7-18　避免注成封闭尺寸链

7.4.3 零件尺寸标注举例

1. 轴套类

轴套类零件,基本形体是同轴回转体,大多是在车床上加工的,因此对于这类零件,只需要径向和轴向两个主要基准。例如,图 7-8 中的泵轴,为了转动平稳,各段圆柱均要求在同一轴线上,因此径向设计基准就是轴线。同时由于加工时轴端用顶尖支承,轴线也是径向工艺基准,这时径向工艺基准与设计基准重合,如图 7-8 中标出的尺寸 $\phi14_{-0.01}^{\ 0}$、$\phi11_{-0.01}^{\ 0}$、M10-6g 等都是以轴线为基准的。为了保证其他零件的轴向定位,轴向尺寸基准往往选用轴肩或重要端面等。在图 7-8 中,为了使齿轮准确定位,选用紧靠传动齿轮的轴肩作为轴向主要基准,即设计基准,由尺寸 26.5 决定左销孔的位置,尺寸 13 决定螺纹左端的轴肩。为了测量开口销孔 $\phi2$ 的位置,以右端面为辅助基准,标出尺寸 6,所以右端面是工艺基准。两基准之间用尺寸 28 联系。

2. 盘盖类

盘盖类零件,在标注尺寸时,通常选用轴孔的轴线作为径向主要基准。例如,图 7-10 中,主视图中的 $\phi102$、$\phi40F8$、$\phi52J7$、$\phi90JS6$、$\phi120$ 等尺寸就是以轴孔 $\phi40F8$ 的轴线为设计基准的,它也是径向的主要基准,因为端盖安装是将右端 $\phi90JS6$ 装入箱体孔中,直至 $\phi120$ 右端面与箱体表面接触,因此,长度方向应以 $\phi120$ 右端面为轴向主要基准,标出 15、18、2×1 等尺寸。但为了加工测量方便,选择 $\phi60$ 左端面为辅助基准,标出 7、10、4 等,两基准以 15、34 联系起来。

3. 箱体类

箱体类零件的结构比较复杂,在标注尺寸时,通常选择设计上有要求的轴线、重要安装面、接触面或者对称面为主要基准。例如,图 7-1 所示的轴承座,其结构具有左右对称的特性,所以在长度方向上应以左右对称面为主要基准,标出定形尺寸 180、定位尺寸 65 ± 0.3、140 等;在宽度方向上,因轴承座前后对称,所以应以该对称面为宽度方向的尺寸基准,注出各部分的定形尺寸与定位尺寸 $50_{-0.041}^{-0.025}$、24、42 和 20 等;在高度方向上,由于轴承座以底板下表面为安装面,则以底板安装面为主要基准,同时考虑到加工和测量方便及准确定位,选择上凹槽底面(半圆柱孔的轴线在此平面上)为辅助基准,两者相距 $50_{-0.5}^{\ 0}$,并将凹槽的深度直接注出。

4. 叉架类

叉架类零件在标注尺寸时,通常选用安装基面或零件的对称面作为主要基准。例如,图7-13所示的拨叉,其左右结构基本对称,因此,在长度方向上应选用通过主轴孔 $\phi16_{\ 0}^{+0.027}$ 轴线的对称面为主要基准,标注出 57、73、32、12 等尺寸;因拨叉是以后端面为接触面,在宽度方向上,应选用主轴孔 $\phi16_{\ 0}^{+0.027}$ 的后端面作为主要基准,标注出 5、53、2、15 等尺寸;在高度方向上,为了保证拨叉的安装位置,应以主轴孔轴线为主要基准,标注出 $\phi16_{\ 0}^{+0.027}$、$\phi23$、$\phi34$、78 等尺寸。

7.4.4 零件常见结构的尺寸注法

零件上的键槽、退刀槽、螺孔、销孔、沉孔、中心孔等常见结构的尺寸可按表 7-1 进行标注。

表 7-1　常见结构要素的尺寸注法（GB/T 16675.2—2012）

零件结构类型		标 注 方 法	说 明
螺孔	通孔	3×M6-6H　　3×M6-6H　　3×M6-6H	3×M6 表示大径为 6,有规律分布的三个螺孔。可以旁注,也可以直接注出
	不通孔	3×M6-6H▽10 ▽12　　3×M6-6H▽10 ▽12　　3×M6-6H　10 12	需要注出孔深时,应明确标注孔深尺寸
光孔	一般孔	4×φ5▽10　　4×φ5▽10　　4×φ5　10	4×φ5 表示直径为 5,有规律分布的 4 个光孔。孔深可与孔径连注,也可分开标注
	精加工孔	4×φ5$^{+0.012}_{0}$▽10 ▽12　　4×φ5$^{+0.012}_{0}$▽10 ▽12　　4×φ5$^{+0.012}_{0}$　10 12	光孔深为 12,钻孔后需精加工,深度为 10
	锥销孔	锥销孔φ5 装配时作　　锥销孔φ5 装配时作	φ5 为与锥销孔相配的圆锥销小头直径。锥销孔通常是相邻两零件装配后一起加工的
沉孔	锥形沉孔	6×φ7 ∨φ13×90°　　6×φ7 ∨φ13×90°　　90° φ13 6×φ7	6×φ7 表示直径为 7 有规律分布的 6 个孔。锥形部分尺寸可以旁注,也可直接注出

零件结构类型		标 注 方 法	说 明
沉孔	柱形沉孔		$4\times\phi6$ 的意义同上。柱形沉孔的直径为 10,深度为 3.5,均需注出
	锪平面		锪平面 $\phi16$ 的深度不需标注,一般锪平到不出现毛面为止
键槽	平键键槽		标注 $D{-}t$ 便于测量
	半圆键键槽		标注直径便于选择铣刀,标注 $D{-}t$ 便于测量
锥轴与锥孔			当锥度要求不高时,这样标注便于制造木模
			当锥度要求准确并为保证一端直径尺寸时的标注形式
退刀槽及砂轮越程槽			为便于选择槽刀,退刀槽宽度应直接注出。直径 D 可直接注出,也可注出切入深度 a

零件结构类型	标注方法	说明
倒角	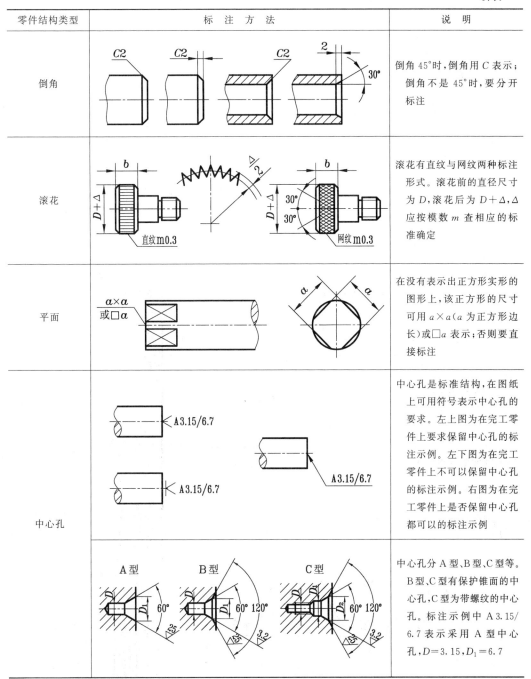	倒角45°时,倒角用C表示;倒角不是45°时,要分开标注
滚花		滚花有直纹与网纹两种标注形式。滚花前的直径尺寸为D,滚花后为$D+\Delta$,Δ应按模数m查相应的标准确定
平面		在没有表示出正方形实形的图形上,该正方形的尺寸可用$a\times a$(a为正方形边长)或$\square a$表示;否则要直接标注
中心孔		中心孔是标准结构,在图纸上可用符号表示中心孔的要求。左上图为在完工零件上要求保留中心孔的标注示例。左下图为在完工零件上不可以保留中心孔的标注示例。右图为在完工零件上是否保留中心孔都可以的标注示例
		中心孔分A型、B型、C型等。B型、C型有保护锥面的中心孔,C型为带螺纹的中心孔。标注示例中A3.15/6.7表示采用A型中心孔,$D=3.15$,$D_1=6.7$

7.5 零件图的技术要求

零件图上的技术要求涉及的内容很多,主要考虑满足设计要求、工艺要求、装配要求。零件图上常见的技术要求大致有下列几方面内容。

（1）几何精度。包括：①尺寸精度；②表面结构；③几何公差；④结构要素的专用公差。

（2）加工、装配的工艺要求。

（3）产品性能及检测要求。

（4）其他要求。

7.5.1　图样中表面结构的表示法简介

1. 表面结构的术语、定义及评定参数

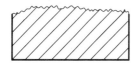

图 7-19　表面粗糙度的概念

零件表面在成形加工时，受材料切削变形、加工刀具磨损和机床振动等因素的影响，零件的实际加工表面存在着微观的高低不平，如图 7-19 所示。度量这种零件表面的高低不平和峰谷起伏所组成的微观几何形状的参数称为表面结构参数。

表面结构是在有限区域上的表面粗糙度、表面波纹度、纹理方向、表面几何形状及表面缺陷等表面特性的总称。它出自几何表面的重复或偶然的偏差，这些偏差形成该表面的三维形貌。

国家标准《产品几何技术规范（GPS）技术产品文件中表面结构的表示法》（GB/T 131—2006）适用于对表面结构有要求的图样表示法，不适用于表面有缺陷（如孔、划痕等）的标注方法。

表面结构的主要评定参数是评定粗糙度轮廓（R 轮廓）的两个高度主参数，分别为 Ra 和 Rz，实际应用中又以 Ra 用得最多。

Ra 是指零件轮廓算术平均偏差。它是在取样长度 L 内，轮廓上各点至基准线距离绝对值的算术平均值，如图 7-20 所示。用公式可表示为

$$Ra = \frac{1}{L} \int_0^L |y(x)| \, \mathrm{d}x$$

或近似表示为 $Ra = \frac{1}{n} \sum_{i=1}^{n} |y_i|$，其中，$n$ 为测点数。

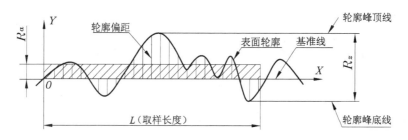

图 7-20　零件表面轮廓曲线和表面结构要求参数

国家标准《产品几何技术规范（GPS）技术产品文件中表面结构的表示法》（GB/T 131—2006）对 Ra 数值作了规定，表 7-2 列出了常用的 Ra 轮廓（粗糙度参数）数值及其对应的加工方法和适用范围。

表 7-2   粗糙度参数 Ra（轮廓算术平均偏差）的数值及其对应的加工方法和适用范围

表面特征		Ra 值/μm	主要加工方法	适用范围
加工面	可见加工刀痕	100,50,25	粗车、粗刨、粗铣	钻孔、倾角、没有要求的自由表面
	微见加工刀痕	12.5,6.3,3.2	精车、精刨、精铣、精磨	接触表面,较精确定心的配合面
	微辨加工痕迹方向	1.6,0.8,0.4	精车、精磨、研磨、抛光	要求精确定心的、重要的配合面
	有光泽面	0.2,0.1,0.05	研磨、超精磨、抛光、镜面磨	高精度、高速运动零件的配合面、重要装饰面
毛坯面			铸、锻、轧制等经表面清理	无须进行加工的表面

表面结构参数是评定零件表面质量的一项重要指标,它对零件的配合性能、耐磨性、抗腐蚀性、接触刚度等都有很重要的影响。机器或部件在工作时对零件各表面的要求不同,因此其表面结构要求也不同。一般情况下,凡是与其他零件相接触的表面,都要经过切削加工。特别是有配合要求或有相对运动的表面,必须具有适当的表面粗糙度轮廓。但粗糙度轮廓高度参数值越小,要求越高,加工成本越高,因此,在满足机器或部件对零件使用要求的前提下,应尽量降低对零件表面粗糙度轮廓的要求。

2. 表面结构的图形符号及含义

图样上表示零件表面结构的图形符号及含义如表 7-3 所示。

表 7-3   标注表面结构的图形符号及含义

符　　号	含　　义
	基本图形符号,对表面结构有要求的图形符号仅用于简化代号标注,没有补充说明时不能单独使用
	表示去除材料的扩展图形符号。例如,用车、铣、磨、剪切、抛光、腐蚀、电火花加工、气割等加工方法获得的表面
	表示不去除材料的扩展图形符号。例如,用铸、锻、冲压变形、热轧、冷轧、粉末冶金等加工方法获得的表面,或保持上道工序形成的表面
	允许任何工艺的完整图形符号。当要求标注表面结构特征的补充信息时,在允许任何工艺图形符号的长边上加一横线。在文本中用文字 APA 表示
	去除材料的完整图形符号。当要求标注表面结构特征的补充信息时,在去除材料图形符号的长边上加一横线。在文本中用文字 MRR 表示
	不去除材料的完整图形符号。当要求标注表面结构特征的补充信息时,在不去除材料图形符号的长边上加一横线。在文本中用文字 NMR 表示

Ra 的代号及意义,如表 7-4 所示。

表 7-4　表面结构要求的代号示例

代号(旧)	代号(新)	意　义
$\overset{3.2}{\bigvee}$	$\sqrt{Ra\,3.2}$	表示用任意加工方法获得的表面,单项上限值,Ra 的最大允许值为 $3.2\,\mu m$。在文档中可表达为 APA:$Ra3.2$
$\overset{3.2}{\bigvee}$	$\sqrt{Ra\,3.2}$	表示用去除材料方法获得的表面,单项上限值,Ra 的最大允许值为 $3.2\,\mu m$。在文档中可表达为 MRR:$Ra3.2$
$\overset{3.2}{\underset{1.6}{\bigvee}}$	$\sqrt{\begin{matrix}Ra\,3.2\\Ra\,1.6\end{matrix}}$	用去除材料方法获得的表面,双项极限值。上限值 Ra 为 $3.2\,\mu m$,下限值 Ra 为 $1.6\,\mu m$。同一参数具有双向极限要求,在不引起歧义的情况下,可以不加 U、L。在文档中可表达为 MRR:$Ra3.2$;$Ra1.6$
$\overset{3}{\bigvee}\,\overset{车}{\sqrt{Rz\,3.2}}$		表示用车削加工,单项上限值,Rz 的最大高度为 $3.2\,\mu m$,加工余量为 $3\,mm$

3. 表面结构完整图形符号的画法及组成

表面结构完整图形符号的画法如图 7-21 所示。

符号线宽为$h/10$
H_1为$\sqrt{2}h$
H_2大于等于$3h$

图 7-21　表面结构完整图形符号的画法

图 7-22　表面结构完整
图形符号组成

为了明确表面结构要求,除了标注表面结构参数和数值外,必要时为了保证表面的功能特征,应对表面结构补充标注不同要求的规定参数。在完整符号中,对表面结构的单一要求和补充要求注写在图 7-22 所示的指定位置。

在图 7-22 中,位置 a—e 分别注写以下内容。

(1)位置 a:注写表面结构单一要求。

(2)位置 a 和 b:注写两个或多个表面结构要求。

(3)位置 c:注写加工方法、表面处理、涂层或其他加工工艺要求等,如车、磨、镀等表面结构。

(4)位置 d:注写所要求的表面纹理和纹理方向。

(5)位置 e:注写加工余量,注写所要求的加工余量,以毫米为单位给出数值。

4. 表面结构标注图例

表面结构标注图例见表 7-5。

表 7-5　表面结构标注图例

符　号	含　义
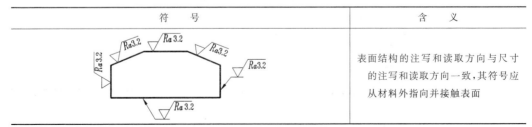	表面结构的注写和读取方向与尺寸的注写和读取方向一致,其符号应从材料外指向并接触表面

符　号	含　义
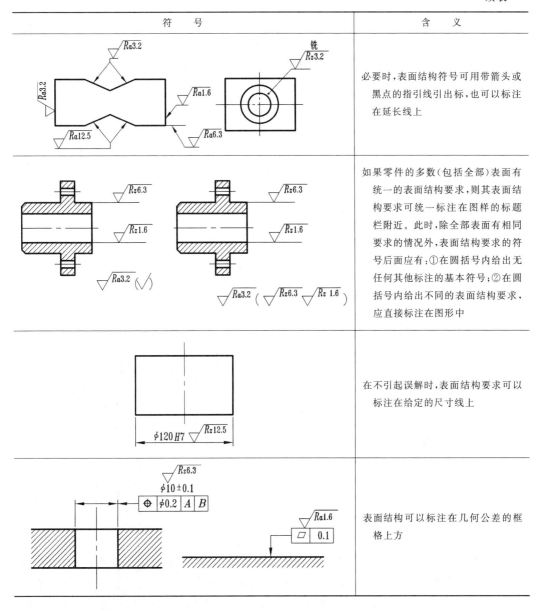	必要时,表面结构符号可用带箭头或黑点的指引线引出标,也可以标注在延长线上
	如果零件的多数(包括全部)表面有统一的表面结构要求,则其表面结构要求可统一标注在图样的标题栏附近。此时,除全部表面有相同要求的情况外,表面结构要求的符号后面应有:①在圆括号内给出无任何其他标注的基本符号;②在圆括号内给出不同的表面结构要求,应直接标注在图形中
	在不引起误解时,表面结构要求可以标注在给定的尺寸线上
	表面结构可以标注在几何公差的框格上方

7.5.2　公差与配合

公差与配合是零件图上的一项重要技术要求,基于以下三个方面的原因,引入了公差与配合的内容:

(1) 由于零件加工制造的需要,必须给尺寸一允许的变动范围。

(2) 零件之间在装配中要求有一个松紧配合。

(3) 零件互换性的要求。

在实际生产中,合理选择公差与配合、几何公差是保证产品质量,提高劳动生产率和降低成本的重要手段之一。

1. 互换性

在实际生产中,如果从一批相同规格的零件或部件中,任取其一(不经挑选或修配),装在机器上便能保证其使用要求,就称这批零件或部件具有互换性。零件具有互换性不仅给机器的装配和维修带来了极大的方便,同时也有利于加工时组织广泛的协作和采用专用设备,进行大规模的专业化生产,从而大大提高生产效率和经济效益。所以,零件的互换性在实际生产中得到广泛应用。

2. 尺寸公差

要保证零件具有互换性,就要求制造的零件尺寸非常准确,但是零件在加工制造过程中,由于种种原因,其尺寸总有一些差别而不可能做到绝对准确。因此为了使零件具有互换性,就必须在满足零件使用要求的前提下,让零件加工的尺寸允许有一个合理的变动范围。这种零件在加工过程中所允许的尺寸变动量称为尺寸公差。下面以图 7-23 中轴的尺寸 $\phi 40\left(^{-0.009}_{-0.034}\right)$ 为例介绍有关尺寸公差的术语和定义。

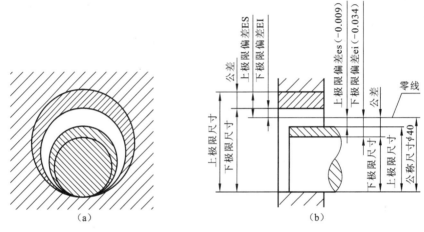

图 7-23　尺寸公差示例

(1) 公称尺寸:设计时所给定的尺寸,如 $\phi 40$。

(2) 实际尺寸:零件加工后,通过测量所得的尺寸。

(3) 极限尺寸:允许尺寸变动的两个界限值,它以公称尺寸为基数来确定。其中较大的一个极限尺寸为上极限尺寸,如 $\phi 39.991$;较小的一个极限尺寸称为下极限尺寸,如 $\phi 39.966$。因此在图 7-23 中,尺寸 $\phi 40\left(^{-0.009}_{-0.034}\right)$ 表示零件加工后实际尺寸在 $\phi 39.966 \sim \phi 39.991$ 为合格尺寸。

(4) 尺寸偏差(简称偏差):某一尺寸减其公称尺寸所得的代数差。上极限尺寸和下极限尺寸减其公称尺寸所得的代数差,分别称为上极限偏差和下极限偏差。国标规定偏差代号:孔的上极限偏差用 ES、下极限偏差用 EI 表示;轴的上、下极限偏差分别用 es 和 ei 表示。在图 7-23(b) 中

$$上极限偏差 \quad es = 39.991 - 40 = -0.009$$
$$下极限偏差 \quad ei = 39.966 - 40 = -0.034$$

上、下极限偏差统称为极限偏差,其数值可以是正、负或零。

(5) 尺寸公差(简称公差):零件在加工时所允许尺寸的变动量。它等于上极限尺寸

与下极限尺寸之差,也等于上极限偏差与下极限偏差之代数差的绝对值,如

$$39.991-39.966=0.025 \quad 或 \quad |-0.009-(-0.034)|=0.025$$

(6)尺寸公差带(简称公差带):由代表上、下极限偏差的两条直线所限定的区域称为公差带,如图7-23(b)所示。为简便起见,在实际应用中,一般用公差带图来表示。

(7)零线:在公差带图中,确定尺寸偏差的一条基准直线,即零偏差线。通常以零线表示公称尺寸,零线之上的偏差值为正,零线之下的偏差值为负,如图7-23(b)所示。

3. 标准公差与公差带

公差带是由"公差带大小"和"公差带位置"这两个要素组成的。"公差带大小"由标准公差确定,"公差带位置"由基本偏差确定,如图7-24所示。

(1)标准公差。标准公差是标准所列的用以确定公差带大小的任一公差。标准公差分20个等级,即IT01、IT0、IT1—IT18。IT表示标准公差,数字表示公差等级,它是反映尺寸精确程度的等级。在公称尺寸相同的情况下,IT01公差最小,精度最高;IT18公差最大,精度最低。不同尺寸的各级标准公差数值可查阅附录中的附表2-1、附表2-2。

(2)基本偏差。基本偏差是标准所列的用以确定公差带相对于零线位置的上极限偏差或下极限偏差,一般指靠近零线的那个偏差。当公差带位于零线上方时,基本偏差为下极限偏差。当公差带位于零线下方时,基本偏差为上极限偏差,如图7-25所示。

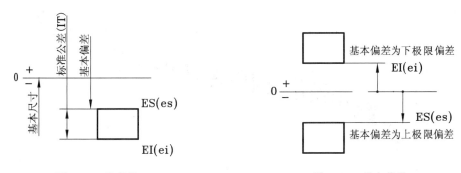

图7-24　公差带　　　　　　　　　图7-25　基本偏差

国家标准《产品几何技术规划(GPS)　极限与配合　第1部分:公差、偏差和配合的基础》(GB/T 1800.1—2009)规定了28个基本偏差,它们的代号用拉丁字母表示,大写字母为孔的基本偏差代号,小写字母为轴的基本偏差代号。基本偏差系列如图7-26所示。从图中可看出,基本偏差只表示了公差带相对零线的不同位置,而不表示公差带的大小,因此,公差带一端是开口的。孔的基本偏差:$A—H$为下极限偏差EI,$J—ZC$为上极限偏差ES,JS对称于零线;轴的基本偏差:$a—h$为上极限偏差es,$j—zc$为下极限偏差ei,js对称于零线。

(3)公差带。孔、轴公差带代号由基本偏差代号与公差等级代号组成。例如,

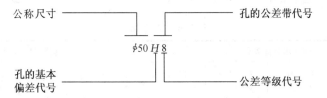

$\phi 50H8$ 表示公称尺寸为 $\phi 50$，公差等级为 8 级，基本偏差代号为 H 的孔。又如

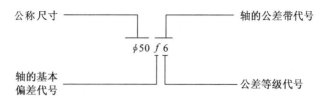

$\phi 50f6$ 表示公称尺寸为 $\phi 50$，公差等级为 6 级，基本偏差代号为 f 的轴。

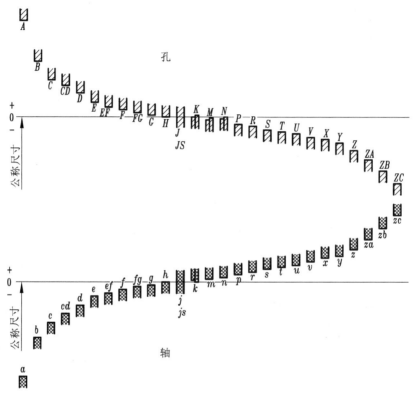

图 7-26　基本偏差系列

4. 配合

（1）配合。公称尺寸相同、相互结合的孔和轴公差带之间的关系，称为配合。这种关系决定了孔与轴结合的松紧程度。机器或部件在工作时有各种不同的要求，因此零件间配合的松紧程度也不一样，国家标准《产品几何技术规范（GPS）　极限与配合　第 1 部分：公差、偏差和配合的基础》（GB/T 1800.1—2009）规定，配合可分为三大类：间隙配合、过盈配合和过渡配合，如表 7-6、表 7-7 所示。

表 7-6　优先配合

配合	基孔制优先配合				基轴制优先配合			
间隙 配合	$\dfrac{H7}{g6}, \dfrac{H7}{h6}$		$\dfrac{H8}{f7}, \dfrac{H8}{h7}$	$\dfrac{H9}{d9}, \dfrac{H9}{h9}$	$\dfrac{H11}{C11}, \dfrac{H11}{h11}$	$\dfrac{G7}{h6}, \dfrac{H7}{h6}$	$\dfrac{F8}{h7}, \dfrac{H8}{h7}$	$\dfrac{D9}{h9}, \dfrac{H9}{h9}$	$\dfrac{C11}{h11}, \dfrac{H11}{h11}$

配合	基孔制优先配合			基轴制优先配合		
过盈配合	$\dfrac{H7}{p6},\dfrac{H7}{s6},\dfrac{H7}{u6}$			$\dfrac{P7}{h6},\dfrac{S7}{h6},\dfrac{U7}{h6}$		
过渡配合	$\dfrac{H7}{k6},\dfrac{H7}{n6}$			$\dfrac{K7}{h6},\dfrac{N7}{h6}$		

表 7-7 配合类型

定义	公差带	举例
间隙配合:孔与轴装配时,孔的实际尺寸大于轴,这种有间隙(包括最小间隙为零)的装配关系称为间隙配合		$\phi 50H7$ 孔与 $\phi 50g6$ 的轴配合 查表:$\phi 50H7(^{+0.025}_{0})$,$\phi 50g6(^{-0.009}_{-0.025})$ 最大间隙为 $0.025-(-0.025)=0.050(\mu m)$ 最小间隙为 $0-(-0.009)=0.009(\mu m)$
过盈配合:孔与轴装配时,孔的实际尺寸小于轴,这种有过盈(包括最小过盈为零)的装配关系称为过盈配合		$\phi 50H7$ 的孔与 $\phi 50p6$ 的轴配合 查表:$\phi 50H7(^{+0.025}_{0})$,$\phi 50p6(^{+0.042}_{+0.026})$ 最大过盈(轴取上极限尺寸,孔取下极限尺寸)0.042(μm) 最小过盈(轴取下极限尺寸,孔取上极限尺寸)0.001(μm)
过渡配合:装配过程中,孔的实际尺寸或大于、或小于、或等于轴,任取其中一对孔与轴相配合,可能具有间隙,也可能具有过盈,这种配合称为过渡配合。此时,孔、轴的公差带相互交叠		$\phi 50H7$ 的孔与 $\phi 50k6$ 的轴配合 查表:$\phi 50H7(^{+0.025}_{0})$,$\phi 50k6(^{+0.018}_{+0.002})$ 最大间隙为:0.023 最大过盈为:0.018

（2）配合制度。因为基本偏差种类繁多,不便于零件的设计与制造,如果将孔与轴之一的基本偏差固定来进行配合,则可简化零件的设计,也使加工容易。因此,国家标准对配合规定了基孔制和基轴制两种基准制。一般情况下优先采用基孔制。

基孔制:基本偏差为一定的孔的公差带,与不同基本偏差的轴的公差带形成各种配合的一种制度称基孔制。基孔制的孔为基准孔,基准孔的基本偏差代号为 H,其下极限偏差为零,如图 7-27(a)所示。

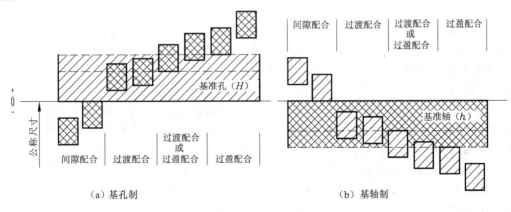

图 7-27 配合制度

基轴制:基本偏差为一定的轴的公差带,与不同基本偏差的孔的公差带形成各种配合的一种制度称基轴制。基轴制的轴为基准轴,基准轴的基本偏差代号为h,其上极限偏差为零,如图7-27(b)所示。

优先、常用配合。国家标准《产品几何技术规范(GPS) 极限与配合 第1部分:公差、偏差和配合的基础》(GB/T 1800.1—2009)在最大限度地满足生产需要的前提下,制订了基孔制和基轴制的优先及常用配合。表7-6为优先配合,常用配合可查阅国家标准或相关手册。

5. 公差与配合在图样上的标注及查表

在装配图和零件图上,凡对公差和配合有要求的尺寸,在公称尺寸后面,应标注公差带代号或偏差数值,如图7-28所示。

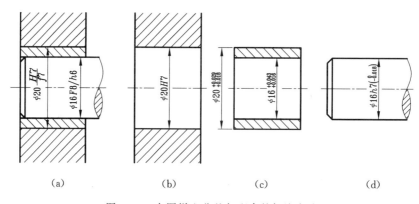

图 7-28 在图样上公差与配合的标注方法

(1) 标注。

在装配图中一般标注配合代号,就是采用分数的形式标注,即在基本尺寸后面,分子表示孔的公差带代号,分母表示轴的公差带代号,如图7-28(a)所示。

在零件图上,一般标注配合部分公差带代号,或极限偏差值,也可两者都注。如图7-28(b)所示,在孔的公称尺寸后面注出公差带代号。如图7-28(c)所示,在孔或轴的公称尺寸后面注出上、下极限偏差数值。在轴的公称尺寸后面注出公差带代号和偏差数值,偏差数值要注在括号里,如图7-28(d)所示。

在零件图上标注偏差数值时,上极限偏差应注在公称尺寸的右上方,下极限偏差应与公称尺寸注在同一底线上;上、下极限偏差的小数点必须对齐,小数点后的位数也必须相同;当上极限偏差或下极限偏差为零时,把数字"0"标出,并与下极限偏差或上极限偏差的小数点前的个位数对齐,偏差值要用比公称尺寸数字小一号字体书写;当两个偏差相同时,偏差数值只注写一次,但应在偏差与公称尺寸之间注出"±"符号,并且与公称尺寸数字高度相同。

(2) 查表。当轴和孔的公称尺寸和公差带代号确定之后,便可从附录中附表2-1或附表2-2中,分别查出对应的上极限偏差和下极限偏差数值。表中所列数值的单位为微米,标注时应将单位换算成毫米,即 $1\ \mu m = 1/1000\ mm$。

例7.1 孔 $\phi 40 H8$

在附表2-2中查孔的极限偏差表,在基本尺寸 $30 \sim 40$ 行中与公差带 $H8$ 列得 $^{+39}_{0}\ \mu m$,即得孔 $\phi 40^{+0.039}_{0}$。

例 7.2　轴 $\phi40h7$

在附表 2-1 中查轴的极限偏差表,在基本尺寸 30～40 行中与公差带 $h7$ 列得 $_{-25}^{\ 0}\mu m$,即得轴 $\phi40_{-0.025}^{\ \ 0}$。

例 7.3　孔和轴配合 $\phi20H7/p6$,可分别查孔的极限偏差 $\phi20H7$ 和轴的极限偏差 $\phi20p6$,得

$$\text{孔:}\ \phi20H7\left(_{\ 0}^{+0.021}\right)\qquad\text{轴:}\ \phi20p6\left(_{+0.022}^{+0.035}\right)$$

7.5.3　几何公差

几何公差是指零件的实际形状和实际位置对理想形状和理想位置的允许变动量。机器中某些精确程度高的零件,不仅需要保证其尺寸公差,而且还要保证其形状和位置的准确性,这样才能满足零件的使用要求和装配互换性,所以几何公差和尺寸公差、表面粗糙度等一样,也是评定产品质量的一项重要指标。国家标准《产品几何技术规范(GPS)几何公差形状、方向、位置和跳动公差标注》(GB/T 1182—2008)中与老标准的对比如表 7-8 所示。

表 7-8　新旧标准名词的变化

新标准	旧标准
几何公差	形状和位置公差
导出要素	中心要素
组成要素	轮廓要素
提取要素	测得要素

1. 几何公差特征项目符号及其标注

(1) 几何公差特征项目符号。

根据国家标准 GB/T 1182—2008 规定的几何公差特征项目符号如表 7-9 所示。在实际生产中,当无法用代号标注几何公差时,允许在技术要求中用文字说明。

表 7-9　几何公差特征项目符号

公差类型	几何特征	符　号	有无基准
形状公差	直线度	一	无
	平面度	▱	无
	圆　度	○	无
	圆柱度	⌀	无
	线轮廓度	⌒	无
	面轮廓度	◠	无
方向公差	平行度	∥	有
	垂直度	⊥	有
	倾斜度	∠	有
	线轮廓度	⌒	有
	面轮廓度	◠	有

公差类型	几何特征	符　号	有 无 基 准
位置公差	位置度	⊕	有或无
	同心度（用于中心点）	◎	有
	同轴度（用于轴线）	◎	有
	对称度	≡	有
	线轮廓度	⌒	有
	面轮廓度	◠	有
跳动公差	圆跳动	↗	有
	全跳动	⋰	有

（2）几何公差的标注方法。

首先，介绍被测要素的标注方法。对被测要素的形位精度要求，采用框格代号标注，只有在无法采用公差框格标注（例如，现有的公差项目无法表达，或者采用框格代号标注过于复杂）时，才允许用文字说明对形位精度的要求。

公差框格有两格、三格、四格和五格等多种形式。按规定，从框格的左边起，第一格填写公差项目符号，第二格填写公差值，从第三格起填写代表基准的字母。图 7-29（a）为两格的填写方法示例，图 7-29（b）为五格的填写示例，其中基准字母 A、B、C 依次表示第一、第二、第三基准。必须指出：基准的顺序并非一定按字母在字母表中的顺序，而是按字母在公差框格中的顺序来区分。

（a）两格填写方法　　　　（b）五格填写方法

图 7-29　公差框格填写示例

公差框格用细实线画出，公差框格可画成水平的或垂直的，用指引线把公差框格与有关的被测要素联系起来，指引线可以从框格的左端或右端引出，必须垂直于框格，而引向被测要素时可以弯折，但不得多于两次，应用示例如图 7-30 所示。

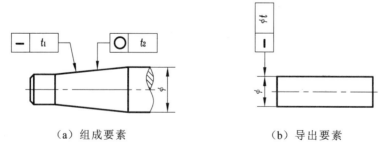

（a）组成要素　　　　　　　（b）导出要素

图 7-30　公差框格指引线应用示例

指引线的箭头引向被测要素时，必须注意：区分被测要素是组成要素还是导出要素。当被测要素为组成要素时，箭头指在可见轮廓线上，或其延长线上，见图 7-30（a）；当被测要素为导出要素时，指引线的箭头应与该要素的尺寸线对齐，见图 7-30（b）。区分指引线的箭头指向是公差带宽度方向还是直径方向。指引线的箭头指向公差带的宽度方向时，如图7-30(a)所示，几何公差值只注数字；指引线的箭头指向公差带的直径方向时，如图7-30(b)所示，几何公差值前加注"ϕ"；若公差带为球面，则在几何公差值前加注"Sϕ"。

然后，介绍基准要素的标注方法。

对于有方向或位置要求的要素，在图样上必须用基准代号表示被测要素与基准要素之间的关系。基准符号为一空心或涂黑三角形，基准代号由基准符号、方框、连线和相应的字母组成，并且字母应水平书写，如图7-31所示。

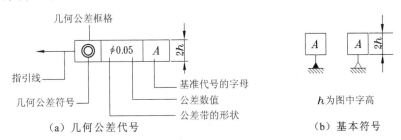

（a）几何公差代号　　　　　　　　　　　　　（b）基本符号

图7-31　组成要素的基准代号注法

标注基准代号时，也应区分基准要素是组成要素还是导出要素。当基准要素为组成要素时，基准符号应紧靠组成要素或其延长线(图7-31)。当基准要素为导出要素时，基准符号的连线应与该要素的尺寸线对齐[图7-32(a)]。基准代号也可注在引出线下[图7-32(b)]或公差框格下[图7-32(c)]。

（a）中心要素注法　　　　（b）基准代号注在引出线下　　　（c）基准代号注在公差框格下

图7-32　基准代号注法

最后，介绍几何公差的简化标注方法。为了减少图样上公差框格的数量，简化绘图工作，在保证读图方便和不引起误解的前提下，可以简化标注方法。例如，同一要素有多项几何公差要求时，可将公差框格重叠绘出，只用一条指引线引向被测要素，如图7-33表示对端面有圆跳动要求，同时又有平面度要求。

不同要素有同一公差项目要求，且公差值相同，这时可用一个公差框格，由各指引线分别引向各被测要素，图7-34四个端面圆跳动的公差值都是0.06 mm。

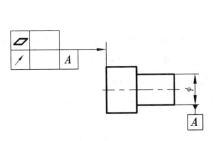

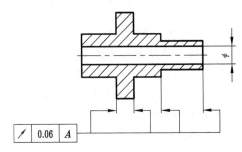

图7-33　同一要素有多项几何公差项目要求标注　　　图7-34　不同要素有同一公差项目要求标注

2. 几何公差的标注示例

图 7-35 表示轴套零件图上标注几何公差的实例。图中标有六个几何公差,现分别说明如下:

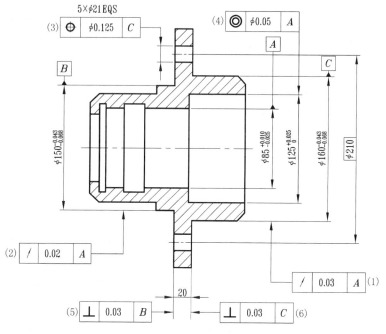

图 7-35　轴套几何公差标注

（1）$\phi 160^{-0.043}_{-0.068}$ 圆柱表面对 $\phi 85^{-0.010}_{-0.025}$ 圆柱孔轴线 A 的圆跳动公差为 0.03。

（2）$\phi 150^{-0.043}_{-0.068}$ 圆柱表面对 $\phi 85^{-0.010}_{-0.025}$ 圆柱孔的轴线 A 的圆跳动公差为 0.02。

（3）在与基准 C 同轴且理论直径为 210 的圆周上均匀分布的 $5×\phi 21$ 孔的位置度公差为 $\phi 0.125$。

（4）$\phi 125^{-0.025}_{0}$ 圆柱孔的轴线与 $\phi 85^{-0.010}_{-0.025}$ 圆柱孔的轴线 A 的同轴度公差为 $\phi 0.05$。

（5）厚为 20 的安装板左端面对 $\phi 150^{-0.043}_{-0.068}$ 圆柱面轴线 B 的垂直度公差为 0.03。

（6）厚为 20 的安装板右端面对 $\phi 160^{-0.043}_{-0.068}$ 圆柱面轴线 C 的垂直度公差为 0.03。

7.6　零件的工艺结构

7.6.1　铸造零件的工艺结构

1. 起模斜度

用铸造方法制造零件毛坯时,为了便于在砂型中取出模型,一般沿模型起模的方向作大约 1:20 的斜度,称为起模斜度,因此在铸件上也有相应的起模斜度,如图 7-36(a)所示。这种斜度在图上可以不予标注,也可不画出,如图 7-36(b)所示。必要时,可以在技术要求中用文字说明。

2. 铸造圆角

在铸件毛坯各表面的相交处都应有铸造圆角(图 7-37)。这样既便于起模,又能防止在浇铸过程中将砂型转角处冲坏,造成夹砂,还可以避免铸件冷却时产生的裂纹或缩孔。

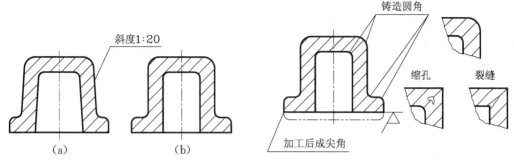

图 7-36　起模斜度　　　　　　　　　图 7-37　铸造圆角

3. 铸件壁厚

在浇铸零件时,为了避免因冷却速度不同而产生缩孔和裂纹,铸件的壁厚应保持大致相等或逐渐变化,如图 7-38 所示。

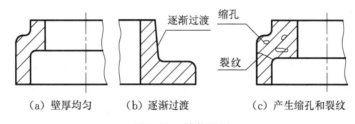

（a）壁厚均匀　　　（b）逐渐过渡　　　（c）产生缩孔和裂纹

图 7-38　铸件壁厚

7.6.2　机加工零件的工艺结构

1. 倒角和倒圆

为了去除零件的毛刺、锐边和便于装配,在轴或孔的端部,一般都加工成倒角;为了避免应力集中而产生裂纹,在轴肩处往往加工成圆角过渡的形式,称为倒圆(图 7-39)。

2. 螺纹退刀槽和砂轮越程槽

在切削加工中,特别是在车螺纹和磨削时,一方面为了使加工面加工完整,达到结构的加工要求,另一方面便于退出刀具或砂轮,常常在零件的深加工面的末端,先车出螺纹退刀槽或砂轮越程槽,如图 7-40 和图 7-41 所示。

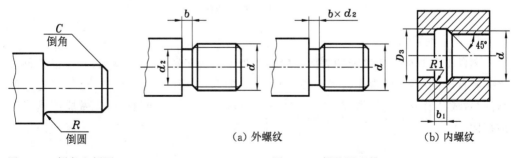

（a）外螺纹　　　　　　　　　　　（b）内螺纹

图 7-39　倒角和倒圆　　　　　图 7-40　螺纹退刀槽

3. 钻孔结构

用钻头钻出的盲孔,在底部有一个120°的锥角,是钻头的头部形成的。钻孔深度是指圆柱部分的深度,不包括锥坑,如图 7-42(a)所示。在阶梯孔的过渡处,也存在锥角为 120°的圆台,其画法及尺寸注法如图 7-42(b)所示。

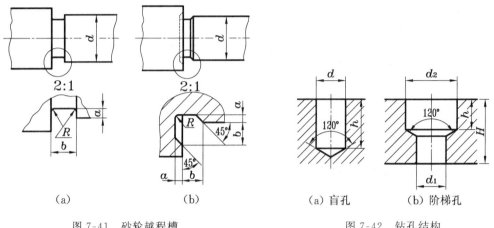

| （a） | （b） | （a）盲孔 | （b）阶梯孔 |

图 7-41 砂轮越程槽　　　　　　　　　　　　图 7-42 钻孔结构

用钻头钻孔时,要求钻头轴线尽量垂直于被钻孔的端面,以保证钻孔位置准确并避免钻头折断。因此对于倾斜的部位应制成凸台、凹坑或斜面,如图7-43所示。

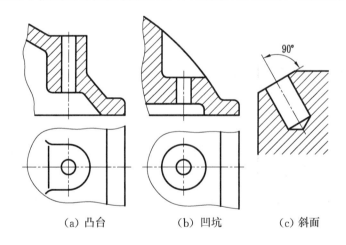

（a）凸台　　　　　　（b）凹坑　　　　　　（c）斜面

图 7-43 钻孔端面

4. 凸台和凹坑

零件上与其他零件接触的表面一般都要加工。为了减少加工面积,并保证零件表面之间有良好的接触,常常在铸件上设计出凸台或凹坑。图 7-44(a)、(b)是螺栓连接的支承面,做成凸台或凹坑的形式;图 7-44(c)、(d)是为了减少加工面积,而做成凹槽或凹腔的结构。

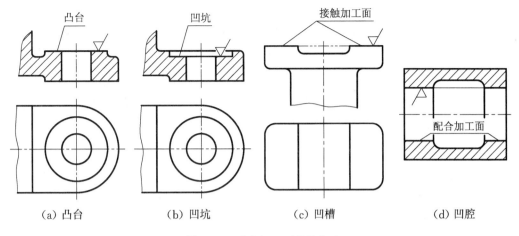

(a) 凸台　　　　　(b) 凹坑　　　　　(c) 凹槽　　　　　(d) 凹腔

图 7-44　减少加工面积的方法

7.7　看　零　件　图

看零件图就是根据已知零件图,运用第 4 章讨论的看组合体视图的方法和第 5 章介绍的机件的表达方法及本章零件图的有关知识,弄清零件的结构形状、尺寸大小、技术要求等内容,从而对零件有一个全面的了解。它在生产实际中是一项非常重要的工作。

7.7.1　看零件图的基本方法与步骤

1. 概括了解

首先从标题栏中了解零件的名称、材料、比例等,想象出它在机器或部件中的作用,并根据典型零件的分类,了解零件的结构特点,从而对零件有一个初步的认识。

2. 分析视图

根据各视图的位置,找出主视图,弄清其他视图与主视图的关系,各个视图采取的是什么表达方法及表达的重点是什么。然后根据投影规律,以形体分析法为主,结合其他方法,逐步看懂零件各部分的形状、结构特点及其相对位置,从而综合想象出零件的完整形状。

3. 分析尺寸

根据零件的结构特点和用途及与其他零件的相互关系,首先找出长、宽、高三个方向上尺寸标注的主要基准和重要尺寸,然后进一步用形体分析法了解各组成部分的定位尺寸、定形尺寸及总体尺寸,检查尺寸的完整性,最后再按设计要求和工艺要求检查尺寸的合理性。

4. 了解技术要求

了解图上零件的尺寸公差、几何公差、表面结构及其他技术要求,弄清哪些为精度要求高的尺寸,哪些为加工精度高的表面,哪些地方有特殊要求,并分析这些要求的标注是否正确,数值是否合理。

5. 综合分析

根据上面的分析,对所有信息进行综合总结,从而对该零件有一个较全面、完整的了解。对于复杂的零件图,还需要参考有关的技术资料,包括该零件所在的机器或部件装配图及与它有关的零件图。

上述五个步骤是看零件图的一般步骤,在具体看图过程中应灵活运用。

7.7.2 看零件图举例

例 7.4 读泵体零件图(图 7-45)。

(1)概括了解。从标题栏中可了解到该零件的名称叫泵体,属于箱体类零件。它是泵油系统中的主要零件,材料是铸造铝合金,是由铸件经机械加工而成的。

(2)分析视图。该零件有主、左、俯三个视图。主视图是以对称平面为剖切平面的全剖视图,按工作位置放置;左视图基本上为外形图,其中有一处局部剖视,反映底板安装孔的结构形状;俯视图采用 A—A 剖视图,因零件对称采用了简化画法只画一半,这样使图面布置紧凑。从主、左视图可知,泵体的内腔是圆柱形的阶梯孔,其中 G1/2 的管螺纹是用来连接管接头的,$\phi 38^{+0.025}_{0}$ 的孔是用来与衬套配合的,$\phi 42^{+0.035}_{0}$ 的孔是用来安装填料压盖的。泵体的左部外形与内腔形状基本相似,右上部外形由左视图反映其形状特征,即上、下为 $\phi 54$ 的圆弧,前、后为 $R13$ 的圆弧形成菱角形,$2 \times$ M10 的螺孔是用来与填料压盖连接的。泵体的底板形状由俯视图反映其形状特征,即外形为矩形,四角为 $R7$ 的圆弧,前、后有两个 $\phi 11$(尺寸可由左视图看出)的安装孔,同时由左视图的尺寸 30 可知,在底板下部有深度为 2 的通槽。三个视图联系起来看,可看出泵体上、下部是由两块厚度为 10 的十字形肋板连接起来的,菱角形下方肋板的形状由左视图确定,厚度由主视图确定,中间一块肋板的形状由主视图确定,厚度由左视图确定。

(3)分析尺寸。根据以上对零件各部位的分析,泵体的基本形状可认为是左上部为回转体,右上部为菱角形的连接板,下部为矩形底板,中部为十字形肋板,因此在长、宽、高三个方向上的主要尺寸基准分别是上部右端面、前后对称平面和底平面。重要尺寸有:主视图中的配合尺寸 $\phi 38^{+0.025}_{0}$ 和 $\phi 42^{+0.035}_{0}$ 及长度尺寸 70、90 和 14,高度尺寸 50,左视图中的定位尺寸 68、64,俯视图中的定位尺寸 15 等。其他尺寸基本上按工艺要求用形体分析法标注出来。

(4)了解技术要求。该零件的毛坯为铸件,许多表面不需再加工。在机械加工的各表面中,孔 $\phi 38^{+0.025}_{0}$ 和 $\phi 42^{+0.035}_{0}$ 的尺寸精度和表面结构($\sqrt{Ra3.2}$)要求最高,其次是左端面、孔 $\phi 38^{+0.025}_{0}$ 的左端面和安装板底面($\sqrt{Ra6.3}$),然后是右端面和安装孔凸台上表面($\sqrt{Ra12.5}$)。图中还标有 $\phi 42^{+0.035}_{0}$ 对 $\phi 38^{+0.025}_{0}$ 的同轴度要求,其他技术要求参看技术要求说明。

(5)综合分析。泵体是泵油系统中的主要零件,其质量的好坏直接关系到泵油系统的性能和使用,加工时应特别注意。泵体的制造过程大致是经过铸造、时效处理、喷砂处理、铣底面、车削、镗孔、钻孔、攻丝等工序。

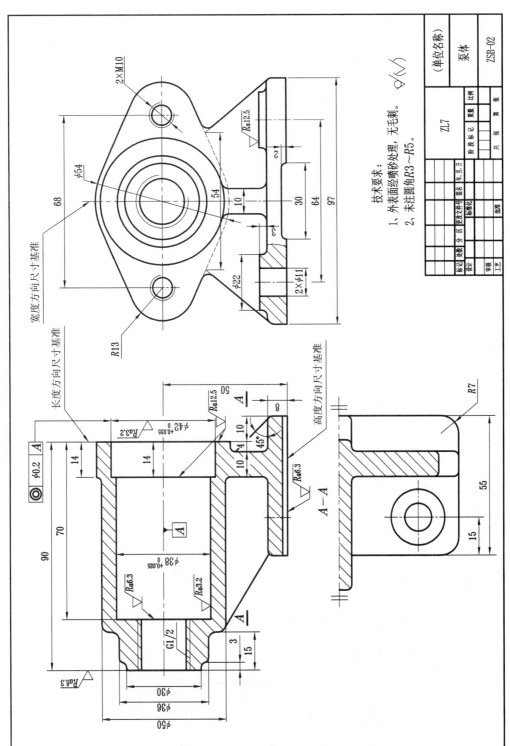

技术要求：
1. 外表面经喷砂处理，无毛刺。
2. 未注圆角R3~R5。

图7-45 泵体零件图

例 **7.5** 读箱盖零件图（图 7-46）。

（1）概括了解。从标题栏中可了解到该零件的名称为减速箱箱盖，属于箱体类零件，主要起密封和包容作用。材料为铸铁，是由铸件经机械加工而成的。

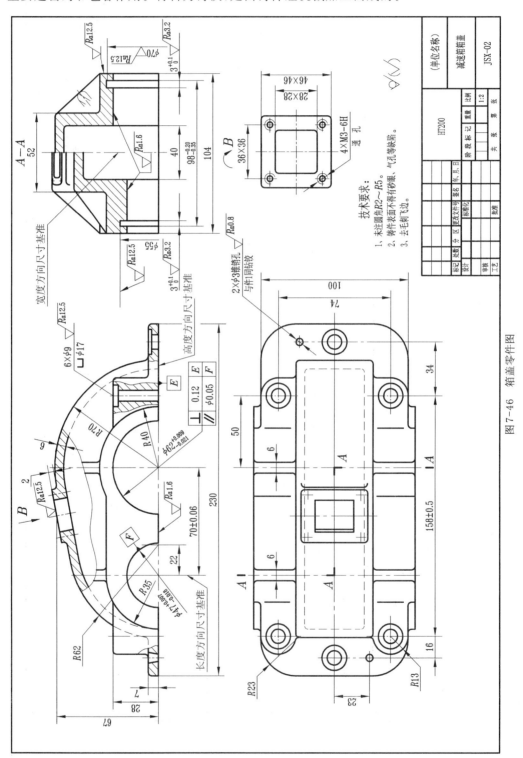

图 7-46　箱盖零件图

（2）分析视图。该零件有主、俯、左三个视图和一个斜视图，按工作位置放置。其中，主视图有四处采用局部剖，既表达了箱盖前面的外形，又反映了箱盖壁厚和上部透视孔及下部销孔和螺栓孔的内部结构；俯视图采用基本视图，反映箱盖上面和底板的外形；左视图采用平行剖切的全部视图，反映箱盖左、右轴承孔和内部结构。

由主、左视图可知，箱盖上部以 62 和 70（主视图中）为半径的凸起部分的空腔，用于安装传动齿轮；左、右两半圆柱孔 $\phi47^{+0.007}_{-0.018}$ 和 $\phi62^{+0.009}_{-0.021}$（主视图中）是用于安装轴承的，孔内的 $\phi55$ 和 $\phi70$ 两槽（左视图中）是用来安装端盖法兰盘的，起定位作用。由主、俯视图可知，箱盖的下部为 230×100×7 的长方体，称为连接板，四角为 R23（俯视图中）的圆角；左、右两边各有一个 $\phi3$（俯视图中）的销孔用于安装定位销以保证箱盖与箱体的安装要求；6×$\phi9$ 的螺栓孔中部四个凸起，高度为 28（主视图中），左、右两个螺栓孔在箱体下部的长方体连接板上。箱盖上部的透视孔通过 B 向斜视图可知其外形为 46×46 的正方形，里面为 28×28 的正方形孔，在四个角处有四个 M3 的螺孔，用于安装透视盖。由三个视图可知，在前、后部分共有四块厚度为 6 的三角形肋板，其形状由左视图看出。

（3）分析尺寸。长、宽、高三个方向上的主要尺寸基准分别是左半圆柱孔中心线、前后对称面和底面。重要尺寸有：定位尺寸 70±0.06 和 158±0.5，配合尺寸 $\phi62^{+0.009}_{-0.021}$ 和 $\phi47^{+0.007}_{-0.018}$ 等。其他尺寸基本上按工艺要求用形体分析法标注出来。

（4）了解技术要求。该零件的毛坯为铸件，许多表面不需要加工。在加工表面中轴承孔 $\phi62^{+0.009}_{-0.021}$ 和 $47^{+0.007}_{-0.018}$ 的精度与表面结构（$\sqrt{Ra1.6}$）要求最高。对孔 $\phi62^{+0.009}_{-0.021}$ 的轴线还有平行度和垂直度的要求。

（5）综合分析。综合上面内容可知，箱盖是减速器上与箱体连接起包容作用的一个零件，轴承孔的精度和表面粗糙度要求最高，需要进行精加工。该零件的制造过程大致是：铸造、时效、铣平面、镗孔、钻孔、攻丝、铰孔等工序。

第8章 装　配　图

关键词

　　装配图　表达方法　装配结构　尺寸标注　技术要求

主要内容

　　1. 装配图的内容及表达方法

　　2. 常见的装配结构

　　3. 装配图中的尺寸标注及技术要求

　　4. 装配图的标题栏、零部件序号和明细表

　　5. 画装配图

　　6. 读装配图和由装配图拆画零件图

学习要求

　　1. 熟悉一张完整的装配图所应具备的内容

　　2. 熟悉装配图的规定画法和各种特殊表达方法

　　3. 了解常见的装配结构

　　4. 了解装配图中的尺寸注法

　　5. 了解装配图的标题栏、零部件序号、明细表的有关规定

　　6. 了解装配图上的技术要求

　　7. 基本掌握装配图的绘制方法和步骤，并能正确、完整、清晰、合理地绘制装配图

　　8. 掌握读装配图的方法和步骤，并能根据装配图拆画零件图

　　机器或部件是由若干零件组合而成的，表达机器或部件的图样称为装配图。在进行设计、装配、调试、检验、使用和维修时都需要装配图，它是生产中的重要技术文件。在机械设计中，设计者通常先按设计要求画出装配图，然后根据装配图设计零件并绘制零件图。

　　装配图要反映出设计者的意图，表达出机器或部件的工作原理、性能要求、零件间的装配关系、传动关系和主要零件的结构形状，以及在装配、检验、安装时所需要的尺寸数据和技术要求。

　　本章将讨论装配图的内容、机器和部件的特殊表达方法、装配图的画法、看装配图和由装配图拆画零件图的方法及部件测绘等内容。

8.1　装配图的内容

　　如图 8-1 所示的旋塞由阀体、填料压盖、阀杆、填料、螺栓等组成。

　　图 8-2 所示为旋塞装配图，从图中可看出一张完整的装配图应包括下列基本内容。

　　(1) 一组图形：可采用各种表达方法正确、完整、清晰地表达出机器或部件的工作原

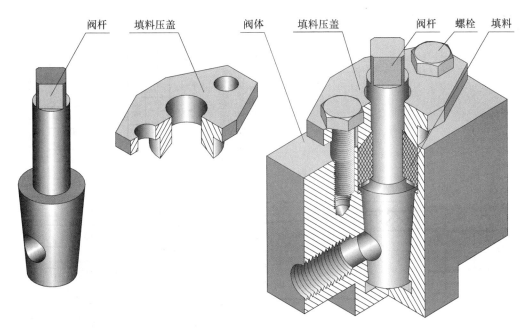

图 8-1　旋塞的组成

理与结构、各零件间的装配关系、连接方式、传动关系及主要零件的结构形状等。

（2）必要的尺寸：装配图中只需标注出机器或部件的外形、规格、性能及装配、检验、安装时所必要的一些尺寸。

（3）技术要求：用文字或符号说明机器或部件的性能、装配、检验、安装和使用等方面的要求。

（4）零部件的序号和明细表：在装配图上必须对每个零部件标注序号，以便进行生产准备、编制其他技术文件和管理图样等工作；同时还需根据零部件序号编制零部件明细表，在明细表中说明机器或部件上各零部件的序号、名称、数量、材料及备注等。序号的另一个作用是将明细表与图样联系起来，在看图时便于找到零件的位置。

（5）标题栏：说明机器或部件的名称、图号、数量、重量、图样比例、制图人员的姓名等。

8.2　装配图的表达方法

在第 5 章机件的表达方法中，曾讨论过表达各种机件的方法。那些方法对表达机器或部件也同样适用。但零件图所表达的是单个零件，而装配图中所表达的是机器或部件，因此，两种图样的要求不同，所表达的重点也就不同。国家标准《技术制图》对画装配图提出了一些规定画法和特殊的表达方法。

8.2.1　装配图上的规定画法

1. 零件间接触面和配合面的画法

在装配图中，零件间的接触面和配合面都只画一条线；非接触面或非配合面，即使间隙

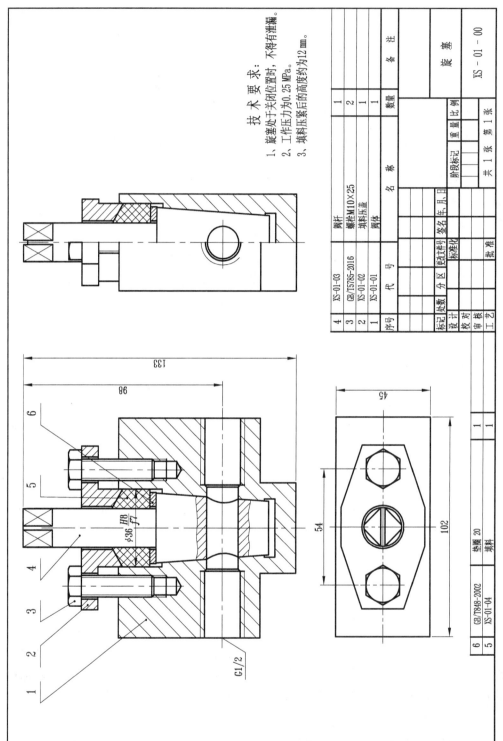

技术要求：
1、旋塞处于关闭位置时，不得有泄漏。
2、工作压力为0.25 MPa。
3、填料压紧后的高度约为12 mm。

6	GB/T848-2002		垫圈 20	1	
5	XS-01-04		填料	1	
4	XS-01-03		阀杆	1	
3	GB/T5785-2016		螺栓M10×25	2	
2	XS-01-02		填料压盖	1	
1	XS-01-01		阀体	1	
序号	代 号	分区	名 称	数量	备 注

标记	处数	更改文件号	签名	年,月,日				旋 塞	
设计			标准化			阶段标记	重量	比例	
校对									
审核									XS – 01 – 00
工艺			批准			共 1 张	第 1 张		

图 8-2　旋塞装配图

· 192 ·

很小,也必须画成两条线,如图 8-3(a)、(b)所示。

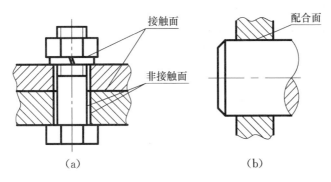

图 8-3　接触面和配合面的画法

2. 剖面线的画法

（1）在装配图中,为了区别不同的零件,相邻零件的剖面线必须画成倾斜方向相反或方向虽相同但间隔不相等,如图 8-4所示。

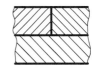

图 8-4　剖面线的画法

（2）在同一装配图上,同一零件的所有剖视图和断面图中的剖面线必须画成倾斜方向一致,间隔相等,如图 8-2 中主、左两视图中阀体的剖面线。

（3）在装配图中,对剖面厚度小于或等于 2 mm 的零件,允许将剖面涂黑来代替剖面线,如图 8-5 所示。

（4）对于紧固件及实心轴、手柄、连杆、拉杆、球、钩子和键等零件,当剖切平面通过其基本轴线时,这些零件均按不剖绘制,如图 8-5 所示。

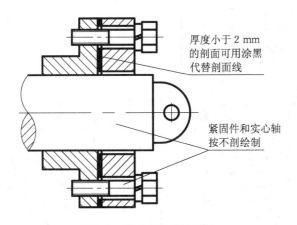

图 8-5　剖面线的特殊画法

8.2.2　装配图的特殊表达方法

1. 拆卸画法

在装配图中,当某些视图中会因一个或几个零件遮住大部分装配体时,此时可以假想将某些零件拆卸后画装配图,称为拆卸画法,注意在相应的视图上方标注"拆去零件××",如图 8-6 所示滑动轴承装配图中俯视图就是拆去轴承盖、上轴衬、螺栓和螺母后画出的。

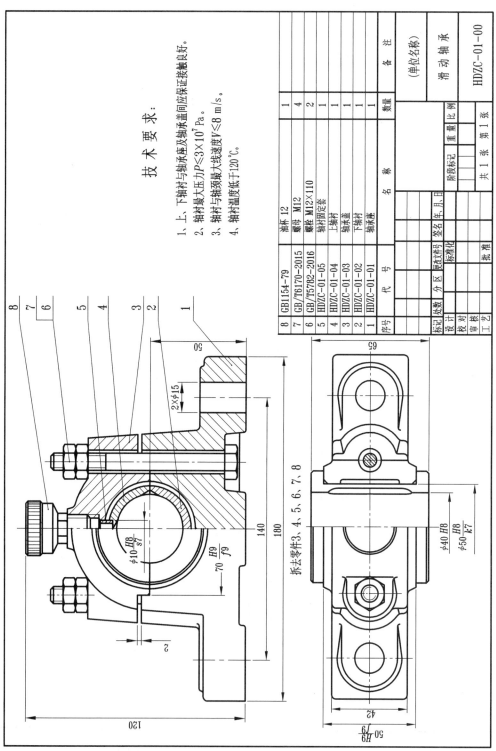

图 8-6　滑动轴承装配图

2. 沿零件的结合面剖切

可假想沿某些零件的结合面进行剖切，再画出视图。此时结合面上不画剖面线，但被剖切到的零件的截断面则必须画出剖面线。如图 8-7 滑动轴承装配图俯视图中右半部分

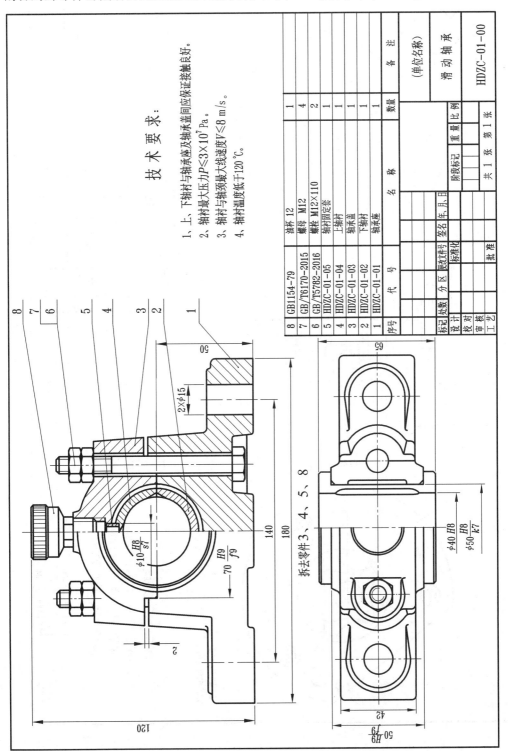

图 8-7 滑动轴承装配图

技术要求：

1、上、下轴衬与轴承座及轴承盖同应保证接触良好。
2、轴衬最大压力 $P \leqslant 3 \times 10^7$ Pa。
3、轴衬与轴颈最大线速度 $V \leqslant 8$ m/s。
4、轴衬温度低于 120 ℃。

序号	代 号	名 称	数量	备 注
8	GB1154-79	油杯 12	1	
7	GB/T6170-2015	螺母 M12	4	
6	GB/T5782-2016	螺栓 M12×110	2	
5	HDZC-01-05	轴衬固定套	1	
4	HDZC-01-04	上轴衬	1	
3	HDZC-01-03	轴承盖	1	
2	HDZC-01-02	下轴衬	1	
1	HDZC-01-01	轴承座	1	

				(单位名称)	滑动轴承
标记	处数	分区	更改文件号	签字	年月日		
设计			标准化			阶段标记	重量	比例	HDZC-01-00
校对								
审核						共 1 张	第 1 张
工艺			批准			

拆去零件 3、4、5、8

$\phi 40 \dfrac{H8}{}$ $\dfrac{H8}{k7}$ $\phi 50 \dfrac{H8}{k7}$

$50 \dfrac{H9}{f9}$

65

42

$\phi 10 \dfrac{H8}{s7}$ $\phi \dfrac{H9}{f9}$

$2 \times \phi 15$

50

70

140

180

120

是沿轴承盖与轴承座结合面剖切的,结合面上不画剖面线,被剖切到的螺栓则必须画出剖面线。图 8-8 转子油泵装配图中的右视图就是沿泵盖的结合面剖切后画出的。

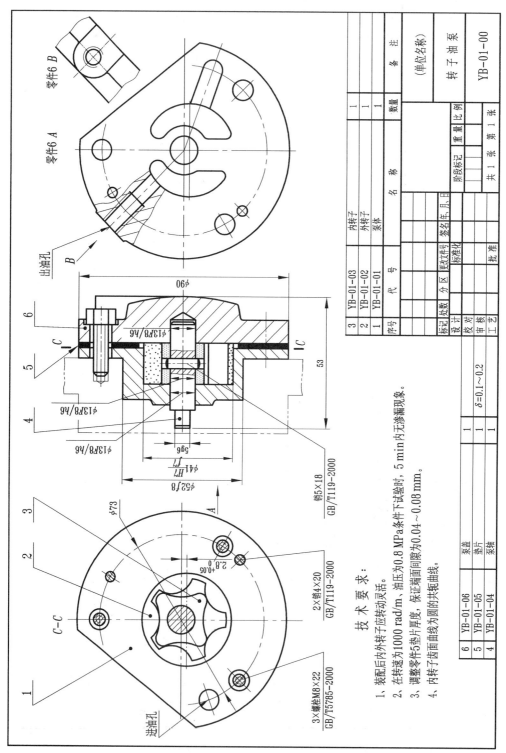

技 术 要 求:

1、装配后内外转子应转动灵活。
2、在转速为1000 rad/m,油压为0.8 MPa条件下试验时,5 min内无渗漏现象。
3、调整零件5垫片厚度,保证端面间隙为0.04~0.08 mm。
4、内转子齿面曲线为圆的共轭曲线。

6	YB-01-06	泵盖	1	
5	YB-01-05	垫片	1	δ=0.1~0.2
4	YB-01-04	泵轴	1	
3	YB-01-03	内转子	1	
2	YB-01-02	外转子	1	
1	YB-01-01	泵体	1	
序号	代 号	名 称	数量	备 注

标记	处数	分区	更改文件号	签名	年月日		(单位名称)
设计		标准化			阶段标记	重量	比例
校对							转 子 油 泵
审核							
工艺		批准			共 1 张	第 1 张	YB-01-00

图 8-8 转子油泵装配图

• 196 •

3. 单独表达某个零件

在装配图中,当某个零件的结构未表达清楚,而又对理解装配关系有影响时,可另外单独画出该零件的某一视图。如图 8-8 中单独画出了零件 6(泵盖)的两个视图。

4. 夸大画法

在装配图中,在绘制一些薄片零件、细丝弹簧、微小间隙及较小的斜度或锥度时,允许将该部分不按原比例绘制,而将其适当夸大绘制,以便画图和看图,如图 8-8 中零件 5(垫片)就是用夸大的方法画出的。

5. 假想画法

(1) 在装配图中,当需要表示某些零件的运动范围和极限位置时,可用双点画线画出这些运动零件在极限位置的主要外形图,如图 8-9 中手柄的运动极限位置。

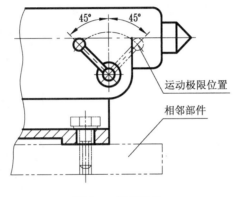

图 8-9　假想画法

(2) 在装配图中,当需要表达本部件与相邻零(部)件的装配关系时,可用双点画线画出相邻零件与本部件相邻部分的主要轮廓线,如图 8-9 所示。

6. 展开画法

为了表达某些重叠的装配关系,如多级传动变速箱,可以假想按其运动顺序剖切,然后展开在一个平面上,画出剖视图。这种画法称展开画法。图 8-10 表示的是挂轮架的展开画法。

采用此画法时,必须在相关视图上用剖切符号与字母注明各剖切面的位置和关系,用箭头表示投射方向,在展开图上方标注"×—×展开"。

7. 简化画法

(1) 在装配图中,对于若干相同的零件组,如螺栓连接组件等,允许仅详细地画出一组或几组,其余的在其装配位置的中心用点画线表示即可,如图 8-11 中螺钉的简化处用点画线表示。

(2) 在装配图中,零件的某些较小的工艺结构,如圆角、倒角和退刀槽等,可省略不画,如图 8-11 中轴上的退刀槽可不画。

(3) 在装配图中,当剖切平面通过的某些组合件为标准产品(如油杯、油标、管接头

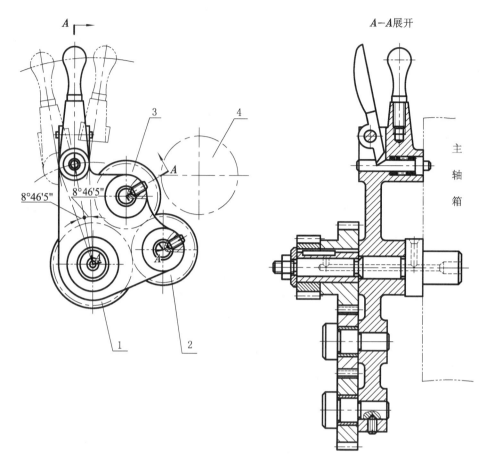

图 8-10　挂轮架

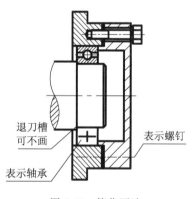

图 8-11　简化画法

等)的轴线时,可以只画出该组合件的外形,如图 8-6 中 8 号部件(油杯)。

(4) 装配图中的滚动轴承,允许采用如图 8-11 所示的简化画法。

8.3　常见的装配结构

为使零件装配成机器或部件后能达到性能要求,并考虑到拆、装方便,设计时必须充分考虑装配结构的合理性,并选用性能好的装置等,这里介绍几种常见的装配结构。

8.3.1　接触面或配合面处的结构

(1) 相邻两零件在同一方向上只能有一对接触面或配合面,这样既能保证装配时零件接触良好,又能降低加工要求。图 8-12 所示为错误和正确的设计方式对比。

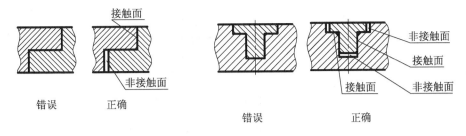

图 8-12　接触面或配合面结构

（2）相邻两零件常有转角结构，如图 8-13 所示。为了防止装配时出现干涉，以保证配合良好，则在转角处应加工出倒角、倒圆、凹槽等结构。

（3）对于圆锥面的配合，锥体顶部与锥孔底部之间必须留有空隙，如图 8-14 所示。

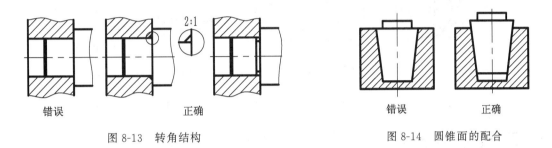

图 8-13　转角结构　　　　　　　　　　　　图 8-14　圆锥面的配合

8.3.2　螺纹连接的结构

（1）为了保证螺纹连接件与被连接工件表面间接触良好，可以在被连接工件上做出沉孔或凸台，如图 8-15 所示。

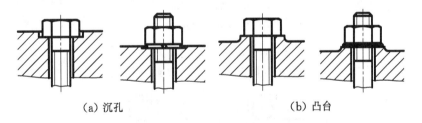

（a）沉孔　　　　　　　　　　　　（b）凸台

图 8-15　沉孔和凸台

（2）被连接件通孔的尺寸应比螺纹大径或螺杆直径稍大，以便装配，如图 8-16 所示。

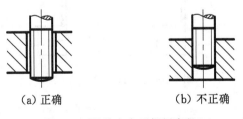

（a）正确　　　　　　　　　　　　（b）不正确

图 8-16　通孔应大于螺杆直径

（3）为保证拧紧，在螺杆上可以加工出退刀槽，在螺孔上加工出凹槽、倒角等，如图 8-17 所示。

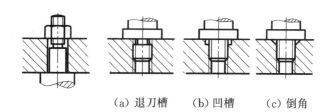

(a) 退刀槽　　(b) 凹槽　　(c) 倒角

图 8-17　螺纹连接的合理结构

（4）为了便于拆装，必须留出扳手的活动空间和装拆螺栓的空间，如图 8-18 所示。

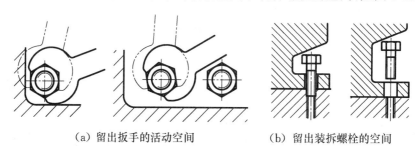

（a）留出扳手的活动空间　　　　（b）留出装拆螺栓的空间

图 8-18　便于拆装的合理结构

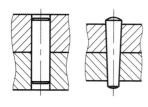

图 8-19　定位销装配结构

8.3.3　定位结构

（1）为了保证重装后两零件间相对位置的精度，常采用圆柱销或圆锥销定位，所以对销及销孔的加工精度要求较高。为了便于拆卸销钉，应尽可能地将销孔做成通孔，如图 8-19 所示。

（2）滚动轴承在轴上以轴肩定位，但轴肩高度应低于轴承内圈的厚度，使轴承容易从轴上拆卸下来，如图 8-20 所示。

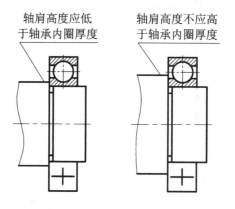

轴肩高度应低
于轴承内圈厚度

轴肩高度不应高
于轴承内圈厚度

图 8-20　滚动轴承的定位结构

8.3.4　防漏结构

为了防止部件内部的流体外漏，同时也防止外部的灰尘、杂质侵入，部件必须采取防漏措施，典型的防漏结构如图 8-21 所示。

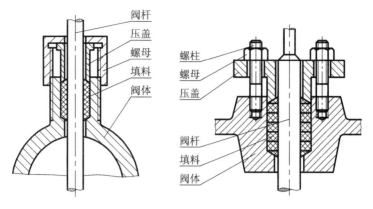

图 8-21　防漏结构

8.4　装配图中的尺寸标注

装配图与零件图的表达重点不一样,因此在装配图上不需标注出各零件的全部尺寸,而只需标注出与装配图作用相关的尺寸,主要包括以下五类尺寸。

1. 性能规格尺寸

表示机器或部件性能规格的尺寸,它是设计和选用机器或部件时的主要依据。该尺寸在装配图中必须进行标注,如图 8-2 中旋塞的进出口尺寸 G1/2。

2. 装配尺寸

表示机器或部件中各零件间的装配关系的尺寸,一般有下列几种:

(1) 配合尺寸。表示各零件间有公差配合要求的一些重要尺寸,如图 8-6 中的 $\phi10\frac{H8}{s7}$、$70\frac{H9}{f9}$、$50\frac{H9}{f9}$、$\phi50\frac{H8}{k7}$ 等。

(2) 相对位置尺寸。表示装配时,需要保证的零件间或部件间相对位置的尺寸,如图 8-2 中的 54、图 8-6 中的 2。

3. 外形尺寸

表示机器或部件外形轮廓的总长、总宽、总高的尺寸,以便于包装、运输、安装和供厂房设计时作为依据。如图 8-2 中的 102、45、133 和图 8-6 中的 180、65、120 是外形尺寸。

4. 安装尺寸

机器或部件安装在地基上或其他部件上时所需要的尺寸,如图 8-6 中两安装孔的距离 140。

5. 其他重要尺寸

在设计中经过计算确定的或选定的尺寸,但又不归属上述几类尺寸中的一些重要尺寸,如运动件的极限位置尺寸等。

以上五类尺寸在一张装配图上不一定全部都要具备,有时一个尺寸能同时兼有几种意义,因此,应根据具体情况来考虑装配图上的尺寸标注。

8.5 装配图的标题栏、零部件序号和明细表

为了便于看图、管理图样和组织生产,装配图上必须对每个零件或部件进行编号,这种编号称为零件的序号,同时,还要编制相应的零件明细表,以说明各零件或部件的名称、数量、材料等。

8.5.1 标注零部件序号的方法和规定

1. 方法

如图 8-22 所示,在所要标注的零件的可见轮廓内涂一小黑点,然后用细实线引出指引线,在指引线的端部画一水平的标注线或圆圈,最后在标注线上方或圆圈内用阿拉伯数字注写水平放置的该零件或部件的序号,序号字高要比尺寸数字字高大一号或两号。对很薄的零件或涂黑的剖面内不宜画黑点时,可在指引线端部画一箭头并指向该零件的轮廓线来代替小黑点。

2. 标注序号的几项规定

(1) 装配图中相同的零部件应只有一个序号,不能重复。

(2) 同一装配图中标注序号的形式、字号大小应一致。

(3) 各指引线不能彼此相交,当通过有剖面线的区域时,指引线尽量不与剖面线平行。

(4) 序号应沿顺时针或逆时针方向按顺序排列整齐。

(5) 指引线允许画成折线,但只能弯折一次,如图 8-22 所示。一组紧固件及装配关系清楚的零件组允许采用公共指引线,如图 8-23 所示。

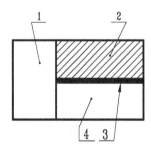

图 8-22 标注序号的方法

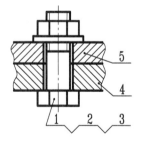

图 8-23 公共指引线

8.5.2 明细表

零件的明细表直接画在标题栏的上方,并与标题栏对正。若标题栏上方位置不够时,可在标题栏左方继续画明细表。在明细表中,零件序号应从小到大,由下往上按顺序填写。明细表中的序号必须与装配图中所编的序号一致。装配图中明细表的格式如附录中附图 1-3 所示。

8.6 装配图上的技术要求

装配图上的技术要求一般用文字注写在图纸的下方空白处,也可另编技术文件附于图纸。在装配图上注写的技术要求,一般可从以下几个方面来考虑:

(1) 有关装配时的要求,装配后的润滑、密封等方面的要求。

(2) 有关性能、安装、调试、使用、维护等方面的要求。

(3) 有关试验或检验方法的要求。

8.7 画 装 配 图

8.7.1 装配图的视图选择

在装配图中所表达的重点是反映机器或部件的工作原理、结构、各零件间的装配关系等,因此,在选择装配图的视图时,一般按下列步骤进行。

1. 对所要表达的机器或部件进行分析

从机器或部件的功能和工作原理出发,分析其工作情况、各零件的连接关系和配合关系。通过分析,弄清该部件各部分的结构和装配关系,分清其主要部分和次要部分。这样,在选择装配图的视图时,就要以机器或部件的主要部分的结构和装配关系为主,次要部分的结构和装配关系为辅,将机器或部件各部分的结构、装配关系和相互位置关系表达清楚。

2. 主视图的选择

一般将机器或部件按工作位置放置或将其放正,即将其主要轴线、主要安装面呈水平或铅垂位置放置,并使主视图能够反映该机器或部件的工作原理、传动路线、零件间主要的或较多的装配关系。

3. 其他视图的选择

在主视图确定之后,根据需要选择适当的其他视图,对主视图的表达进行补充,以使机器或部件的表达更完整、清晰。但要注意选择的每一个视图都要有其明确的目的,视图间既要有一定的联系,又不能相互重复。

4. 表达方法的选择

在装配图中,尽可能地考虑应用基本视图及基本视图的剖视图(包括拆卸画法、沿零件结合面剖切等)来表达有关内容。尽量把一个完整的装配关系表示在一个或几个相邻的视图上,防止不适当的、过于分散零碎的视图表达。

例 8.1 安全阀表达分析。

图 8-24 所示是安全阀的装配图。该部件由 22 个零件组成,它是装在柴油发动机供油管路中的一个部件,当油路中的油压超过允许压力时,该部件可使多余的油流回油箱中。其工作原理为:正常工作时,油从阀体 1 右端进油孔流入,从下端出油孔流出,当主油路上的油过量且超过允许压力时,阀门 2 被抬起,过量的油就从阀体 1 和阀门 2 开启后的缝隙流出,经左端管道流回油箱,从而达到减少油量和降低油压的目的,保证机器的正常工作。

安全阀的主要装配、连接关系为:阀门2装入阀体1内腔,且阀门2端部的锥面与阀体1的锥面须经研磨后配合,以保证它们在正常工作时不漏油;在阀门2的里面装入弹簧3,它控制阀门2的启闭,弹簧托盘6将弹簧3与螺杆7连接在一起,螺杆7又与阀盖5用螺纹连接起来,弹簧的预压力大小靠调节螺杆7在阀盖5上旋进或旋出来实现。阀盖5与阀体1用四个双头螺柱连接起来,并在它们之间加有密封垫片4。在阀盖5上还装有阀帽10,用以保护螺杆7免受损伤和触动。为防止阀帽10脱落,用紧定螺钉8将其固定在阀盖5上。

根据以上分析,可确定安全阀的表达方法如下:

(1)为了便于了解安全阀的工作情况,将其按工作位置放置画图。

(2)为了表达安全阀的工作原理、零件间的主要装配关系,主视图将其主要装配轴线垂直放置,并作全剖视图来表达安全阀内部各零件的装配、连接关系。

(3)俯视图采用沿结合面剖切的半剖视图,既表达了安全阀的外部结构,又表达了阀体1和阀门2的内部形状。

(4)用 B—B 局部剖进一步表达了阀体1与阀盖5的螺柱连接情况。

(5)用 A、C 局部视图和 D—D 局部剖视图分别表达阀体1各局部的结构形状。

8.7.2　由零件图画装配图

机器或部件是将各组成零件根据一定的要求组装而成的。在各零件图已知的条件下,要画出其装配图,可先根据这个机器或部件的实物、装配示意图、轴测装配图,对其进行观察和分析,了解该机器或部件的工作原理和各组成零件间的装配关系,然后选择合适的表达方法,最后完成装配图的绘制。下面以柱塞泵为例来说明由零件图画装配图的方法和步骤。

图 8-25 所示为柱塞泵的装配示意图。

1. 了解和分析部件

柱塞泵是用来提高输送液体压力的供油部件。该部件由标准件和非标准件共 17 个零件组成,除标准件不需零件图外,非标准件的零件图如图 8-26 所示。

根据图 8-25 分析,柱塞泵工作原理为:在外力的推动下,柱塞2作往复运动,当柱塞2向右移动时,泵体1与管接头9上腔体的体积增大形成负压,油箱中的液体在大气压的作用下,推开下阀瓣11进入腔体,而上阀瓣10紧紧关闭,此时为吸油过程;当柱塞2向左移动时,泵体1与管接头9上腔体的体积减小,压力增大,在液体压力的作用下,下阀瓣11紧紧关闭,高压液体推开上阀瓣10向外流出,此时为供油过程。由于柱塞2的不断往复运动,液体便不断地从油箱中被输送到润滑系统或其他地方。

从图 8-25、图 8-26 中可看出其装配关系为:柱塞泵通过泵体1底板上的两个间距为64 mm的孔,用两个螺栓将其安装到机座上。为减小泵体1内腔与柱塞2的摩擦和磨损,以及加强密封作用,在泵体1的内腔装入衬套5和填料4,接着在装入柱塞2后,用两个螺柱、垫圈和螺母将填料压盖3连接在泵体1上。管接头9用螺纹连接到泵体1上,为了密封防漏,在它们之间加装垫片6。在管接头9内部依次装入下阀瓣11、上阀瓣10,放上密封垫片8后,将螺塞7靠螺纹旋入管接头9。

2. 确定装配图的表达方法

(1)选择主视图。根据上述选择主视图的一般原则,将柱塞泵的安装底面按工作位置水平放置,其上的两条主要轴线也为水平和垂直的,并将全剖视图作为主视图来表达该部件的工作原理和内部各零件间的装配关系,如图 8-27 中的主视图。

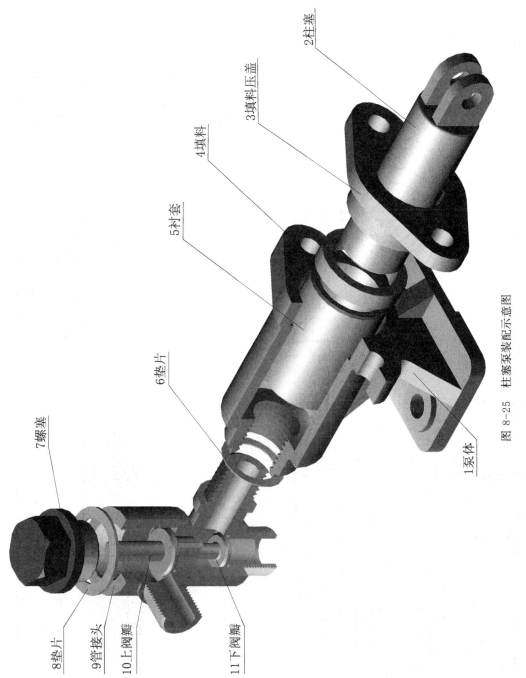

图 8-25　柱塞泵装配示意图

2柱塞

3填料压盖

4填料

5衬套

6垫片

7螺塞

8垫片

9管接头

10上阀瓣

11下阀瓣

1泵体

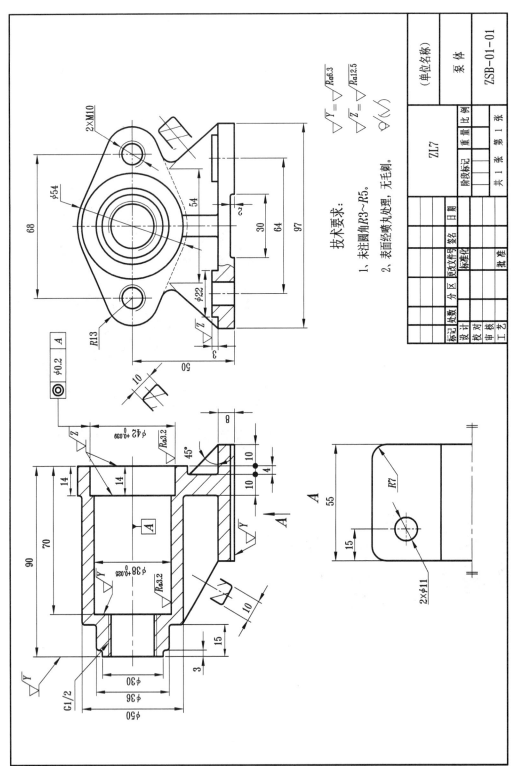

图8-26(a) 柱塞泵的泵体零件图

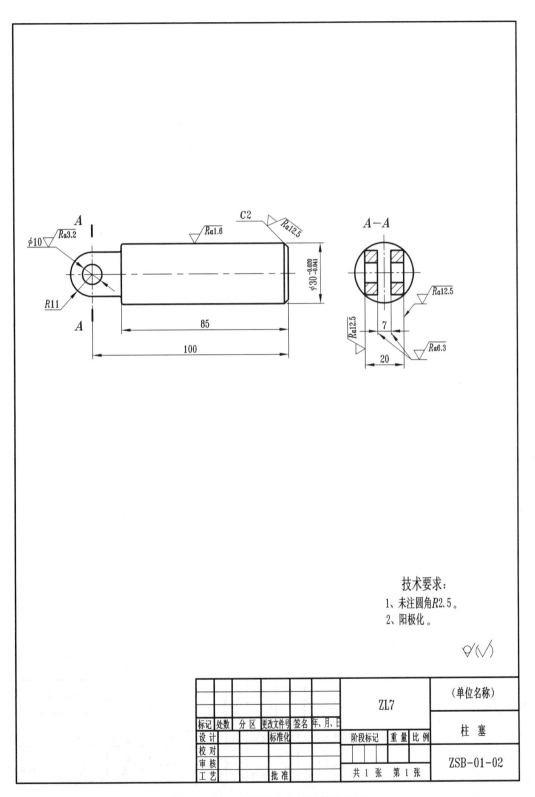

技术要求：
1、未注圆角R2.5。
2、阳极化。

						ZL7			（单位名称）
标记	处数	分区	更改文件号	签名	年、月、日				柱 塞
设 计			标准化			阶段标记	重 量	比 例	
校 对									
审 核									ZSB-01-02
工 艺			批 准			共 1 张	第 1 张		

图 8-26（b） 柱塞泵的非标准件零件图

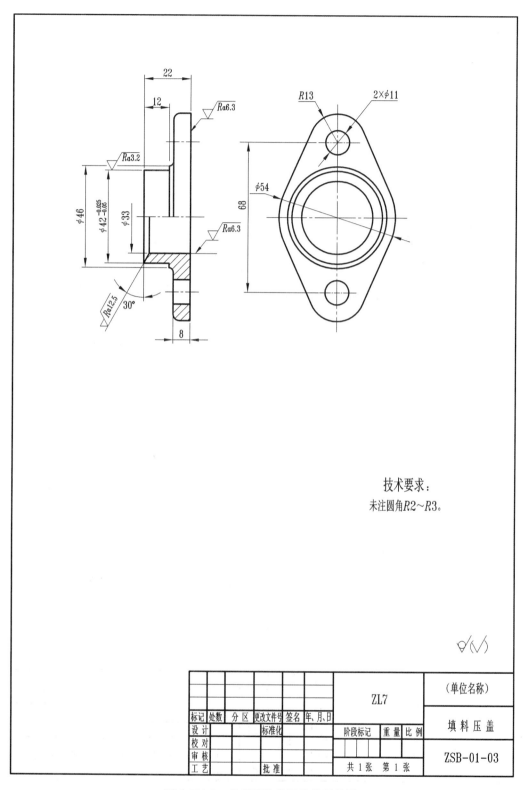

技术要求：
未注圆角R2~R3。

标记	处数	分区	更改文件号	签名	年、月、日		ZL7			(单位名称)
设 计			标准化							填 料 压 盖
校 对						阶段标记	重量	比例		
审 核										ZSB-01-03
工 艺			批 准			共 1 张 第 1 张				

图 8-26(c) 柱塞泵的非标准件零件图

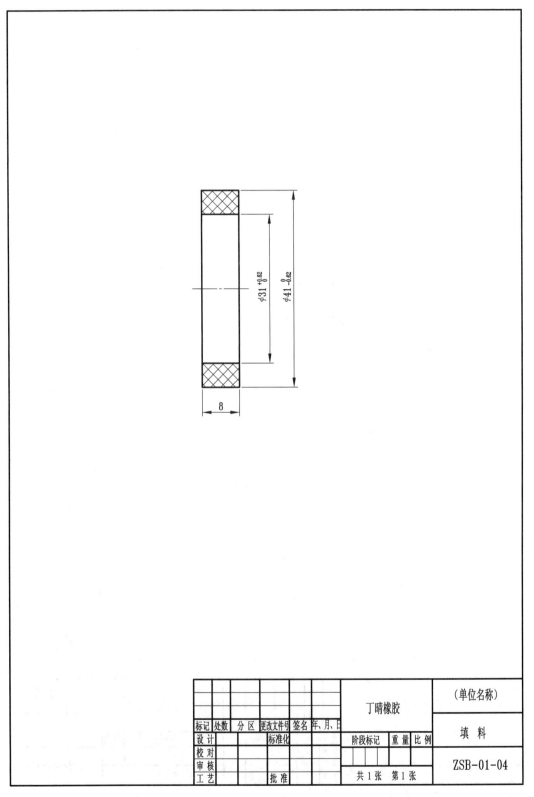

图 8-26(d) 柱塞泵的非标准件零件图

						丁晴橡胶	(单位名称)
标记	处数	分区	更改文件号	签名	年、月、日		填 料
设 计			标准化			阶段标记 | 重 量 | 比 例	
校 对							
审 核							ZSB-01-04
工 艺			批 准			共 1 张 第 1 张	

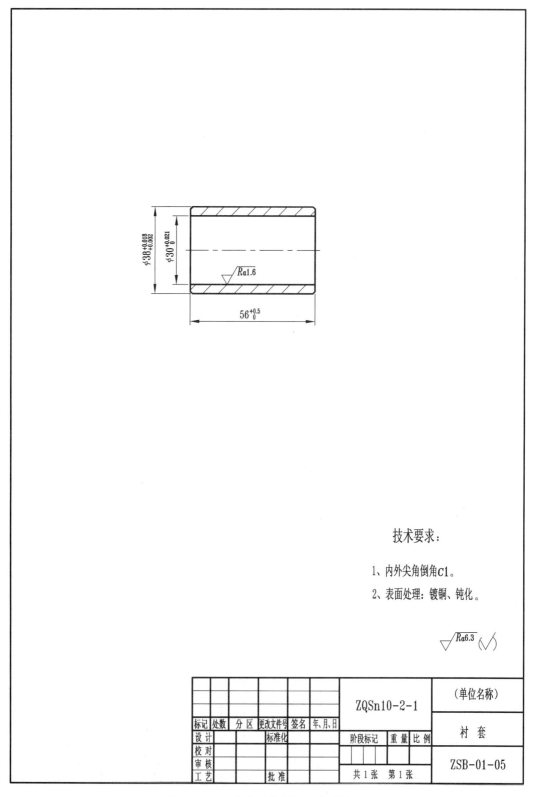

技术要求:

1、内外尖角倒角c1。

2、表面处理: 镀铜、钝化。

$\sqrt{Ra6.3}$ $(\sqrt{})$

标记	处数	分区	更改文件号	签名	年、月、日	ZQSn10-2-1			(单位名称)
设计			标准化						衬 套
校对						阶段标记	重量	比例	
审核									ZSB-01-05
工艺			批准			共1张 第1张			

图 8-26(e)　柱塞泵的非标准件零件图

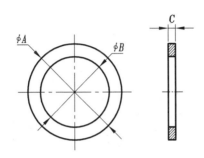

图 号	ϕA	ϕB	C
ZSB-01-06-01	$\phi 28$	$\phi 22$	1.5
ZSB-01-06-02	$\phi 38$	$\phi 30$	1.5

标记	处数	分区	更改文件号	签名	年、月、日		软钢纸板	（单位名称）
设 计			标准化					
校 对						阶段标记	重量	比 例	垫 片
审 核								
工 艺			批准			共 1 张　第 1 张	ZSB-01-06

图 8-26(f)　柱塞泵的非标准件零件图

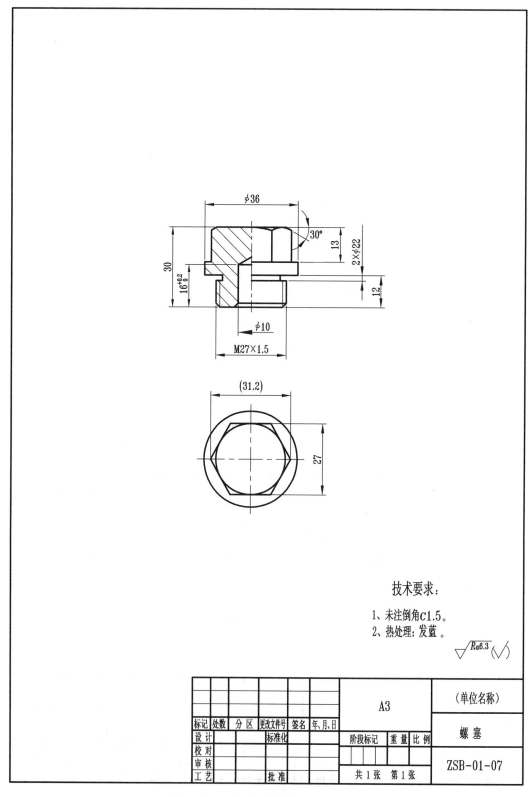

技术要求：

1、未注倒角c1.5。
2、热处理：发蓝。

$\sqrt{\dfrac{Ra6.3}{}}$（$\sqrt{}$）

						A3			（单位名称）
标记	处数	分区	更改文件号	签名	年、月、日				螺 塞
设 计			标准化			阶段标记	重量	比 例	
校 对									
审 核									ZSB-01-07
工 艺			批准			共 1 张 第 1 张			

图 8-26（g） 柱塞泵的非标准件零件图

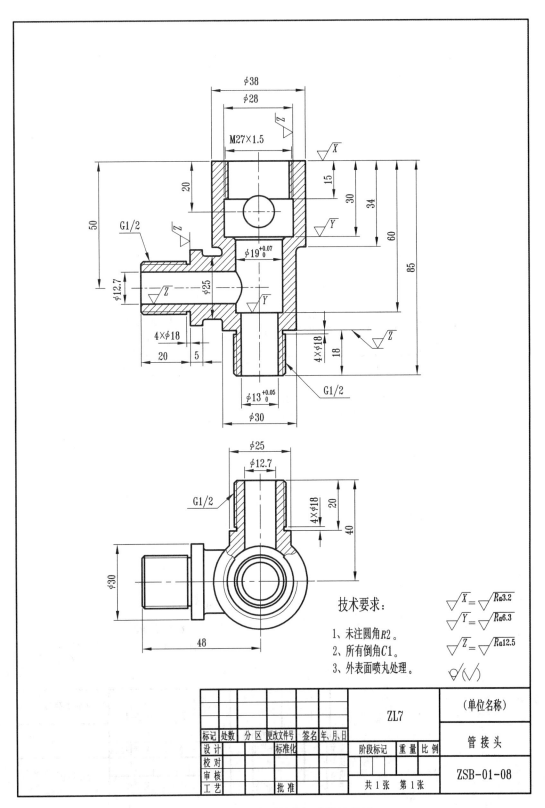

技术要求：

1、未注圆角R2。
2、所有倒角C1。
3、外表面喷丸处理。

$$\sqrt{X} = \sqrt{Ra3.2}$$
$$\sqrt{Y} = \sqrt{Ra6.3}$$
$$\sqrt{Z} = \sqrt{Ra12.5}$$
$$\sqrt{} (\sqrt{})$$

标记	处数	分 区	更改文件号	签名	年,月,日		ZL7			（单位名称）
设 计			标准化				阶段标记	重 量	比 例	管 接 头
校 对										
审 核										ZSB-01-08
工 艺			批 准				共 1 张	第 1 张		

图 8-26(h) 柱塞泵的非标准件零件图

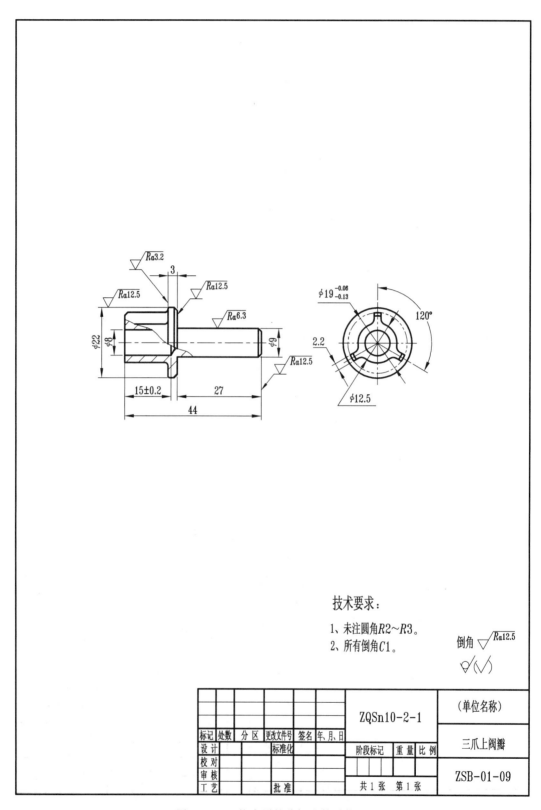

技术要求：

1、未注圆角R2~R3。
2、所有倒角C1。

倒角 $\sqrt{Ra12.5}$

						ZQSn10-2-1			（单位名称）
标记	处数	分区	更改文件号	签名	年、月、日				三爪上阀瓣
设计			标准化			阶段标记	重量	比例	
校对									
审核									ZSB-01-09
工艺			批准			共1张 第1张			

图 8-26(i)　柱塞泵的非标准件零件图

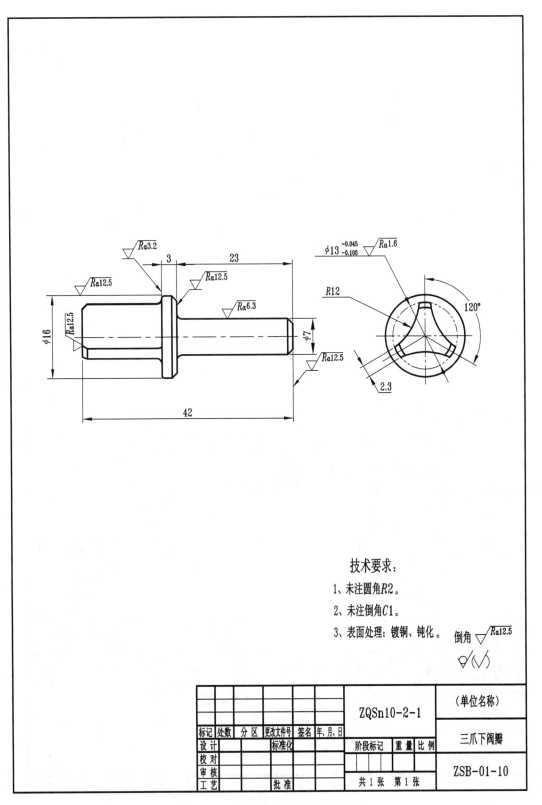

技术要求：

1、未注圆角R2。

2、未注倒角C1。

3、表面处理：镀铜、钝化。

标记	处数	分 区	更改文件号	签名	年、月、日					
设 计			标准化							
校 对										
审 核										
工 艺			批 准							

ZQSn10-2-1

（单位名称）

三爪下阀瓣

阶段标记 ｜ 重量 ｜ 比例

共 1 张　第 1 张

ZSB-01-10

图 8-26(j)　柱塞泵的非标准件零件图

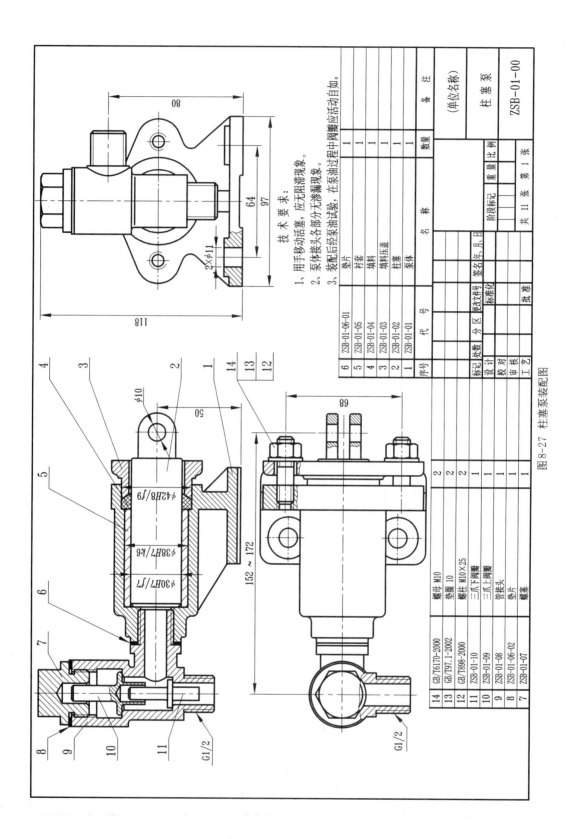

图8-27 柱塞泵装配图

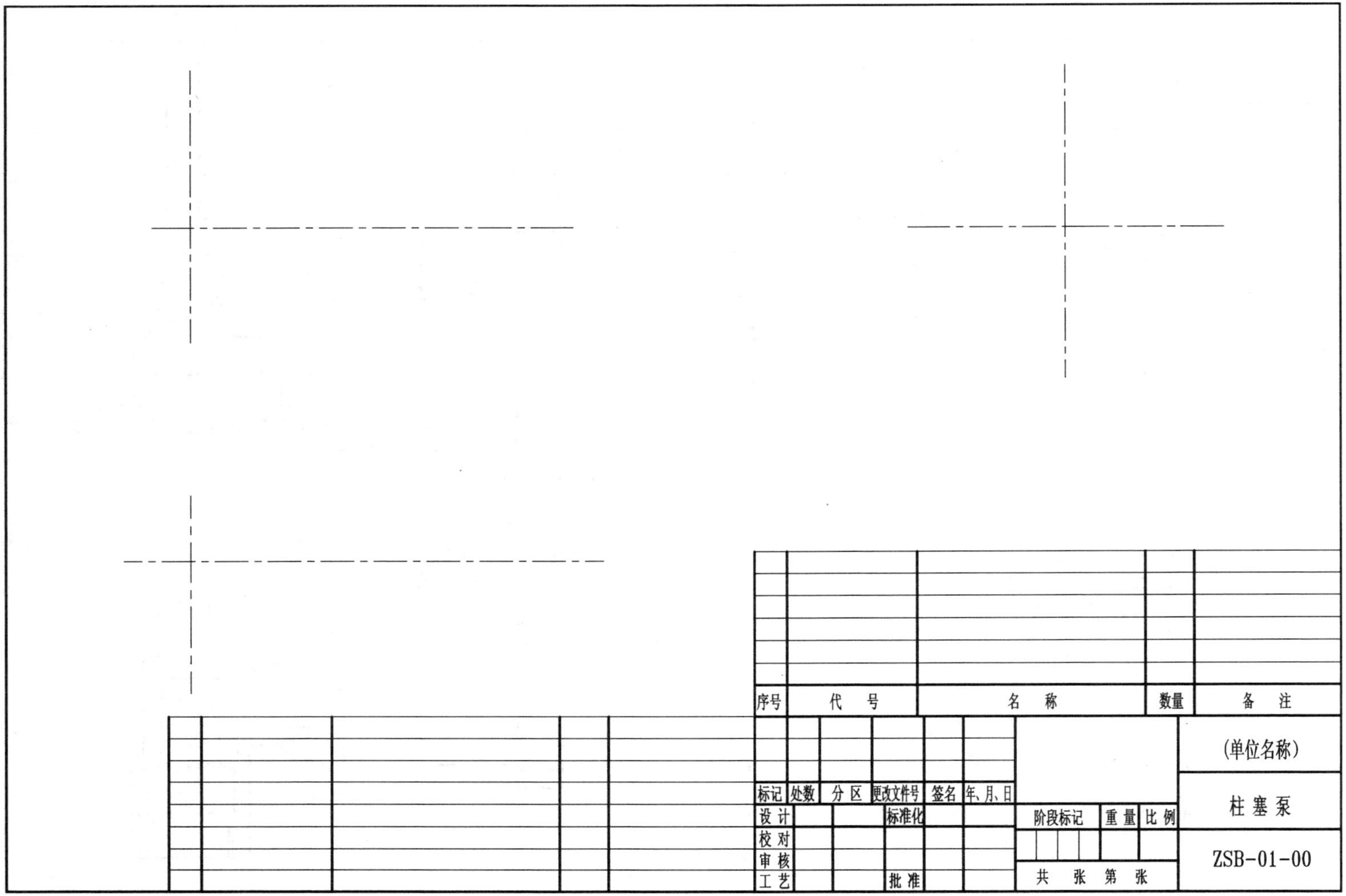

图8-28(a) 画装配图的步骤（一）

序号	代　号	名　称	数量	备　注

						(单位名称)
标记	处数	分区	更改文件号	签名	年,月,日	柱塞泵
设计			标准化			阶段标记	重量	比例	ZSB-01-00
校对								
审核								
工艺			批准			共　张	第　张	

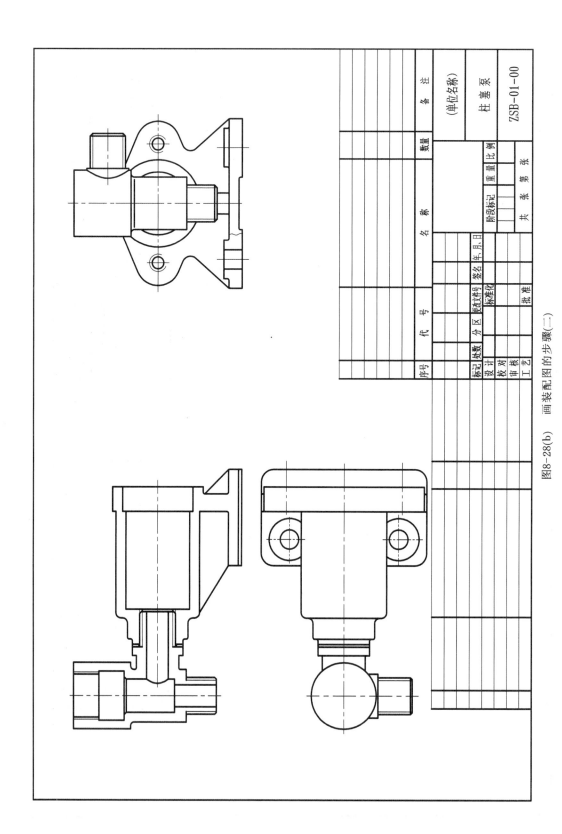

序号	代	号	名	称	数量	备 注

图8-28(b)　画装配图的步骤(二)

(单位名称)

柱塞泵

ZSB-01-00

标记	处数	分区	更改文件号	签名	年、月、日		阶段标记	重量	比例
设计			标准化						
校对							共　张	第　张
审核									
工艺			批准						

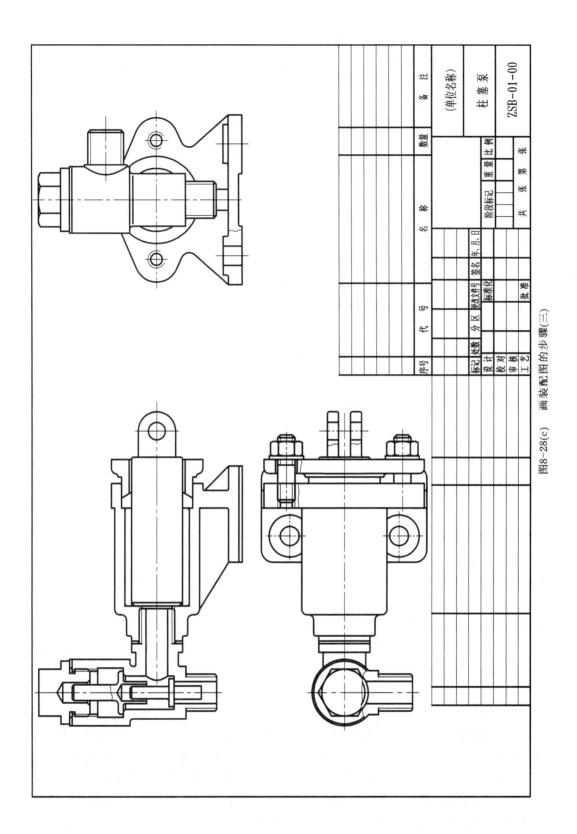

图8-28(c)　画装配图的步骤(三)

备注		(单位名称)	柱塞泵
			ZSB-01-00

（2）选择其他视图。主视图确定之后,再选取能反映其他装配关系、外形结构的视图,以补充主视图没有表达清楚的地方。因此,选择左视图和俯视图表达泵体和管接头的外形结构,并在俯视图中采取局部剖的表达方法来反映泵体、压盖、螺纹连接组件的连接关系及柱塞的结构,如图 8-27 中的俯视图。

3. 画装配图的步骤

（1）根据所选择的视图表达方案及部件的实际大小和结构复杂程度,确定合适的图形比例和图幅大小。选定图幅时不仅要考虑视图所需的面积,而且还要把标题栏、明细表、零件序号、标注尺寸和标注技术要求的位置一并考虑进去,以便合理地布置图面。

（2）画出各视图的主要装配轴线、对称中心线及作图基线,如图 8-28(a)所示。

（3）画各视图时,一般可从主视图画起,沿主要装配轴线,按顺序画各零件,其他视图配合同时进行。画图时可采取由内向外画,也可采取由外向内画。先画主要结构,后画次要结构,如图 8-28(b)、(c)所示。

（4）经检查无误后,加深图线,标注必要的尺寸和技术要求,标注序号,填写标题栏和明细表,完成全图。最后完成的柱塞泵装配图,如图 8-27 所示。

8.8　读装配图和由装配图拆画零件图

工程技术人员通过读装配图来了解机器或部件的结构、用途和工作原理。在设计机器或部件时,通常先画装配图,然后根据装配图来绘制零件图。因此,看懂装配图和由装配图拆绘零件图是工程技术人员必须掌握的技能。

8.8.1　读装配图的方法和步骤

以图 8-29 所示的蝴蝶阀为例。

1. 概括了解

从装配图的标题栏、技术要求、各视图和产品说明书,了解机器或部件的用途和工作原理,并对它的结构形状有个大致的了解。图 8-29 的标题栏中部件的名称为蝴蝶阀。从左视图可知它的口径为 $\phi55$ mm,这是阀的规格尺寸。此阀是管道中用以截断气流或液流的装置,它由齿轮、齿条机构来实现截流。当外力推动齿杆 13 左右移动时,与齿杆(齿条)啮合的齿轮 7 就带动阀杆 3 旋转,使阀门 2 开启或关闭,旋转角的大小就是阀门的开阀度(0°～ 90°)。从零件序号和明细表上可知它由 16 个零件组成,对照各视图便可找出全部零件。

2. 分析视图

阅读装配图时,一般从主视图开始,按照投影规律,找出各视图间的投影关系,进而明确各视图所表达的内容。运用结构分析、形体分析、线面分析及装配图的表达方法等,一步步地仔细推敲,想象分析出装配体的总体结构形状,进而了解部件的结构和特点。

例如,蝴蝶阀采用了三个视图,主视图主要表达了它的外形结构,左视图表达大部分零件间的装配关系和连接关系,俯视图除了表达形状大小外,主要表达齿杆 13 与齿轮 7 的传动方式。

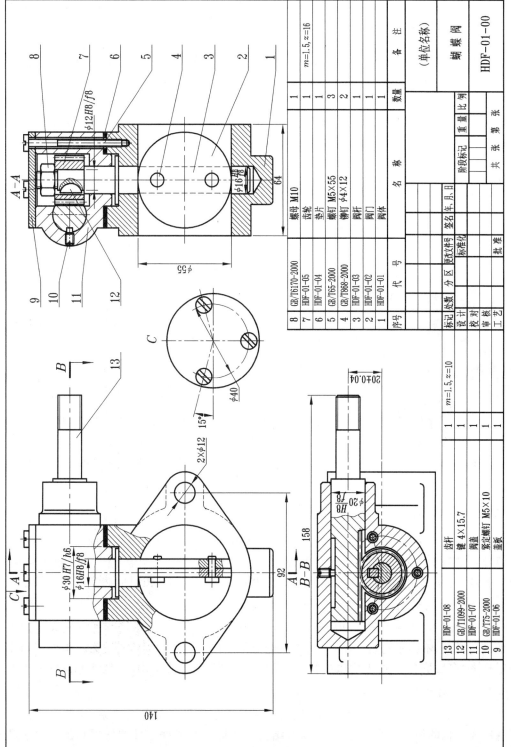

图8-29 蝴蝶阀装配图

序号	代 号	名 称	数量	备 注
8	GB/T6170-2000	螺母 M10	1	
7	HDF-01-05	齿轮	1	$m=1.5, z=16$
6	HDF-01-04	垫片	1	
5	GB/T65-2000	螺钉 M5×55	3	
4	GB/T868-2000	铆钉 $\phi4×12$	2	
3	HDF-01-03	阀杆	1	
2	HDF-01-02	阀门	1	
1	HDF-01-01	阀体	1	

13	HDF-01-08	齿杆	1	$m=1.5, z=10$
12	GB/T1099-2000	键 4×15.7	1	
11	HDF-01-07	阀盖	1	
10	GB/T75-2000	紧定螺钉 M5×10	1	
9	HDF-01-06	盖板	1	

标记	处数	分区	更改文件号	签名	年、月、日			(单位名称)
设 计			标准化			阶段标记	重量	比例	蝴 蝶 阀
校 对								
审 核								HDF-01-00
工 艺			批准			共 张	第 张	

· 221 ·

3. 分析零件

为了进一步深入了解机器或部件的构造,还应仔细分析每一零件在机器或部件中所起的作用,并弄清楚每个零件的结构形状和各零件间的装配关系。

在装配图上能否正确区分各个零件是读懂零件的前提和关键。如何准确地从装配图中分离出零件,一般的方法是运用装配图中的零件序号和同一零件剖面线方向一致、间隔相同的特点,并根据投影规律(借助丁字尺、三角板、分规等工具),在装配图中逐个确定出各个零件的投影,逐个读懂。

现以图 8-29 中的阀盖为例来说明:首先在左视图中找到阀盖 11,根据规定画法和特殊表达方法区分和它相邻的零件盖板 9、齿杆 13、垫片 6 及阀体 1,阀盖中装有螺钉 5、紧定螺钉 10 及阀杆 3,中间还容纳有齿轮等零件。结合三个视图的分析可知:阀盖外形为轴线水平和垂直的两圆柱体,内腔为供装齿杆和阀杆的轴孔,顶部有三个供装盖板螺钉的通孔等结构形状。

4. 归纳总结,想出部件总体结构

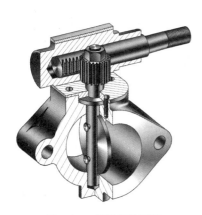

图 8-30　蝴蝶阀轴测图

经上述分析阅读后,对各零件的结构形状已比较清楚,这时可从下面几个方面检查归纳,从而进一步全面深入了解部件。

(1)深入了解零件的作用及结构特点,如蝴蝶阀中的齿杆,其杆上的长槽嵌入紧定螺钉 10 的末端以限制齿杆 13 转动,并保证齿杆与齿轮 7 的啮合。

(2)分析装拆顺序。例如,蝴蝶阀的装拆顺序应是首先松开紧定螺钉 10,抽出齿杆 13;然后松开螺钉 5,打开盖板 9;最后取下螺母 8,将阀盖 11 与齿轮 7 同时从阀杆 3 上取出。如需拆下阀门 2,则敲去铆钉 4 即可。

(3)阅读图上尺寸及配合等。

通过上述分析,可以想象出蝴蝶阀的总体结构形状,如图 8-30 所示。

8.8.2　由装配图拆画零件图

在设计过程中,常常要根据装配图拆画零件图,简称为拆图。为了使拆画的零件图符合设计要求和工艺要求,拆图必须在全面读懂装配图的基础上进行。关于零件图的内容、要求和画法,在前面已经讨论过,这里只讨论由装配图拆画零件图时应注意的几个问题。

1. 零件视图的选择

一般情况下,应根据零件结构形状的特点和前面所述零件视图选择的原则来确定零件的表达方案,不强求与装配图一致,更不能简单照抄装配图中的零件投影。但对于箱体类零件,大多数情况下主视图的选择尽可能与装配图表达一致,以便于读图和画图。

2. 零件结构形状的处理

(1)补充装配图中未定结构。装配图主要是表示零件间的装配关系,往往对零件上某些次要结构的形状没有表达完全,这些结构应在拆图时根据零件的作用和工艺要求进行补充设计。

(2)拆图时,应结合零件的工艺要求,增补装配图上可能被省画的结构,如倒角、退刀槽等。

（3）对于装配时经加工而变形的结构,拆图时应恢复零件在装配前的原形,如铆接和卷边结构的拆图,如图 8-31、图 8-32 所示。

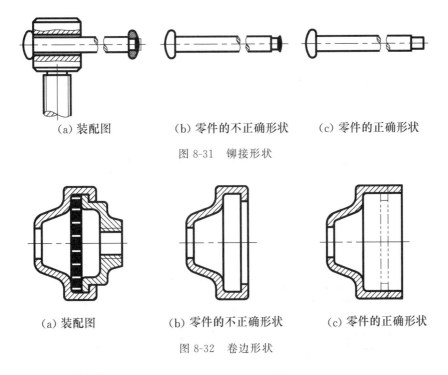

（a）装配图　　　　（b）零件的不正确形状　　　（c）零件的正确形状

图 8-31　铆接形状

（a）装配图　　　　（b）零件的不正确形状　　　（c）零件的正确形状

图 8-32　卷边形状

3. 零件图上的尺寸处理

（1）装配图上已注出的尺寸,在有关的零件图上直接标注。对于配合尺寸、某些相对位置尺寸要标出偏差数值。

（2）有关标准结构的尺寸,如键槽、沉孔、倒角、退刀槽、越程槽等,应查阅有关的标准。

（3）根据装配图所给的数据应进行计算的尺寸,如齿轮分度圆直径、中心距等尺寸,要依据模数和齿数等计算确定。

（4）在装配图中没有标注出的零件各部分尺寸,可按比例直接从装配图中量取,并取为整数。对有装配关系的尺寸要注意相互协调,避免造成尺寸矛盾。

4. 零件的表面粗糙度和其他技术要求的确定

零件各表面都应注出表面粗糙度。表面粗糙度数值的选用应根据零件表面的作用和要求来确定。接触面、配合面的表面粗糙度的数值应较小,非接触面、非配合面的表面粗糙度的数值较大,可参照生产中的实例,用类比法确定。

8.8.3　拆图举例

根据图 8-29 所示的蝴蝶阀装配图,拆画阀盖 11 的零件图。

首先读懂蝴蝶阀装配图,分离出零件阀盖 11,找出阀盖在各个视图上的投影,再仔细分析阀盖的具体结构形状,根据其特点确定适当的表达方案。针对阀盖在装配图上的三个视图,其工作位置、加工位置基本符合零件的表达要求,主要的内外结构形状也已表达清楚,画阀盖零件图时可直接引用。由于阀盖底部凸台端面的具体形状在装配图中未表达清楚,所以另外增加一个 C 向视图来表达其形状。有关尺寸等其他内容的处理可按上述方法逐步进行。最后画出阀盖的零件图如图 8-33 所示。

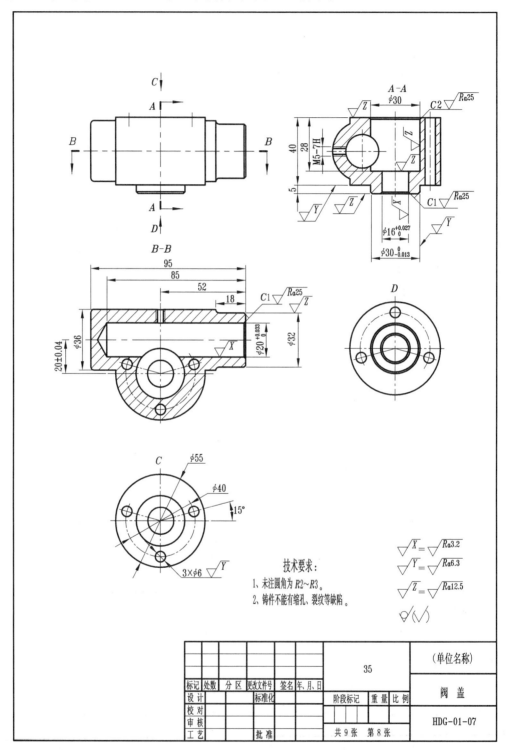

图 8-33　阀盖零件图

第9章 轴测投影图

关键词

　　轴测图　正等测　斜二测

主要内容

　　1. 轴测图的基本知识

　　2. 正等测的画法

　　3. 斜二测的画法

　　4. 轴测剖视图、平面曲线、相贯线的画法

学习要求

　　1. 弄清轴测图的基本概念、投影特性及分类

　　2. 掌握平面立体及曲面立体正等测的画法

　　3. 了解斜二测的画法

　　4. 了解轴测剖视图、平面曲线、相贯线的画法

9.1　概　　述

　　用多面正投影图可以比较全面地表示物体的形状,具有良好的度量性,作图简便,但它缺乏立体感,如图 9-1(a)所示的机件,必须有一定的读图能力才能看懂。如果将该机件连同其参考直角坐标系,沿不平行于任一坐标面的方向,用平行投影法将其投射在单一投影面上所得的图形,如图 9-1(b)所示,这种图称为轴测图。轴测图在一个投影面上能同时反映物体长、宽、高三个方向的尺度,立体感较强,能弥补多面正投影图立体感不足的缺点。轴测图也有缺点:平行于三个坐标面的平面图形都有改变,不能确切反映平面的真实形状;并且图面中不画不可见的投影轮廓线,因而对有些物体的形状表达不完整,也不便于标注尺寸;绘制时比较复杂。所以,轴测图在工程中一般仅用来作为辅助图样。

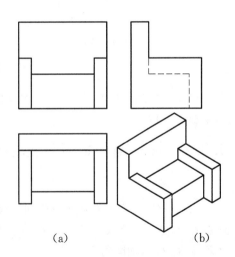

(a)　　　　　　　　(b)

图 9-1　机件的多面正投影图与轴测图

9.2　轴测投影的基本概念

9.2.1　轴测图的形成

　　用平行投影法将物体向一个投影面进行投射时,改变物体对投影面的相对位置或改

变投射方向,都会得到不同的投影,图 9-2 中表示了两种不同的情况。

第一种情况如图 9-2(a)所示。投射方向 S 仍垂直于投影面 P,但确定物体的空间直角坐标轴 O_0X_0、O_0Y_0、O_0Z_0 都与 P 平面倾斜,这时三个坐标轴对投影面 P 来说,都是一般位置,因此它们的投影 O_1X_1、O_1Y_1、O_1Z_1 仍然是直线,三个轴向线段 O_0A_0、O_0B_0、O_0C_0 的投影 O_1A_1、O_1B_1、O_1C_1 也都仍然是直线,这样得到的投影图能反映物体三个方向的形状,接近人们的视觉习惯,有立体感。这种图称为正轴测投影图,简称正轴测图。

第二种情况如图 9-2(b)所示。投射方向 S 倾斜于投影面 P,而确定物体的空间直角坐标轴 O_0X_0、O_0Y_0、O_0Z_0 都不与投射方向 S 平行或者垂直。这时,坐标轴 O_0X_0、O_0Y_0、O_0Z_0 的投影 O_1X_1、O_1Y_1、O_1Z_1 也仍然是直线,因而相应的轴向线段 O_0A_0、O_0B_0、O_0C_0 的投影 O_1A_1、O_1B_1、O_1C_1 也仍然是直线段。因此,这样得到的投影图也能反映物体三个方向的形状,使人看上去有立体感。这种图称为斜轴测投影图,简称斜轴测图。

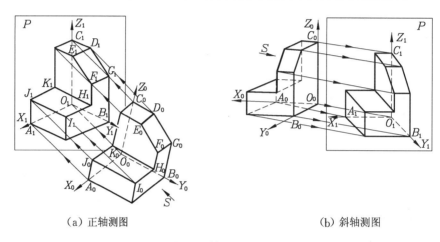

（a）正轴测图　　　　　　　　　　　　（b）斜轴测图

图 9-2　轴测图的形成

由以上所述,可知轴测图是一种单面平行投影图,它的投射方向与确定物体的三个坐标轴都不平行。

9.2.2　轴间角和轴向伸缩系数

1. 轴间角

上述投影面 P 称为轴测投影面。确定物体位置的空间直角坐标轴 O_0X_0、O_0Y_0、O_0Z_0 的投影 O_1X_1、O_1Y_1、O_1Z_1 称为轴测轴。轴测轴之间的夹角 $\angle X_1O_1Y_1$、$\angle Y_1O_1Z_1$、$\angle Z_1O_1X_1$ 称为轴间角。

2. 轴向伸缩系数

直角坐标轴的轴测投影的单位长度与相应直角坐标轴上的单位长度的比值称为轴向伸缩系数,分别用 p、q 和 r 表示 OX 轴、OY 轴和 OZ 轴的轴向伸缩系数。

9.2.3　轴测图的投影特性

（1）物体上互相平行的线段在轴测图中仍互相平行,如图 9-2(a)中,物体上有 $E_0F_0 /\!/$ D_0G_0,故在轴测图上 $E_1F_1 /\!/ D_1G_1$;与坐标轴平行的线段在轴测图中必平行于相应的轴测轴,并且所有同一轴向的轴向线段其伸缩系数是相同的。

（2）作物体上不与坐标轴平行的线段的轴测投影的要点是在轴测轴方向上确定该线段两个端点的投影位置,再以直线连接。"轴测"意即沿轴测量,所以三根轴测轴是作图的关键。

（3）在轴测图中不可见的投影,即虚线部分一般不必画出,以使图形清晰。

9.2.4 轴测图的分类

根据投射方向与轴测投影面的相对位置,轴测投影图可分为正轴测投影图和斜轴测投影图。根据轴向伸缩系数不同,这两类轴测投影又可分为三种:

（1）如 $p=q=r$,称为正（或斜）等测。

（2）如 $p=q\neq r$,或 $p\neq q=r$,或 $p=r\neq q$,称为正（或斜）二测。

（3）如 $p\neq q\neq r$,称为正（或斜）三测。

在实际作图时,正等测和斜二测用得较多,因此,本章仅介绍正等测和斜二测两种轴测图的画法。

9.3 正 等 测

9.3.1 正等测的轴间角和轴向伸缩系数

在正等测图中,确定空间物体的三个直角坐标轴（O_0X_0、O_0Y_0、O_0Z_0）对轴测投影面的倾斜角度相等。因此,在投影图中三个轴间角均为 $120°$,如图 9-3(a)所示。

基于上述特点,空间物体上三个坐标轴的长度投影后都在相应的轴测轴方向上以相同轴向伸缩系数变化。正等测的轴向伸缩系数为 $p=q=r=0.82$。

为作图简便,将三个轴向伸缩系数均取为 $p=q=r=1$,称简化伸缩系数。作图时三个轴向尺寸都按实际长度量取,其图形不变,只是形状按一定比例放大了,图上线段的放大倍数为 $1/0.82\approx1.22$ 倍。

作图时,一般使 O_1Z_1 轴画成竖直位置,用丁字尺、三角板配合画出 O_1X_1 轴和 O_1Y_1 轴,如图 9-3(b)所示。

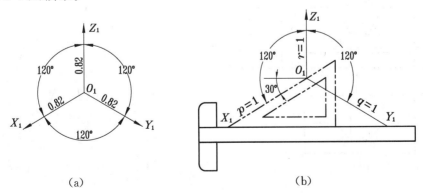

(a)   （b）

图 9-3 正等测图的轴向伸缩系数和轴间角

9.3.2 平面立体的正等测画法

画轴测图常用的方法为坐标法和方箱切割法,而坐标法是最基本的方法。在实际作图时,还应根据物体的形状特点不同而灵活采用各种不同的作图方法,下面举例说明。

例 9.1 作出正六棱柱的正等测图[图 9-4(a)]。

因为作物体轴测图时,习惯上是不画出其虚线的,所以作正六棱柱的轴测图时为了减少不必要的作图线,先从顶面开始作图比较方便。

如图 9-4(b)所示,将坐标轴原点 O_1 作为正六棱柱顶面的中心,按坐标尺寸 a 和 b 求得轴测图上的点 1、4 和 7、8;过点 7、8 作 O_1X_1 轴的平行线,按 X_1 坐标尺寸求得 2、3、5、6点,完成正六棱柱顶面的轴测投影[图 9-4(c)];再向下画出四条可见的垂直棱线,量取高度 h,连接各点,作出正六棱柱的底面[图 9-4(d)];最后擦去多余的作图线并描深,即完成作图[图 9-4(e)]。

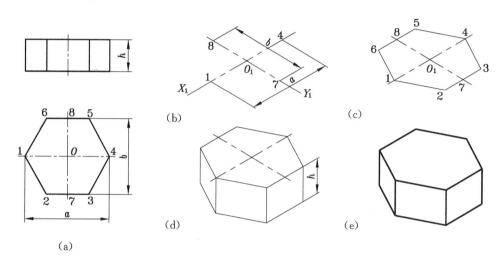

图 9-4 正六棱柱正等测图的作图步骤

例 9.2 根据所给的三面投影[图 9-5(a)]画正等测图。

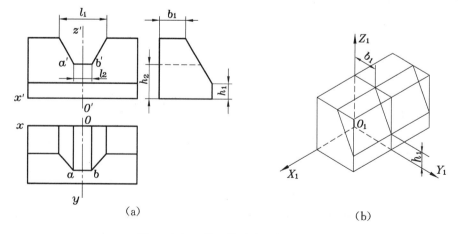

图 9-5 切口体正等测图的作图步骤

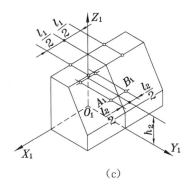 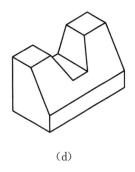

(c)   (d)

图 9-5　切口体正等测图的作图步骤(续)

该物体基本形状是一个长方体被平面切割而成。作图时先在投影图上定出坐标轴 [图9-5(a)],作轴测轴和完整的长方体,根据侧面投影和有关尺寸作出前斜面[图9-5(b)]。 再根据正面投影及相应尺寸作凹槽的顶面和底面的端点[图9-5(c)]。最后判别可见性, 虚线部分不作,连接切口各端点,加深完成作图[图9-5(d)]。

9.3.3　曲面立体的正等测画法

要掌握曲面立体的正等测的画法,首先要掌握圆的正等测的画法。

1. 圆的正等测

在一般情况下,圆的轴测投影为椭圆。坐标面(或其平行面)上圆的正等测投影(椭圆)的长轴方向与该坐标面垂直的轴测轴垂直,短轴方向与该轴测轴平行。对于正等测,水平面上椭圆的长轴处在水平位置,正平面上椭圆的长轴方向为向右上倾斜 60°,侧平面上椭圆的长轴方向为向左上倾斜 60°(图 9-6)。

在正等测中,如采用轴向伸缩系数,则椭圆的长轴为圆的直径 d,短轴为 0.58d [图 9-6(a)]。如按简化伸缩系数作图,其长、短轴长度均放大 1.22 倍,即长轴长度等于 1.22d,短轴长度等于 $1.22 \times 0.58d \approx 0.7d$[图 9-6(b)]。

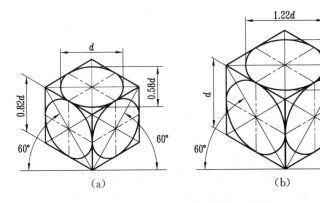

(a)   (b)

图 9-6　坐标面上圆的正等测

为了简化作图,轴测投影中的椭圆通常采用菱形法和六点共圆法两种近似画法。

第一种,菱形法。

(1)首先通过椭圆中心 O_1 作 O_1X_1、O_1Y_1 轴,并按直径 d 在轴上量取 A、B、C、D 四

点[图9-7(a)①]。

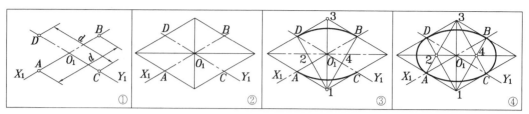

（a）XOY 面圆的正等测图

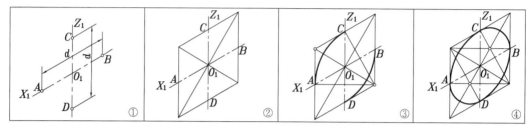

（b）XOZ 面圆的正等测图

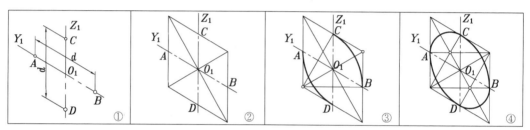

（c）YOZ 面圆的正等测图

图 9-7　菱形法

（2）过点 A、B 与 C、D 分别作 O_1Y_1 轴与 O_1X_1 轴的平行线，所形成的菱形即为已知圆的外切正方形的轴测投影，而所作的椭圆则必然内切于该菱形，该菱形的对角线即为长、短轴的位置[图9-7(a)②]。

（3）分别以 1、3 点为圆心，以 1—B 或 3—A 为半径作两个大圆弧 $\overparen{BD}$ 和 $\overparen{AC}$，连接 1—D、1—B，与长轴相交于 2、4 两点，即为两个小圆弧的中心[图9-7(a)③]。

（4）分别以 2、4 两点为圆心，以 2—D 和 4—B 为半径作两个小圆弧与大圆弧相接，即完成该椭圆[图9-7(a)④]。显然，点 A、B、C、D 正好是大、小圆弧的切点。

$X_1O_1Z_1$ 和 $Y_1O_1Z_1$ 面上的椭圆见图 9-7(b)、(c)，仅长、短轴的方向不同，其画法与在 $X_1O_1Y_1$ 面作的椭圆完全相同。

第二种，六点共圆法。

画圆的正等测时，必须搞清圆平行于哪一个坐标面。根据椭圆长、短轴的特征，先确定椭圆的短轴方向，再作短轴的垂线，确定椭圆的长轴方向，最后画出圆的正等测图。

以 XOY 面的正等测图为例，介绍六点共圆法作正等测图的具体步骤：

（1）画出轴测轴 O_1X_1、O_1Y_1、O_1Z_1（椭圆短轴），在垂直于 O_1Z_1 方向画出椭圆长轴[图9-8(a)①]。

（2）以 O_1 为圆心，以圆的半径 R 画圆，交 O_1X_1、O_1Y_1 得 A、B、C、D 点，与 O_1Z_1（椭圆

短轴)相交,得 1、2 点[图 9-8(a)②]。

(3) 连接 A—2 和 D—2,与椭圆长轴交于 3、4 点[图 9-8(a)③]。

(4) 分别以 1、2 点为圆心,以线段 A—2(或 D—2)为半径画大圆弧;再分别以 3、4 点为圆心,以线段 A—3(或 D—4)为半径画小圆弧,四段圆弧分别相切于 A、B、C、D 四点[图 9-8(a)④]。

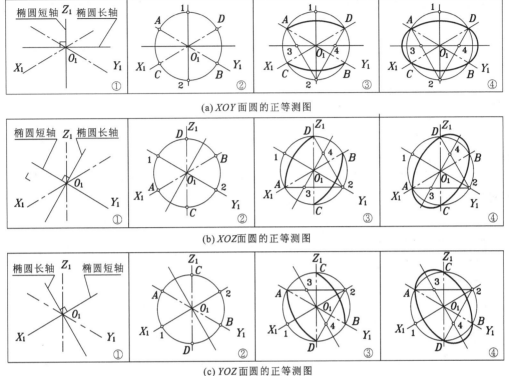

(a) XOY 面圆的正等测图

(b) XOZ 面圆的正等测图

(c) YOZ 面圆的正等测图

图 9-8 六点共圆法

掌握了圆的正等测的画法后,就不难画出回转曲面立体的正等测。图 9-9(a)、(b) 分别表示圆柱和圆锥台的正等测画法。作图时,先分别作出其顶面和底面的椭圆,再作其公切线即成。

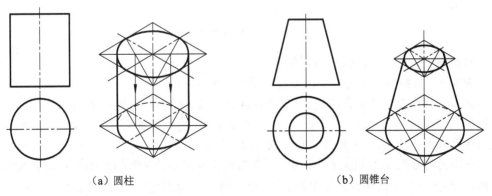

(a) 圆柱　　　　　　　　　　(b) 圆锥台

图 9-9 圆柱和圆锥台的正等测画法

2. 圆角的正等测

平行于坐标面的圆角,实质上是平行于坐标面的圆的一部分。因此,其轴测图是椭圆的一部分,特别是常见 1/4 圆周的圆角,其正等测图恰好是上述近似椭圆的四段圆弧中的一段。

现以图 9-10(a)所示平板为例,说明圆角的简化画法:

(1) 画出长方体平板的轴测图,并根据圆角的半径 R,在平板上底面相应的棱线上找出切点 1、2、3 和 4[图 9-10(b)]。

(2) 过切点 1、2 分别作其相应棱线的垂线得交点 O_1,过 3、4 作相应棱线的垂线得交点 O_2[图 9-10(c)]。

(3) 以 O_1 为圆心、O_1—1 为半径作圆弧$\overparen{1—2}$,以 O_2 为圆心、O_2—3 为半径作圆弧$\overparen{3—4}$,即得平板上底面圆角的轴测图[图 9-10(d)]。

(4) 将圆心 O_1、O_2 下移平板的厚度 h,再用与上底面圆弧相同的半径分别画圆弧,即得平板下底面圆角的轴测图[图 9-10(e)]。

(5) 在右端作上下小圆弧的公切线,并擦去多余的作图线,加深图线,即得带圆角的平板正等测图[图 9-10(f)]。

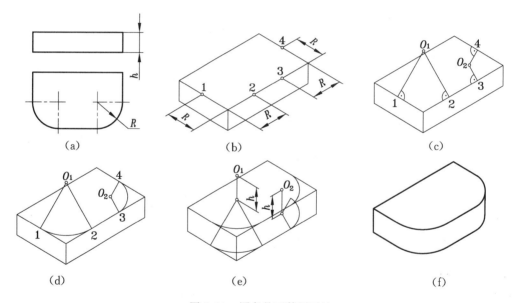

图 9-10　圆角的正等测画法

对曲面立体的正等测综合举例如下。

例 9.3 根据组合体的已知两面投影作正等测[图 9-11(a)]。

该组合体由两部分组合而成:上部分为直立竖板,由棱柱与圆柱相切而形成,板上有一圆柱孔,其结构上的圆均平行于 $Z_1O_1X_1$ 坐标面(V 面);下部为底板,其上有两个铅垂的圆柱孔和两个圆角,圆平面都平行于 $X_1O_1Y_1$ 坐标面(H 面)。

作图过程如图 9-11(b)、(c)所示。首先将形体的两部分依据给定的相对位置按平面立体画出,然后作出椭圆的外切菱形,进而画出两个方向的椭圆(包括孔底的可见部分),并按圆角的简化画法画出圆角。最后清理图面,加深图线,即完成作图。

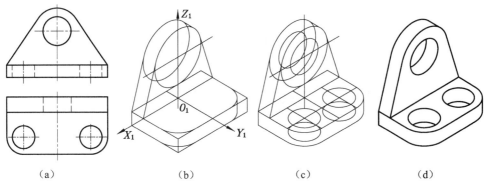

（a）　　　　　　　　　（b）　　　　　　　　　（c）　　　　　　　　　（d）

图 9-11　支架的正等测画法

9.4　斜　二　测

9.4.1　斜二测的轴间角和轴向伸缩系数

　　如图 9-12（a）所示，在斜轴测投影中通常将物体放正，使 $X_0 O_0 Z_0$ 坐标平面平行于轴测投影面 P，因而 $X_0 O_0 Z_0$ 坐标面或其平行面上的任何图形在 P 面上的投影都反映实形，称为正面斜轴测投影。最常用的一种为正面斜二测（简称斜二测），其轴间角 $\angle X_1 O_1 Z_1 = 90°$，$\angle X_1 O_1 Y_1 = \angle X_1 O_1 Z_1 = 135°$，轴向伸缩系数 $p = r = 1$，$q = 0.5$，作图时，一般使 $O_1 Z_1$ 轴处于垂直位置，则 $O_1 X_1$ 轴为水平线，$O_1 Y_1$ 轴与水平线成 $45°$，如图 9-12（b）所示。

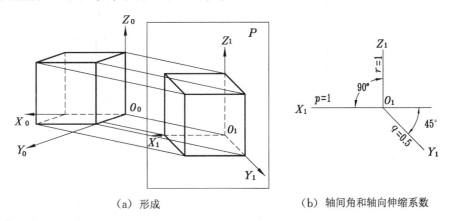

（a）　形成　　　　　　　　　　　　　　　（b）　轴间角和轴向伸缩系数

图 9-12　斜二测的形成、轴间角和轴向伸缩系数

9.4.2　斜二测的画法

　　斜二测的特点是物体上与轴测投影面平行的表面在轴测投影中反映实形。因此画斜二测时，应尽量使物体上形状复杂的一面平行于 $X_1 O_1 Z_1$ 面（V 面）。

　　斜二测的画法与正等测的画法相似，但它们的轴间角不同，而且其伸缩系数 $q = 0.5$，所以画斜二测时，沿 $O_1 Y_1$ 轴方向的长度应取物体上相应长度的一半。

　　将图 9-13（a）所示的边长为 L 的立方体画成斜二测，则得图 9-13（b）的图形。

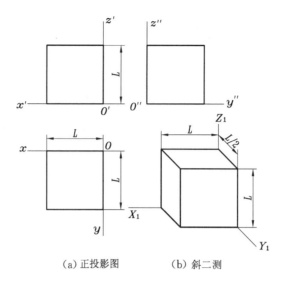

（a）正投影图　　　（b）斜二测

图 9-13　立方体的斜二测

例 9.4　根据图 9-14(a)投影图,作支架的斜二测。

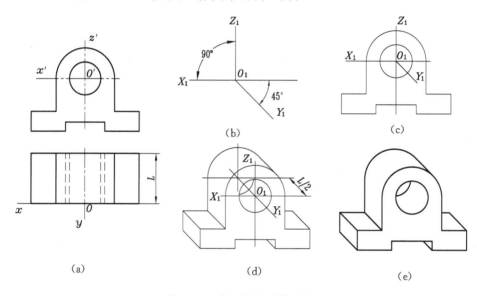

图 9-14　支架的斜二测画法

图 9-14(a)所示支架的表面上的圆均平行于正面,所以选择正面作为轴测投影面。这样,物体上所有的圆和半圆,其轴测投影仍为同样大小半径的圆和半圆,作图简便。

(1) 在正投影图上定出直角坐标轴和坐标原点[图 9-14(a)]。

(2) 作轴测轴,将 O_1X_1 轴画成水平,使 $\angle X_1O_1Z_1 = 90°$,O_1Y_1 轴与水平成 45°[图 9-14(b)]。

(3) 以 O_1 为圆心,以 O_1Z_1 轴为对称线画出图 9-14(a)的正面投影,即为支架前面的轴测图[图 9-14(c)]。

(4) 在 O_1Y_1 轴上距 O_1 点向后 $L/2$ 处取一点作为圆心,再按上一步骤作出支架后面的轴测图,并画出上部分外轮廓圆右侧的公切线及 O_1Y_1 轴方向的轮廓线[图 9-14(d)]。

（5）擦去不可见的轮廓线及作图线，并加深图线，即为支架的斜二测[图 9-14(e)]。

9.4.3　圆的斜二测

对于斜二测，凡平行于坐标面 $X_1O_1Z_1$ 的圆，其轴测投影仍为同半径的圆。但平行于另外两个坐标面的圆，其轴测投影则不再是圆，而是椭圆，如图 9-15 所示。对于平行于 $X_1O_1Y_1$ 坐标面的圆，其轴测投影椭圆的长轴与 O_1X_1 轴成 7°；对于平行于 $Y_1O_1Z_1$ 坐标面的圆，其轴测投影椭圆的长轴与 O_1Z_1 轴成 7°，短轴与长轴垂直。

椭圆的长轴 $A_1B_1 \approx 1.06d$，短轴 $C_1D_1 \approx 0.33d$，其中 d 为圆的直径。

斜二测上的椭圆虽然可用近似画法，但也比较烦琐。因此，对于三个坐标面方向都有圆的物体，一般不采用斜二测。如用斜二测时，最好采用坐标法画椭圆。图 9-16(a)所示为 $X_1O_1Y_1$ 平面内的圆，画斜二测图时，可先过 y 轴的任意点 a 作 x 轴的平行线，与圆相交得 1、2 两点。然后在轴测轴 O_1Y_1 上取 $O_1a_1 = Oa/2 = y/2$，过 a_1 作 O_1X_1 轴的平行线，并在此平行线上取 $a_1-1_1 = a_1-2_1 = x$，即得椭圆上的两点 1_1、2_1[图 9-16(b)]。按此法可在椭圆上作出若干点，用曲线板把它们光滑地连接起来，即为斜二测上的椭圆。

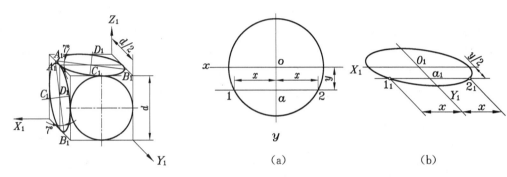

图 9-15　平行于坐标面圆的斜二测　　　　　图 9-16　用坐标法作椭圆

9.5　轴测剖视图的画法

9.5.1　轴测图的剖切方法

在轴测图中，为了表达零件内部的结构形状，可假想用剖切平面将零件的一部分剖去，这种剖切后的轴测图称为轴测剖视图。一般用两个互相垂直的轴测坐标面（或其平行面）进行剖切，能较完整地显示该零件的内、外形状[图 9-17(a)]，尽量避免用一个剖切平面剖切整个零件[图 9-17(b)]和选择不正确的剖切位置[图 9-17(c)]。

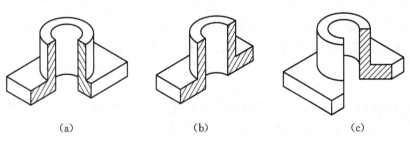

(a)　　　　　　　　　(b)　　　　　　　　　(c)

图 9-17　轴测图剖切的正误方法

轴测剖视图中的剖面线方向应按图 9-18 所示方向画出，正等测如图 9-18（a）所示，斜二测如图 9-18（b）所示。

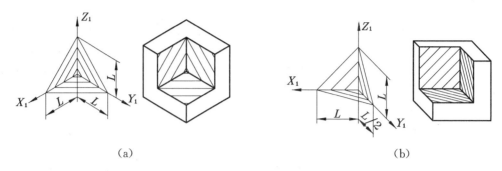

（a）   （b）

图 9-18　轴测剖视图中剖面线的方向

9.5.2　轴测剖视图的画法

先把物体完整的轴测外形图画出，然后沿轴测轴方向用剖切平面将它剖开。如图 9-19（a）所示底座，要求画出它的正等测剖视图，先画出它的外形轮廓，如图 9-19（b）所示；然后沿 O_1X_1、O_1Y_1 轴方向分别画出其剖面形状[图 9-19（c）]；擦去被剖切掉的 1/4 部分和不可见轮廓，补上剖切后的下部孔的轴测投影，加深图线，并画上剖面线，即完成该底座的轴测剖视图[图 9-19（d）]。

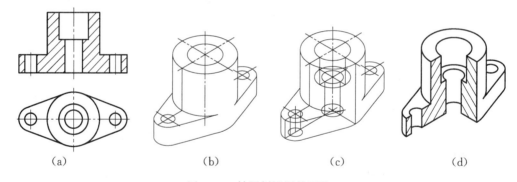

（a）   （b）   （c）   （d）

图 9-19　轴测剖视图的画法

9.6　轴测平面曲线的画法

平面曲线的轴测投影一般用坐标法来画，如图 9-20～图 9-22 所示。

在图 9-20 中：先在投影上定出曲线上一系列点的坐标，如图 9-20（a）所示，然后画圆的轴测投影；再用坐标法画出曲线上相应点的轴测投影，并圆滑连接，如图9-20（b）所示。

在图 9-21 中：①在圆柱面上定一系列素线，如图 9-21（a）所示；②画出圆柱底面，并定出相应素线的位置，如图 9-21（b）所示；③根据相应素线上高度定出椭圆上各点，如图 9-21（c）所示；④圆滑连接各点，加深图线并擦去多余线条，完成全图，如图 9-21（d）所示。

在图 9-22 中：①在投影中定出曲线上一系列点的坐标，如图 9-22（a）所示；②画顶尖的完整轮廓，如图 9-22（b）所示；③画圆柱部分的平切口，如图 9-22（c）所示；④用坐标法

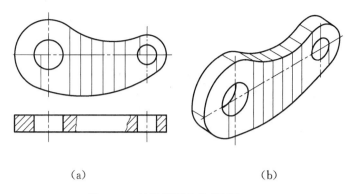

(a)   (b)

图 9-20　轴测平面曲线的画法(一)

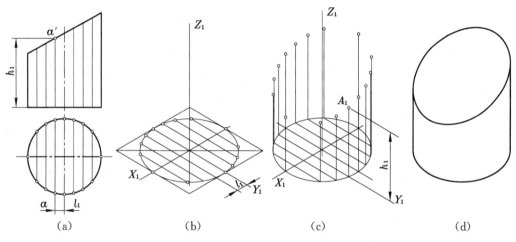

(a)   (b)   (c)   (d)

图 9-21　轴测平面曲线的画法(二)

画出曲线上各点的轴测投影,并圆滑连接,如图 9-22(d)所示;⑤加深图线,擦去多余线条,完成全图,如图 9-22(e)所示。

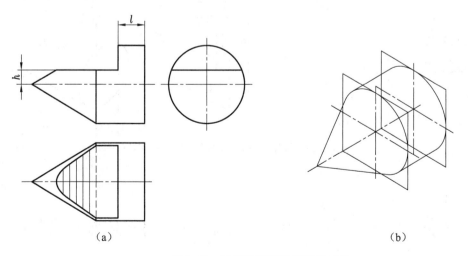

(a)   (b)

图 9-22　轴测平面曲线的画法(三)

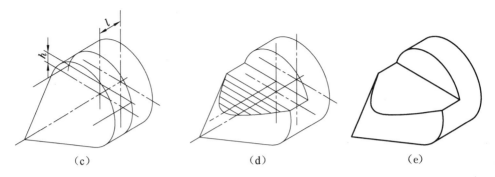

（c） （d） （e）

图 9-22 轴测平面曲线的画法（三）（续）

9.7 轴测图中相贯线的画法

轴测图中的相贯线有两种画法：一种是在投影中定出相贯线上一系列的点，再用坐标法画出它们的轴测投影，并连成圆滑曲线；另一种是在轴测图上直接用辅助平面法来求相贯线上的点，然后连成圆滑曲线。用辅助平面法求立体表面共有点的原理和多面正投影法相同，具体画法见图 9-23。

在图 9-23 中：①在投影图上作辅助正平面，如图 9-23（a）所示；②画相贯两圆柱的轮廓，如图 9-23（b）所示；③作辅助正平面与两圆柱的交线，相应交线的交点就是相贯线上的点，如图 9-23（c）所示；④把所求各点连成圆滑的曲线，并加深图线，擦去多余线条，如图 9-23（d）所示。

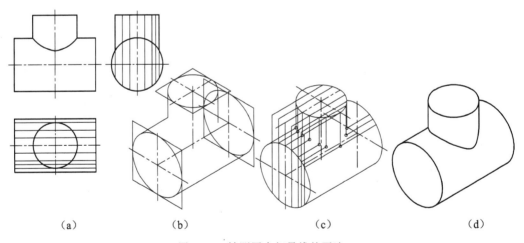

（a） （b） （c） （d）

图 9-23 轴测图中相贯线的画法

第 10 章 AutoCAD 基础知识

关键词

AutoCAD 绘图环境 基本绘图 命令 图形编辑 对象 输出

主要内容

1. AutoCAD 的操作基础

2. 绘图环境设置

3. 基本绘图

4. 图形编辑与对象操作

5. 尺寸标注

6. 图形输出

学习要求

1. 熟悉 AutoCAD 的基本操作

2. 熟悉绘图环境的设置方法和步骤

3. 掌握基本绘图命令及画图方法和步骤

4. 掌握选择对象的操作方法及图形编辑的方法和步骤

5. 基本掌握尺寸标注的设置及标注方法和步骤

6. 基本能绘制平面图形、三视图、零件图、装配图等,并标注尺寸

7. 能将所绘制的图形按照不同的方式进行合理的输出

AutoCAD 是美国 Autodesk 公司于 1982 年开始推出的一款计算机辅助设计软件,经过不断发展、完善和普及,已经广泛应用于机械、建筑、电子、化工、航天等领域,是目前世界上使用最为广泛的计算机绘图软件。

AutoCAD 2015 主要有二维绘图、编辑图形、三维绘图、标注图形、文字书写、图层管理、数据交换、协同设计、图纸管理等功能。本章主要介绍 AutoCAD 2015 绘制工程图的基本操作及常用二维绘图命令。

10.1 AutoCAD 2015 的操作基础

10.1.1 启动与退出

当要启动 AutoCAD 时,只需用鼠标左键双击桌面上的"AutoCAD 2015"快捷图标;也可以打开程序组,选择执行其中的"AutoCAD 2015"程序项。

当要退出 AutoCAD 时,打开"文件"下拉菜单,选择执行"退出"项;或者用鼠标左键单击 AutoCAD 标题栏右上角的关闭按钮。

10.1.2　工作界面

初次打开 AutoCAD 2015 版时,出现的工作界面如图 10-1 所示。

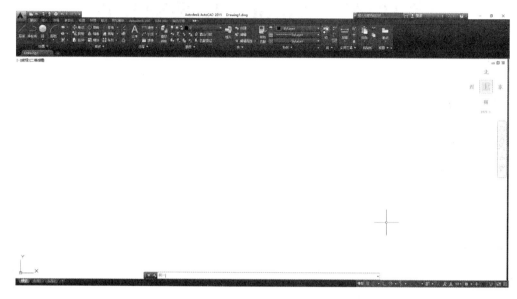

图 10-1　AutoCAD 的工作界面

1. 应用程序菜单

单击应用程序菜单旁边的下拉按钮,可以搜索命令、访问常用工具和浏览文件。

2. 快速访问工具栏

快速访问工具栏位于菜单栏的上面,用于快速访问常见的工具,可以向快速访问工具栏添加无限多的工具。超出工具栏最大长度范围的工具会以弹出按钮的形式显示。

3. 标题栏

在窗口的正上方为标题栏,显示软件的名称、版本及当前正在操作的文件名。启动 AutoCAD 2015 后会载入一个空白文件,默认名称为"Drawing1.dwg"。在标题栏最右端有三个按钮,从左到右分别为"最小化"按钮、"还原"按钮和"关闭"按钮。

4. 菜单栏

标题栏的下面是菜单栏。菜单栏中包含多个菜单名,如"文件""编辑""视图""插入""格式""工具""绘图""标注""修改""参数""窗口""帮助"12 个主菜单。用鼠标单击其中任何一个菜单名,均可以引出一个下拉菜单。

5. 绘图区

窗口中空白区域就是绘图区,即用户的绘图空间。用户所做的一切工作,如绘制的图形、输入的文本及标注的尺寸等都要出现在绘图区中。同其他窗口一样,绘图区同样有自己的滚动条、标题行、控制按钮和控制菜单等。当由鼠标控制的光标位于图形区内时,其形状变为十字准线,用于定位点或选择图形中的对象。此时,状态行中会随时显示十字准线所在位置的坐标值。

6. 命令行窗口

命令行窗口是用户借助键盘输入 AutoCAD 命令和系统显示反馈提示信息的地方。命令行窗口的最下面一行是命令行,显示有提示符"命令:"。

7. 状态行

状态行位于用户界面的最下边。状态行的左边显示当前光标位置的坐标,右边有 15 个按钮,从左至右分别为推断约束、捕捉模式、栅格显示、正交模式、极轴追踪、对象捕捉、三维对象捕捉、对象捕捉追踪、允许/禁止动态 UCS、动态输入、显示/隐藏线宽、显示/隐藏透明度、快捷特性、选择循环和注释监视器。单击这些按钮,可以在"打开"和"关闭"两种不同的状态之间切换。

8. 工具栏

工具栏是 AutoCAD 输入命令的一种方式,单击其上的按钮,即可执行相应的命令。将鼠标指针移到工具栏按钮上时,工具提示将显示按钮的名称。右下角带有小黑三角形的按钮是包含相关命令的弹出工具栏。AutoCAD 2015 初始屏幕中有几个主要工具栏,如标准工具栏、对象特性工具栏、绘图工具栏和修改工具栏等。AutoCAD 2015 有多种工具栏,用户将鼠标移到任一个工具栏上,单击右键,出现一菜单条,前面划勾的是屏幕上显示的工具栏,用户可以根据需要显示或隐藏工具栏。

工具栏是浮动的,用户可以用鼠标将它拖到屏幕任意位置放置。

10.1.3 图形文件管理

1. 创建一个新的图形文件

创建一个新的图形文件要用到"新建"命令。其执行的方法有以下几种:

命令行: New〈Enter〉

下拉菜单: 文件→新建(N)

工具栏: 在标准工具栏中单击图标 ⬚

执行"新建"命令后,屏幕上将显示一个"选择样板"对话框,如图 10-2 所示。对于该对话框,可以选择合适的模板或设置缺省绘图。通常选择 acadiso.dwt 模板。

2. 打开一个已有的图形文件

要打开一个已有的图形文件,必须使用"打开"命令,执行方法有以下几种:

命令行: OPEN〈Enter〉

下拉菜单: 文件→打开(O)

图标: 在标准工具栏中单击图标 ⬚

执行"打开"命令后,屏幕上将显示一个"选择文件"对话框,如图 10-3 所示。用户可在"选择文件"对话框中的"查找范围"列表框中选择文件夹,然后在文件列表框中寻找需要打开的图形文件。

3. 保存图形文件

(1)"保存"命令。"保存"命令以图形文件的当前名字(如果已经命名)或者新名字(图形尚未命名)来保存当前屏幕上的图形。执行"保存"命令可以用以下几种方法:

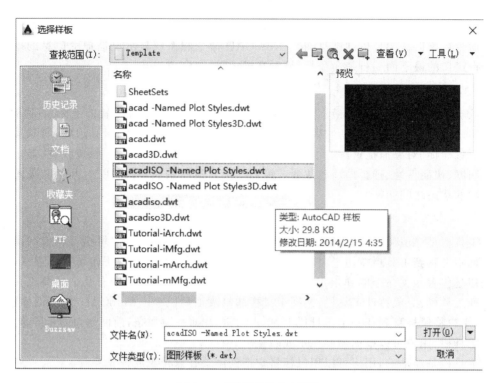

图 10-2 "选择样板"对话框

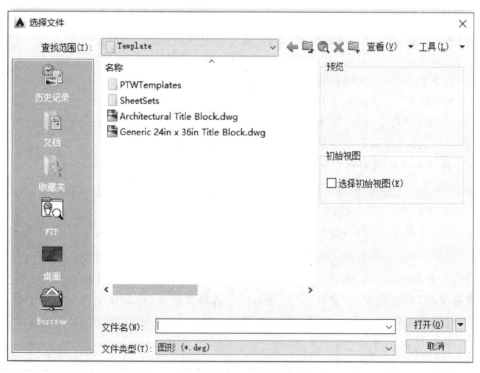

图 10-3 "选择文件"对话框

命令行：　　　Save〈Enter〉

下拉菜单：　文件→保存(S)

图标：　　　　在标准工具栏中单击图标 💾

执行"保存"命令后，如果当前图形已经命名，那么系统继续以原来的文件名存储该图形，在界面上没有任何反应；如果当前图形尚未命名，那么界面上将弹出一个如图10-4所示的"图形另存为"对话框。选择命名文件名、设置文件夹及文件类型后，单击"保存"按钮即可。

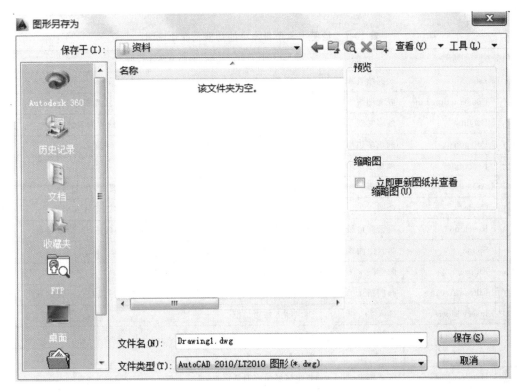

图 10-4 "图形另存为"对话框

（2）使用"另存为"命令。"另存为"命令要求用户以新的文件名存储当前的图形，"另存为"命令执行时将显示"图形另存为"对话框。"另存为"命令有以下几种执行方法：

命令行：　SAVEAS〈Enter〉

下拉菜单：文件→另存为(A)

执行"另存为"命令后，那么界面上将弹出一个如图10-4所示的"图形另存为"对话框，操作同(1)。

10.2 图层设置

图层是AutoCAD的一个非常重要的图形组织工具。可以将图层想象为透明的纸，在不同的透明纸上画出图形的各个不同部分，再把这些透明纸叠加起来形成完整的图形。绘制工程图时，一般不同线型需设置不同的层，如粗实线层、点画线层、虚线层等；不同的内容,也可设置不同的层,如标注层、图框层、剖面线层等。各图层可设置不同的颜色、线宽和线型等。

10.3　基 本 绘 图

无论多么复杂的图形,都可以分解成最基本的图形要素:直线、圆、圆弧等。因此,首先掌握这些基本要素的绘制是非常必要的。常用绘图工具条各命令的功能及操作说明见表 10-1。

表 10-1　绘图工具条各命令的功能及操作说明

图标	命令	功能	参数及操作说明
	Line	画连续直线	起点→第二点→…✓。Close:封闭(只需输入 c)
	Construction Line	画参照线	起点→第二点✓。H:水平,V:垂直,A:角度,B:角分线,O:等距线
	Polyline	画多义线	先输入起点,W:线宽(缺省为 0),A:画圆弧(缺省为直线)
	Polygon	画正多边形	边数(缺省为 4)→中心点→I(外接)/C(内切)→圆半径
	Rectangle	画矩形	第一角点→另一对角点
	Arc	画圆弧	可输入三点,或输入圆心、起点及终点。CE:圆心,A:角度
	Circle	画圆	圆心→半径。3P:过三点,2P:过二点,T:指定二切线及半径
	Revcloud	画云彩边线	起点→按需要轨迹移动光标→终点。A:改变弧长,O:选取对角
	Spline	画自由曲线	起点→控制点→终点✓✓
	Ellipse	画椭圆	中心→轴端点(或长度)→另一半轴长度
	Ellipse Arc	画椭圆弧	一轴的端点→同一轴另一端点→另一轴端点→弧起点→弧终点
	Insert Block	插入块	弹出插入块对话框
	Make Block	创建块	弹出创建块对话框
	Point	画点	在需要的位置上画点
	Hatch	区域填充	弹出区域填充对话框
	Gradient	渐变色填充	弹出渐变色填充对话框
	Region	创建面域	将封闭区域转换为面域,以便进行布尔计算
	Table	创建表格	弹出插入表格对话框
	Multiline Text	输入多行文字	以两对角线的点确定文字区域,弹出多行文字编辑器

10.4　图形编辑与对象操作

修改工具条各命令的功能及操作说明见表 10-2。

表 10-2　修改工具条各命令的功能及操作说明

图标	命令	功能	参数及操作说明
	Erase	删除对象	命令→选择对象→确认(单击鼠标右键或回车);或选择对象→命令
	Copy Object	复制对象	命令→选择对象→确认→输入基准点→移到所需位置✓

图标	命令	功能	参数及操作说明
	Mirror	镜像变换	命令→选择对象→确认→镜像对称线点1、点2→确认
	Offset	等距变换	命令→输入偏移量→选择对象→在对象的内/外单击鼠标左键→✓(结束)
	Array	阵列变换	命令→选择对象→确认→R(矩形)→行、列数→行、列矩。P:环形
	Move	平移变换	命令→选择对象→确认→输入基准点→移到所需位置✓
	Rotate	旋转变换	命令→选择对象→确认→输入旋转中心→输入旋转角度✓
	Scale	比例转换	命令→选择对象→确认→输入基准点→输入缩放比例✓
	Stretch	拉伸变换	命令→框选拉伸部分→点选对象→确认→输入基准点→拉到所需位置✓
	Trim	修剪对象	命令→选择边界→确认→点选需修剪部分→✓
	Extend	延伸到	命令→选择延伸到位置的对象→确认→点选直线需延伸到端→✓
	Break at Point	打断于一点	命令→选择需打断直线→选择直线上需打断的点
	Break	打断	命令→选择直线需打断处第1点→选择直线需打断处第2点
	Join	合并	命令→选择源对象→选择需合并的对象✓
	Chamfer	倒角	命令→输入参数→点选需倒角的第1边→点选需倒角的第2边
	Fillet	倒圆	命令→输入参数→点选需倒圆的第1边→点选需倒圆的第2边
	Explode	分解	命令→选择对象→确认

10.5 尺寸标注

AutoCAD 提供了一些方法让用户控制文本显示,如字体、字符宽度、倾斜角度等格式,用户可以通过设置文本样式来改变字符的显示效果。

命令行: Style

工具栏: 在样式工具栏中单击"文字样式管理器"按钮 A(图 10-5)

下拉菜单:格式→文字样式

图 10-5 "样式"工具栏

10.6 AutoCAD 绘制视图及剖视图

用 AutoCAD 软件绘制如图 10-6 所示的平面图形。

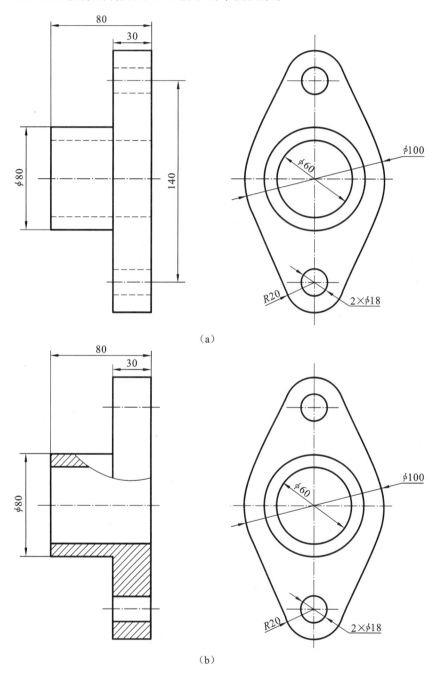

（a）

（b）

图 10-6 视图及剖视图

10.7 AutoCAD 绘制装配图

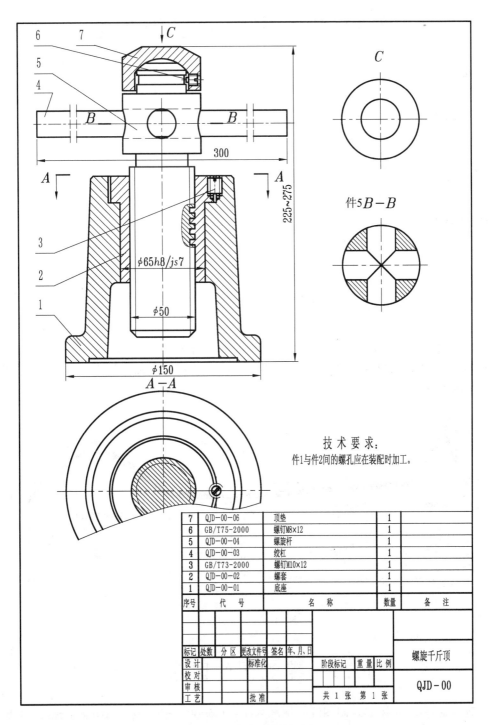

技术要求：
件1与件2间的螺孔应在装配时加工。

7	QJD—00—06	顶垫	1	
6	GB/T75-2000	螺钉M8×12	1	
5	QJD—00—04	螺旋杆	1	
4	QJD—00—03	绞杠	1	
3	GB/T73-2000	螺钉M10×12	1	
2	QJD—00—02	螺套	1	
1	QJD—00—01	底座	1	
序号	代 号	名 称	数量	备 注

标记	处数	分区	更改文件号	签名	年、月、日				螺旋千斤顶
设 计			标准化			阶段标记	重量	比例	
校 对									
审 核									QJD—00
工 艺			批准			共 1 张 第 1 张			

图 10-7 千斤顶的装配图

第 11 章　房屋建筑施工图

关键词

　　建筑图　标准　内容　表达　平面图　立面图　剖面图　详图

主要内容

　　1. 建筑图的国家标准

　　2. 房屋建筑图的内容及表达方式

　　3. 房屋组成

　　4. 房屋建筑图读图方法

学习要求

　　1. 了解建筑图的有关国家标准并弄清各种符号的含义

　　2. 熟悉房屋建筑图的内容及各种表达方式

　　3. 了解房屋的组成部分

　　4. 了解房屋建筑图的读图方法和步骤

　　房屋建筑图是表达房屋内外形状与结构的工程图样,与机械图一样,都是按正投影原理绘制的。有时为表现建筑物的外观造型,常将镜像投影图、轴测投影图、透视投影图作为辅助性图样,如图 11-1 所示。

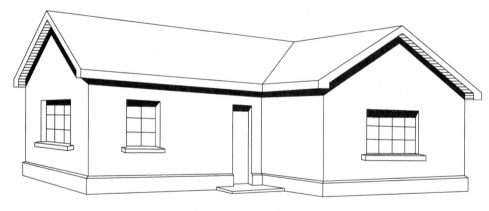

图 11-1　房屋透视图

11.1　建筑图的国家标准

　　我国制订了《房屋建筑制图统一标准》(GB/T 50001—2010)、《总图制图标准》(GB/T 50103—2010)、《建筑制图标准》(GB/T 50104—2010)及其他专业部分的标准,在绘制、阅读建筑图时,应该严格遵守国家标准中的规定。

房屋建筑图与机械图虽然都采用正投影方法绘制,但因为房屋建筑与机械设备无论是形状、大小还是材料方面都存在较大差异,所以其表达方法不尽相同。例如,视图的名称与配置、选用的比例、线型规格、尺寸注法等方面都各有特点。特别是常用的建筑材料图例,总平面图、道路与铁路、管线与绿化图例,建筑构造及配件等图例,在绘制、阅读建筑施工图时也必须严格遵守国家标准中的规定。

11.1.1 房屋建筑图与机械图的图样名称的区别

房屋建筑图与机械图的图样名称的区别如表 11-1 所示。

表 11-1 房屋建筑图与机械图的图名对照

房屋建筑图	平面图	正立面图	左侧立面图	右侧立面图	背立面图	底面图	剖面图
机械图	俯视图	主视图	左视图	右视图	后视图	仰视图	剖视图

11.1.2 线型

建筑制图应根据图样的复杂程度和比例大小选用表 11-2 所示的线型。

表 11-2 图线类型及应用范围

名 称		线 型	宽 度	用 途
实线	粗		b	1. 一般作主要可见轮廓线 2. 平、剖面图中主要构配件断面的轮廓线 3. 建筑立面图中外轮廓线 4. 详图中主要部分的断面轮廓线和外轮廓线 5. 总平面图中新建建筑物的可见轮廓线
	中		$0.5b$	1. 建筑平、立、剖面图中一般构配件断面的轮廓线 2. 平、剖面图中次要断面的轮廓线 3. 总平面图中新建道路、桥涵、围墙等及其他设施的可见轮廓线和区域界线 4. 尺寸起止符号
	细		$0.35b$	1. 总平面图中新建人行道、排水沟、草地、花坛等可见轮廓线,原有建筑物、铁路、道路、桥涵、围墙的可见轮廓线 2. 图例线、索引符号、尺寸线、尺寸界线、引出线、标高符号、较小图形中心线
虚线	粗		b	1. 新建建筑物的不同可见轮廓线 2. 结构图上不可见钢筋及螺栓线
	中		$0.5b$	1. 一般不可见轮廓线 2. 建筑构造及建筑构配件不可见轮廓线 3. 总平面图计划扩建的建筑物、铁路、道路、桥涵、围墙及其他设施的轮廓线 4. 平面图中吊车轮廓线
	细		$0.35b$	1. 总平面图上原有建筑物和道路、桥涵、围墙等设施的不可见轮廓线 2. 结构详图中不可见钢筋混凝土构件轮廓线 3. 图例线

名 称		线 型	宽 度	用 途
点画线	粗		b	1. 吊车轨道线 2. 结构图中的支撑线
	中		0.5b	土方填挖区的零点线
	细		0.35b	分水线、中心线、对称线、定位轴线
双点画线	粗		b	预应力钢筋线
	细		0.35b	假想轮廓线、成型前原始轮廓线
折断线			0.35b	不需画全的断开界线
波浪线			0.35b	不需画全的断开界线

11.1.3 比例

图样的比例是图形与实际建筑物相对应的线性尺寸之比。例如,1∶100 就是用图上 1m 的长度表示房屋实际长度 100m。比例的大小指比值的大小,如 1∶50 大于 1∶100。应根据图样的用途和复杂程度选用绘图比例,房屋建筑图一般采用较小比例,如 1∶50、1∶100、1∶200、1∶1000、1∶2000,详图可用 1∶1、1∶2、1∶5、1∶10、1∶20、1∶25、1∶50 等比例。

若整张图纸采用同一比例,则可注写在标题栏内,否则应分别注写在视图名称的右侧或下方。详图比例应注写在详图索引符号的右下角。

11.1.4 尺寸标注

(1) 图样上的尺寸应包括尺寸界线、尺寸线、尺寸起止符号和尺寸数字,如图 11-2 所示。

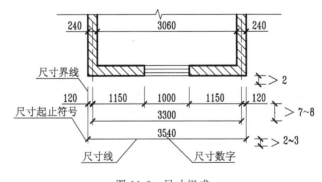

图 11-2　尺寸组成

(2) 房屋建筑图中的尺寸起止符号一般用中实线绘画,并与尺寸界线成顺时针 45°。尺寸线不宜超出尺寸界线,尺寸界线与图形轮廓线不连接。尺寸数字的注写位置与机械图样相同。

（3）标注半径、直径和角度，尺寸起止符号不用 45°短画线，与机械图样相同，用箭头表示。半径数字前应加半径符号"R"，直径数字前应加符号"ϕ"，角度的尺寸线应以圆弧表示，角度的起止符号以箭头表示，或用圆点代替。

（4）图样上的尺寸单位除标高和总平面图以米（m）为单位外，其余均以毫米（mm）为单位。

11.1.5 标高

在房屋建筑图中，房屋各主要部位，如室内地面、窗台、门窗顶及檐口等处的高度方向尺寸，常用标高表示。通常以房屋底层室内主要地面为零点标高。标高符号用细实线绘制，其形式如图 11-3 所示。其中：图 11-3(a)在一般情况下使用；图 11-3(b)是在标注位置不够时使用；图 11-3(c)是在总平面图中室外标高使用的标高符号。标高数字应以米（m）为单位，注至小数点后第三位。零点的标高应写成±0.000，正数标高不注"＋"，负数标高应注"－"。

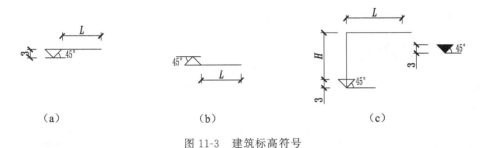

图 11-3　建筑标高符号

11.1.6 索引符号和详图符号

表示详图与基本图、详图与详图之间关系的一套符号即为索引符号和详图符号。

1. 索引符号

图样中的某一局部或构件，如需另画详图表示时，采用索引符号索引，如图 11-4(a)所示。索引符号用细实线绘制，包括直径为 10 mm 的圆及水平直径，上半圆内标注详图编号，下半圆中标注详图所在的图纸编号，如图 11-4 所示：其中图 11-4(b)表示所画的详图在本张图纸内；图 11-4(c)表示所画的详图不在本张图纸内，而在图纸编号为"2"的图纸内；图 11-4(d)表示采用标准图，其标准图册的编号为 J103。

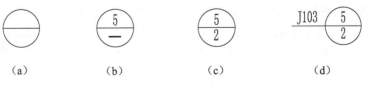

图 11-4　索引符号

索引符号用于索引剖面的详图时，应在索引符号的引出线一侧画一粗实线。表示剖切位置线，引出线所在的一侧应为剖视方向，如图 11-5 所示。

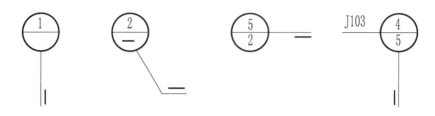

图 11-5　用于索引剖面详图的索引符号

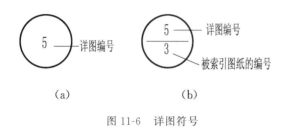

（a）　　　　　　（b）

图 11-6　详图符号

2.详图符号

详图的位置和编号以详图符号表示,详图符号用粗实线绘制,圆的直径为 14 mm。图 11-6(a)表示详图与被索引的图样在同一张图纸上,详图符号内注写详图的编号;图 11-6(b)表示详图与被索引的图样不在同一张图纸上,详图符号的上半圆中注写详图编号,下半圆中注写被索引图纸的编号。

11.1.7　材料符号

房屋建筑中材料种类较多,在材料断面内一般应画上相应的材料图例。常用建筑材料图例如图 11-7 所示。

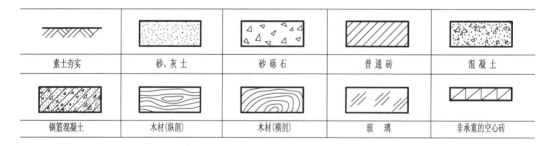

图 11-7　常用建筑材料图例

11.2　房屋建筑图的内容及表达方式

房屋建筑图包括房屋初步设计图、技术设计图和施工设计图。各个设计阶段对图样的要求有所不同,其中房屋施工图是直接为施工服务的建筑图,它由建筑施工图(简称"建施")、结构施工图(简称"结施")及设备施工图(简称"设施")和施工总说明等图样文件组成。

建筑施工图反映房屋的内外形状、大小、布局、建筑节点的构造和所用材料等情况,包括总平面图、建筑平面图、立面图、剖面图和详图;结构施工图反映房屋的承重构件的布置,构件的形状、大小、材料及其构造等情况,包括结构计算说明书、基础图、结构布置平面图及构件的详图等;设备施工图反映各种设备、管道线路的布置、走向、安装要求等情况,包括给水排水、采暖通风与空调、电气等设备的布置平面图、系统图及各种详图等。

图 11-8 说明了房屋建筑图的基本表达形式的形成。

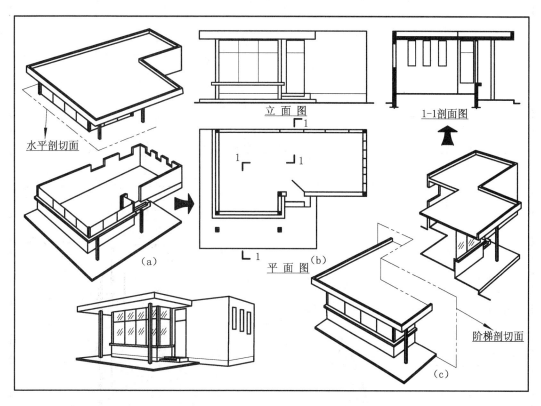

图 11-8　房屋建筑图的基本表达形式

11.2.1　总平面图

总平面图反映建设项目的总体布局,表示新建房屋所在基地范围内的平面布置、具体位置及周围情况,通常采用较小比例画在具有等高线的地形图上,并将各项表达内容以规定符号示意表示。

总平面图的基本内容包括:新建区域的地形、地貌,各建(构)筑物、道路、河流、绿化布置及其相互间的位置关系;新建房屋的平面位置,一般根据原有建筑物或道路定位,标注定位尺寸,也可用坐标法定位;新建筑物的室内地坪、室外地坪、道路的绝对标高;房屋的朝向,一般用指北针,有时用风向频率玫瑰图表示;需要时,还可在线框上方用小黑点(或数字)表示建筑物的层数。

图 11-9 为某学校学生宿舍的总平面图。

11.2.2　建筑平面图

建筑平面图简称平面图,实际上是一幢房屋的水平剖面图。它是假想用一水平剖面将房屋沿门窗洞口剖开,移去上部分,剖面以下部分的水平投影图即为平面图[图 11-8(a)]。

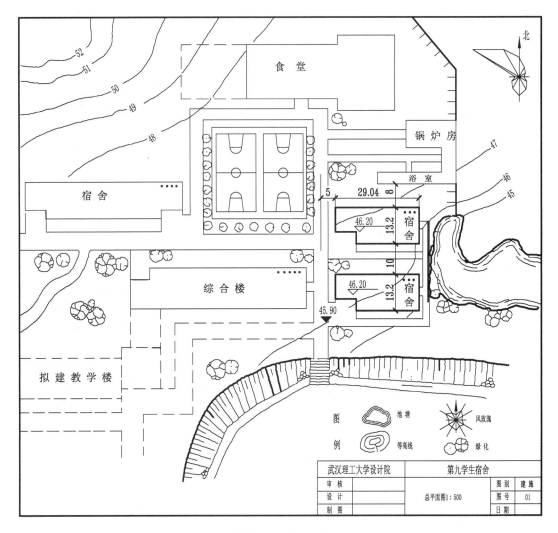

图 11-9　总平面图

对于楼层房屋,一般应每一层都画一个平面图,当有几层平面布置完全相同时,可只画一个平面图作为代表,称标准平面图,但底层和顶层要分别画出。

平面图主要反映房屋的平面形状、大小和房间的布置,墙(或柱)的位置、厚度和材料,门窗的类型和位置及走廊、楼梯、出入口的布置及朝向等内容。

在平面图中,被水平剖面剖切到的墙、柱断面的轮廓线用粗实线表示;被剖切到的次要部分的轮廓线(如墙面抹灰、隔墙等)和未剖切到的可见部分的轮廓线(如墙身、阳台等)用中实线表示;未剖切到的吊柜、高窗等和不可见部分的轮廓线用中虚线表示;比例较小的构造柱在底图上涂黑表示。

11.2.3　建筑立面图

建筑立面图简称立面图,就是对房屋的前后左右各个方向所作的正投影图。按房屋的外貌特征从正面观察房屋所得的正投影视图,称为正立面图[图 11-8(b)];从侧面观察房屋所得的正投影视图,称为侧立面图;从背面观察房屋所得的视图,称为背立面图。立面图也可以按房屋的朝向分别称为东立面图、南立面图、西立面图和北立面图;也可以按轴线的编号命名,如①~⑨立面图、Ⓐ~Ⓗ立面图等。

立面图表示房屋的外貌,反映房屋的高度,门窗的形式、大小和位置及外墙的做法等内容(图 11-10)。

立面图的外形轮廓线用粗实线表示;室外地坪线用特粗实线绘制;勒脚、门窗洞口、檐口、阳台、雨篷、台阶、花池等的轮廓线用中实线画出;其他次要部分如门窗扇、墙面分格线等用细实线表示。

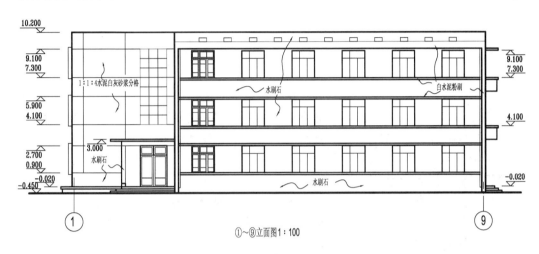

①~⑨立面图 1 : 100

图 11-10　建筑立面图

11.2.4　建筑剖面图

建筑剖面图简称剖面图,一般是指建筑物的垂直剖面图。假想用一个或多个垂直于外墙轴线的铅垂剖切面,将房屋剖开所得的投影即为剖面图[图 11-8(c)]。剖面图主要表示建筑物内部垂直方向的结构形式、分层情况,内部构造及各部位的联系、材料和高度等(图 11-11)。

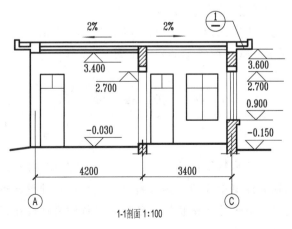

1-1 剖面 1 : 100

图 11-11　建筑剖面图

剖面图中的室内外地坪用特粗实线表示；剖切到的部位如墙、楼板、楼梯等用粗实线画出；没有剖切到的可见部分用中实线表示；其他如引出线用细实线表示。习惯上，基础部分用折断线省略，另画结构图表达。

建筑剖面图往往采用横向剖切，如有需要也可以纵向剖切。剖切的部位常常选择在通过门厅和楼梯、门窗洞口、高低变化较多的地方，底层平面图上标明的剖视方向宜向左、向上，如果用一个剖切平面不能满足需要时，则常用两个或两个以上平行的剖切平面剖切后绘制阶梯剖视图。

11.2.5 建筑详图

建筑详图是把房屋的某些细部构造及构配件用较大的比例（如 1∶20、1∶10、1∶5 等）将其形状、大小、材料和做法详细表达出来的图样，简称详图或大样图、节点图，如图 11-12 所示。

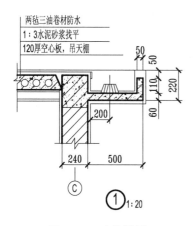

图 11-12 建筑详图

建筑详图中的图线要求是：建筑构配件的断面轮廓线采用线宽为 b 的粗实线；构配件的可见轮廓和装修面层厚度线采用线宽为 0.35b 的细实线或线宽为 0.5b 的中实线；材料图例采用线宽为 0.35b 的细实线。

房屋建筑图的图形较大，一般无法将几个视图都按投影关系布置在同张图纸上，因此，建筑图中允许将几个视图分别画在不同图纸上。有时即使安排在同张图纸上，也可根据需要不按投影关系排列，配置较为灵活，因而其视图名称一般不能省略，并规定标注在视图下方。

房屋建筑图的视图配置通常是将平面图画在正立面图的下方，如果需要绘制左、右侧立面图，也常将左侧立面图画在正立面图的左方，右侧立面图画在正立面图的右方。也可将平面图、立面图分别画在不同的图纸上。剖面图或详图可根据需要用不同的比例画在图纸的空白处或画在另外的图纸上。

建筑平面图、立面图和剖面图（图 11-8）是房屋建筑图中最基本的图样（简称平、立、剖面图），它们各自表达了不同的内容，我们在识读房屋建筑图时必须通过平、立、剖面图仔细对照，才能完整了解一幢房屋各个部分的全貌。

11.3 房屋组成

1. 基础

建筑物埋置在土层中的承重结构部分称为基础，而支承基础传来荷载的土（岩）层称为地基。基础常用钢筋混凝土或砖石等材料筑成。常见基础形式有条形基础和单独基础，条形基础是建筑在墙下连续成条状的基础，单独基础是建筑在每根柱子下面砌成墩状的基础（图 11-13）。

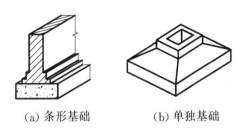

(a) 条形基础　　　　　(b) 单独基础

图 11-13　基础

2. 墙

墙是房屋建筑中用来挡风雨、围护及分割内部空间的结构。砖墙的剖面符号为与水平线成 45° 的平行细实线。当图形比例 ≤1:50 时，可以不画剖面符号而涂红色。

3. 门

在平面图中用斜线表示门的开启方向。各种不同类型门的图例如图 11-14 所示。门的代号为"M"，对不同种类的门在图上要分别编号，如 M1，M2，M3，…，然后再在门窗表上注明不同编号门的标准图集代号。

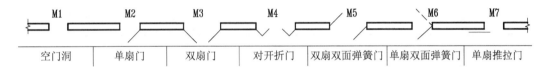

M1	M2	M3	M4	M5	M6	M7
空门洞	单扇门	双扇门	对开折门	双扇双面弹簧门	单扇双面弹簧门	单扇推拉门

图 11-14　各种门的图例

4. 窗

窗在平面图和立面图中的表示如图 11-15 所示。

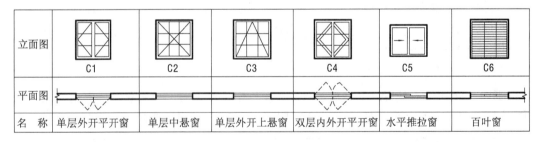

立面图	C1	C2	C3	C4	C5	C6
平面图						
名　称	单层外开平开窗	单层中悬窗	单层外开上悬窗	双层内外开平开窗	水平推拉窗	百叶窗

图 11-15　各种窗的图例

在立面图上，窗框格子线用细实线绘制，两条相交斜线表示窗的开启方向，外开画实线，内开画虚线，尖角指向装铰链的部位。在平面图上，窗口之间要用细实线相连，表示窗台口和墙身线。在窗口位置中间还有用两条平行细实线表示的窗框。在图上还应编号，以区别不同类型的窗，如 C1，C2，C3，…。字母"C"为窗的代号。从门窗表中，可以找到各种编号窗的标准图集代号，以便查找窗的详图。

5. 楼梯

楼梯由楼梯踏步、平台和扶手组成。单跑楼梯只有一个楼梯踏步段，双跑、三跑楼梯分别有两个、三个楼梯踏步段。楼梯在剖面图和平面图中的表示方法如图 11-16 所示。

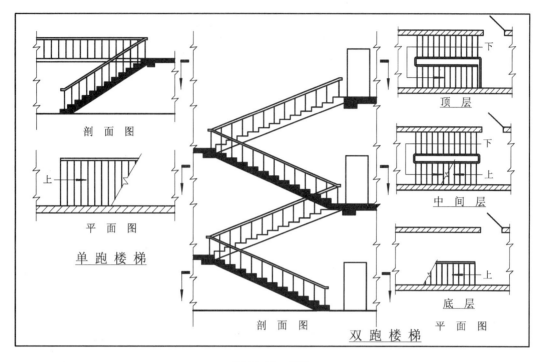

图 11-16　楼梯

在剖面图中,被剖切平面切到部分的楼梯踏步段应画出材料的剖面符号。若截面面积较小,则可在底图上用涂色的方式表示。楼梯踏步级数应按实际数目绘出。在平面图中因剖切平面通过底层窗户剖切,故底层楼梯踏步段不能完整画出,可画出大部分踏步级数后,再用折断线表示,并用箭头及文字注明上楼的方向。中间层楼梯两个楼梯踏步段级数应完整画出,在一个楼梯踏步段内画上折断线,表示两个层次,并用箭头和文字注明上楼和下楼的方向。顶层平面图因为未剖切到使用踏步段,可完整画出楼梯各段踏步级数,并用箭头和文字注明下楼的方向。

6. 卫生设备

图 11-17 所示为常用的卫生设备图例。图例中各设备的主视图和左视图用于建筑剖面图,俯视图用于建筑平面图,当图形比例小于 1:50 时,可用这些简化画法。

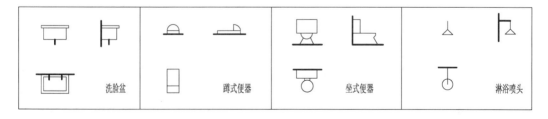

图 11-17　常用卫生设备图例

11.4　房屋建筑图读图方法

　　一套完整的房屋施工图包括:图纸目录、总说明、建筑施工图、结构施工图和设备施工图等。下面以建筑平面图为例简要说明建筑图的读图要点。

　　图 11-18 所示为某学生宿舍底层建筑平面图,识读顺序及具体内容如下。

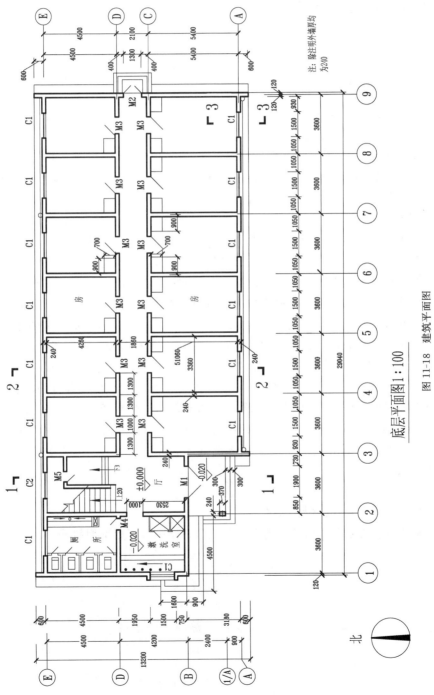

底层平面图1:100

图 11-18　建筑平面图

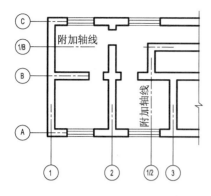

图 11-19　定位轴线的画法和编号方法

（1）熟悉建筑构配件图例、图名、图号、比例及文字说明。

（2）定位轴线。定位轴线是表示建筑物主要结构或构件位置的点画线。凡是承重墙、柱、梁、屋架等主要承重构件都应画上轴线，并编上轴线号，以确定其位置；对于次要的墙、柱等承重构件，则编附加轴线号确定其位置。定位轴线的端部画直径 8 mm 的细实线圆（详图上的圆直径为 10 mm），图 11-19 表示定位轴线的画法和编号方法。图 11-18 中横向轴线为①～⑨，纵向轴线为Ⓐ～Ⓔ，附加纵向轴线一条。

（3）房屋平面布置，包括平面形状、朝向、出入口、房间、走廊、门厅、楼梯间等的布置组合情况。图 11-18 中学生宿舍入口朝南，南、北方向各有六间房。

（4）阅读各类尺寸，图中注有外部和内部尺寸。从各道尺寸的标注可了解到各房间的开间、进深、外墙与门窗及室内设备的大小和位置。①外部尺寸。为便于读图和施工，一般在图形的下方及左侧注写三道尺寸：第一道尺寸表示外轮廓的总尺寸，即从一端外墙边到另一端外墙边的总长和总宽尺寸。第二道尺寸表示轴线间的距离，用来说明房间的开间及进深的尺寸。本例房间的开间都是 3.6 m，南面房间的进深是 5.4 m，北面房间的进深是 4.5 m。第三道尺寸表示各细部的位置及大小，如门窗洞宽和位置、墙柱的大小和位置等。标注这道尺寸时，应与轴线联系起来，如房间的窗 C1，宽度为 1.50 m，窗边距离轴线 1.05 m。另外，台阶（或坡道）、花池及散水等细部的尺寸，可单独标注。三道尺寸线之间应留有适当距离，以便注写数字。如果房屋前后或左右不对称，则平面图上四边都应注写三道尺寸。如有部分相同，另一些不相同，可只注写不同的部分。如有些相同尺寸太多，可省略不注出，而在图形外用文字说明，如各墙厚尺寸均为 240。②内部尺寸是为了说明房间的净空大小和室内的门窗洞、孔洞、墙厚和固定设备的大小与位置，以及室内楼地面的高度，在平面图上应注写出有关的内部尺寸和楼地面标高。楼地面标高是表明各房间的楼地面对标高零点（注为±0.000）的相对高度。标高符号与总平面图中的室内地坪标高相同。本例底层地面定为标高零点，而漱洗室地面标高是－0.020，表示该处地面比门厅地面低 20 mm。

（5）门窗的类型、数量、位置及开启方向。

（6）墙体、（构造）柱的材料、尺寸。

（7）阅读剖切符号和索引符号的位置与数量。图中有三处剖面符号。

附　录

一、制图的国家标准简介

在现代化的工业生产中,各种机械设备、仪器仪表和房屋建筑都是通过图样来表达设计意图,并根据图样来指导生产、安装、维修及技术交流等各环节的。所以,图样是工业生产、管理及科技部门不可或缺的重要技术资料,常被人们比喻为"工程界的技术语言"。为此,我国多次颁布、修改国家标准《技术制图　图纸幅面和格式》(GB/T 14689—2008)。下面着重介绍国家标准《技术制图　图纸幅面和格式》(GB/T 14689—2008)中的图纸幅面、格式、比例、字体、图线、尺寸注法。同时介绍绘图工具及仪器的使用,几何图形及平面曲线的作图,平面图形的尺寸分析,以及手工绘图的方法和技巧等。

(一) 图纸幅面和格式

1. 图纸幅面

绘制图样时,工程设计人员应根据机械零件、房屋建筑的实际大小及绘图比例等因素综合考虑,选用适当的图纸幅面。

我国国家标准规定,应优先选用附表 1-1 所规定的基本幅面图纸。必要时,也可选用加长幅面图纸,如附表 1-2、附表 1-3 所示。

附表 1-1　图纸基本幅面(第一选择)　单位:mm

幅面代号	尺寸 $B \times L$
A0	841×1189
A1	594×841
A2	420×594
A3	297×420
A4	210×297

附表 1-2　图纸加长幅面(第二选择)　单位:mm

幅面代号	尺寸 $B \times L$
A3×3	420×891
A3×4	420×1189
A4×3	297×630
A4×4	297×841
A4×5	297×1051

附表 1-3　图纸加长幅面(第三选择)　单位:mm

幅面代号	尺寸 $B \times L$	幅面代号	尺寸 $B \times L$
A0×2	1189×1682	A3×5	420×1486
A0×3	1189×2523	A3×6	420×1783
A1×3	841×1783	A3×7.	420×2080
A1×4	841×2378	A4×6	297×1261
A2×3	594×1261	A4×7	297×1471
A2×4	594×1682	A4×8	297×1682
A2×5	594×2102	A4×9	297×1892

图纸加长幅面尺寸是由基本幅面的短边成整数倍增加后得出的,如附图 1-1 所示。

附图 1-1 中,粗实线所示为附表 1-1 所规定的基本幅面(第一选择);细实线所示为附表 1-2 所规定的加长幅面(第二选择);虚线所示为附表 1-3 所规定的加长幅面(第三选择)。

2. 图框格式

在图纸上必须用粗实线画出图框,其格式分为留装订边和不留装订边两种,但同一产品的图样只能采用一种格式。图纸可采用横放(X 型)、横放(Y 型)、竖放(Y 型)、竖放(X 型)的形式,具体画法及规定见附表 1-4。

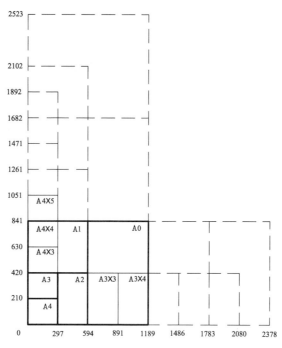

附图 1-1　图纸基本幅面、加长幅面尺寸

附表 1-4　图样格式及边框画法

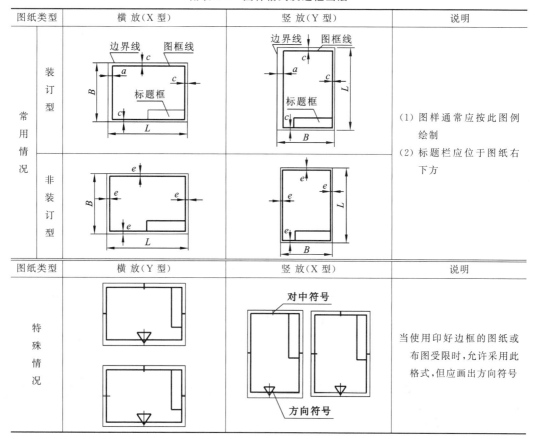

图纸类型		横放（X型）	竖放（Y型）	说明
常用情况	装订型	边界线　图框线　标题框	边界线　图框线　标题框	（1）图样通常应按此图例绘制 （2）标题栏应位于图纸右下方
	非装订型			
图纸类型		横放（Y型）	竖放（X型）	说明
特殊情况			对中符号　方向符号	当使用印好边框的图纸或布图受限时，允许采用此格式，但应画出方向符号

图纸类型	横 放(Y 型)	竖 放(X 型)	说明
符号的画法及图幅分区	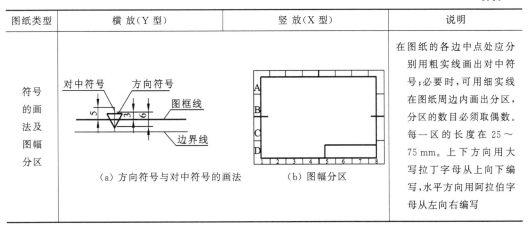 (a) 方向符号与对中符号的画法	(b) 图幅分区	在图纸的各边中点处应分别用粗实线画出对中符号;必要时,可用细实线在图纸周边内画出分区,分区的数目必须取偶数。每一区的长度在 25～75 mm。上下方向用大写拉丁字母从上向下编写,水平方向用阿拉伯字母从左向右编写

图框格式的尺寸按附表 1-5 所规定。加长幅面的图框尺寸由所选用的基本幅面大一号的图框尺寸确定。

附表 1-5　图框尺寸　　　　　　　　　单位:mm

幅面代号	A0	A1	A2	A3	A4
$B \times L$	841×1189	594×841	420×594	297×420	210×297
e	20			10	
c	10			5	
a	25				

3. 标题栏及明细栏

标题栏指由名称与代号区、签字区、更改区和其他区组成的栏目,如附表 1-6 所示,它反映一张图样的综合信息,是图样的重要组成部分,如附图 1-2 所示。

附表 1-6　标题栏的组成及填写

标题栏的组成		填写要求
更改区	标记	按有关规定或要求填写更改标记
	处数	填写同一标记所表示的更改数量
	分区	必要时按照有关规定填写
	更改文件号	填写更改所依据的文件号
	签名及年月日	填写更改人的姓名和更改日期
签字区	设计、审核	按规定签署姓名和时间
	工艺、标准化	
	批准	

标题栏的组成		填写要求
其他区	材料标记	对于需要该项目的图样一般应按照相应的标准或规定填写所使用的材料
	阶段标记	按有关规定由左向右填写图样的各生产阶段
	重量	填写所绘制图样相应产品的计算重量,以千克为计量单位时,允许不写出其计量单位
	比例	填写绘制图样时所采用的比例
	共 张　第 张	填写同一图样代号中图样的总张数及该张所在的张次
	投影符号	第一角画法的投影识别符号 第三角画法的投影识别符号 如采用第一角画法,可以省略标注
名称与 代号区	单位名称	填写绘制图样的单位名称或单位代号。必要时也可不予填写
	图样名称	填写所绘制对象的名称
	图样代号	按有关标准或规定填写图样的代号

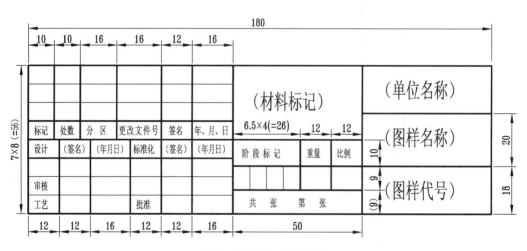

附图 1-2　零件图标题栏

装配图中一般应有明细栏。明细栏的配置:

(1)明细栏一般配置在装配图中标题栏的上方,按由下而上的顺序填写附图 1-3,其格数应根据需要而定。当由下而上延伸位置不够时,可紧靠在标题栏的左边自下而上延续。

(2)当装配图中不能在标题栏的上方配置明细栏时,可作为装配图的续页按 A4 幅面单独给出。其顺序应是由上而下延伸。还可连续加页,但应在明细栏的下方配置标题栏,并在标题栏中填写与装配图相一致的名称和代号。

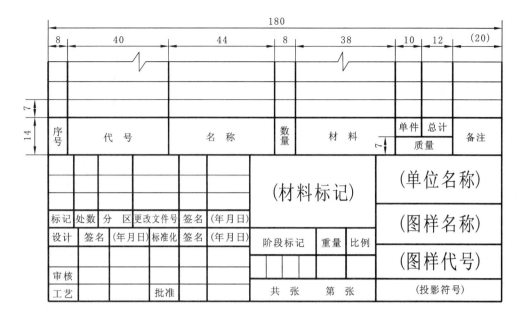

附图 1-3　明细栏的格式及尺寸

（二）比例

比例是指图样中图形与实物相应要素的线性尺寸之比。绘制同一机件的各个视图应采用相同的比例,并填写在标题栏中。

为了能从图样上得到实物大小的真实概念,应尽量采用1:1的比例来绘制图样,当图形不宜用1:1绘制时,也可选用附表1-7、附表1-8中放大或缩小的比例绘制。不论放大或缩小,在标注尺寸时必须标注实物的实际尺寸,如附图1-4所示。当某一视图需采用不同的比例时,则需单独标注。

附表 1-7　绘图比例(一)

种　　类	比　　　例				
原值比例	1:1				
放大比例	2:1	5:1	$(1 \times 10^n):1$	$(2 \times 10^n):1$	$(5 \times 10^n):1$
缩小比例	1:2	1:5	$1:(1 \times 10^n)$	$1:(2 \times 10^n)$	$1:(5 \times 10^n)$

附表 1-8　绘图比例(二)

种　　类	比　　　例				
放大比例	2.5:1	4:1	$(2.5 \times 10^n):1$	$(4 \times 10^n):1$	
缩小比例	1:1.5	1:2.5	1:3	1:4	1:6
	$1:(1.5 \times 10^n)$	$1:(2.5 \times 10^n)$	$1:(3 \times 10^n)$	$1:(4 \times 10^n)$	$1:(6 \times 10^n)$

注：1. n 为正整数。

　　2. 附表1-7列出的为优先选用的绘图比例

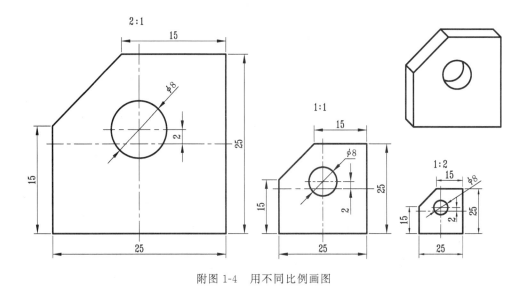

附图 1-4　用不同比例画图

（三）字体

在机械图样上,除了用图形表示机件的形状和结构之外,还需要用文字、数字、符号说明机件的大小、技术要求等。机械图样中的文字,应遵循以下规定。

（1）书写字体必须:字体工整、笔画清楚、间隔均匀、排列整齐。

（2）字体高度（用 h 表示）的公称尺寸系列为:1.8 mm、2.5 mm、3.5 mm、5 mm、7 mm、10 mm、14 mm、20 mm。字体的号数用字体的高度表示。如需书写更大的字,其字体高度应按 $\sqrt{2}$ 的比率递增。

（3）汉字应写长仿宋体,并应采用国家正式公布的简化字,汉字的高度 h 不应小于3.5,其字宽一般为 $h/\sqrt{2}$。书写长仿宋字的要领是:横平竖直、注意起落、结构均匀、填满方格。附表 1-9 所示为长仿宋体汉字的示例。

附表 1-9　字体示例（A 型字体）

汉字（长仿宋体）	字体工整　笔画清楚　间隔均匀　排列整齐
数字（斜体）	*0123456789*
数字（直体）	0123456789
拉丁字母（斜体）大写	*ABCDEFGHIJKLMNOP* *QRSTUVWXYZ*

拉丁字母（直体）大写	ABCDEFGHIJKLMNOP QRSTUVWXYZ
拉丁字母（斜体）小写	abcdefghijklmnopq rstuvwxyz
拉丁字母（直体）小写	abcdefghijklmnopq rstuvwxyz
希腊字母（斜体）大写	ABΓΔEZHΘIK ΛMNΞOΠPΣT ΥΦXΨΩ
希腊字母（斜体）小写	αβγδεζηθϑιк λμνξοπϱστ υφφχψω
罗马数字（斜体）	I II III IV V VI VII VIII IX X
罗马数字（直体）	I II III IV V VI VII VIII IX X

应用示例	$10Js5(±0.003)$ M24-6h $\phi25\dfrac{H6}{m5}$ $\dfrac{II}{2:1}$ $\dfrac{A向旋转}{5:1}$ $\stackrel{6.3}{\bigtriangledown}$ $R8$ 5% $\stackrel{3.50}{\bigtriangledown}$ 10^3 S^{-1} D_1 T_d l/m m/kg $460r/min$ $\phi20^{+0.010}_{-0.023}$ $7^{\circ+1^{\circ}}_{-2^{\circ}}$ $\dfrac{3}{5}$ $220V$ $5M\Omega$ $380kPa$

(4) 数字和字母分 A 型和 B 型，A 型字体的笔画宽度(d)为字高(h)的 1/14，B 型字体的笔画宽度(d)为字高(h)的 1/10。在同一图样上，只允许选用同一种形式的字体。

(5) 数字和字母可写成斜体或直体，斜体字字头向右倾斜，与水平线成 75°

(6) 指数、分数、极限偏差、脚注等的数字和字母，一般应采用小一号的。字体示例（A 型字体）如附表 1-9 所示。

（四）图线

1. 图线的形式及应用

图线共有 15 种基本线型，如实线、虚线、点画线等［详见《技术制图　图线》(GB/T 17450—1998)］。建筑图样上，图线采用三种线宽（粗线、中粗线和细线），其宽度比为 4:2:1。机械图样上图线采用粗、细两种线宽，比例为 2:1。

国家标准规定了九种图线宽度：0.13 mm、0.18 mm、0.25 mm、0.35 mm、0.5 mm、0.7 mm、1 mm、1.4 mm、2 mm。一般粗线和中粗线宜在 0.5～2 mm 选取，尽量避免图样中出现宽度小于 0.18 mm 的图线。

绘制图样时，应采用国家标准规定的图线，附表 1-10 中列出了绘制工程图样时常用的图线名称、图线形式及应用。

使用仪器绘图时，各种线型中线的宽度应符合附表 1-10 的规定，表中的 d 为图线宽度。

附表 1-10　常用线型

图线名称	基　本　线　型	图线宽度	一　般　应　用
粗实线	——————————	宽度(d)： 优先选用 0.5 mm、0.7 mm	可见轮廓线、可见过渡线，如附图 1-5 所示
细实线	——————————	宽度(d)： 为粗线宽度的 1/2	1. 尺寸线及尺寸界线 2. 剖面线及重合断面的轮廓线 3. 螺纹的牙底及齿轮的齿根线 4. 底图及辅助线
细虚线	- - - - - - - - - -	宽度(d)： 为粗线宽度的 1/2	不可见轮廓线、不可见过渡线，如附图 1-5 所示
细点画线	—·—·—·—·—·—	宽度(d)： 为粗线宽度的 1/2	轴线、对称中心线、节圆及节线，如附图 1-5 所示

图线名称	基 本 线 型	图线宽度	一 般 应 用
细双点画线	———··———	宽度(d)： 为粗线宽度的1/2	1. 相邻辅助零件的轮廓线、轨迹线 2. 运动零件极限位置的轮廓线、轨迹线 3. 假想轮廓投影线 4. 坯料的轮廓线 5. 中断线如附图 1-5 所示
波浪线	∿∿∿∿∿	宽度(d)： 为粗线宽度的1/2	1. 断裂处的边界线 2. 视图与局部剖视图的分界线
双折线	⌇⌇⌇⌇	宽度(d)： 为粗线宽度的1/2	断裂处的边界线

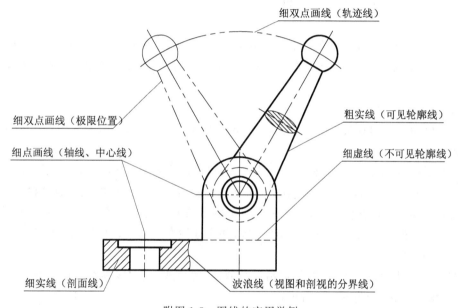

附图 1-5 图线的应用举例

2. 图线的画法

绘制图样时,应注意以下几点,如附图 1-6 所示。

(1)同一图样中,同类图线的宽度应基本一致。虚线、点画线及双点画线的线段长度和间隔应大致相等。

(2)两条平行线(包括剖面线)之间的距离不小于 0.7 mm。

(3)点画线和双点画线中的点实际上是极短的短画(约 1 mm)。

(4)点画线和双点画线的首尾应是线段而不是短画,且应超出轮廓线 2～5 mm。

(5)点画线或双点画线相交时,应是线段相交。

(6)虚线处于粗实线的延长线上时,粗实线应画到规定位置,而虚线则应在接近粗实线处先留出空隙后再往外延长,但与实线相交时,应该是线段相交。

(7)虚线与虚线相交时,应该是线段相交。

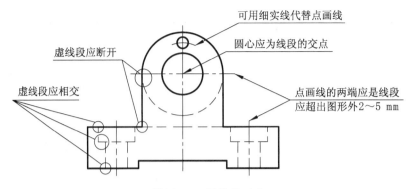

附图 1-6　图线的画法

（8）在较小的图形上绘制点画线和双点画线有困难时，可用细实线代替。

（9）当各种图线重合时，应按粗实线、虚线、点画线的先后顺序画出。

（五）尺寸注法

图样主要表达机器零件的形状和结构，但其大小必须依靠图样上标注的尺寸来确定。因此，尺寸标注是绘制工程图样的一项重要内容。国家标准对图样中尺寸标注的规则和方法作了规定。

1. 基本规则

（1）机器零件的真实大小应以图样上所注的尺寸数值为依据，与图形的大小及绘图的准确度无关。

（2）图样（包括技术要求和其他说明）中的尺寸以毫米（mm）为单位时，不需标注计量单位的代号或名称；如采用其他单位，则必须注明相应的计量单位的代号或名称。

（3）图样中所标注的尺寸，为该图样所示零件的最后完工尺寸，否则应另加说明。

（4）零件的每一尺寸，一般只标注一次，并应标注在反映该结构最清晰的图形上。

2. 尺寸组成

图样上标注的每一个尺寸，一般由尺寸界线、尺寸线、尺寸线终端和尺寸数字（包括单位）四个部分组成，如附图 1-7 所示。

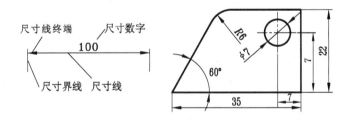

附图 1-7　尺寸的组成及基本注法

3. 标注方法

（1）尺寸数字水平方向注写在尺寸线的上方，垂直方向上的数字注写在尺寸线的左方，字头朝左，如附图 1-7 所示。

（2）大于 180°的圆弧标注直径 ϕ，小于或等于 180°的圆弧标注半径 R，尺寸线指向圆心，如附图1-7所示。

4. 标注尺寸的符号

标注尺寸时,应尽可能使用符号和缩写词。常用的符号和缩写词见附表 1-11,尺寸标注示例见附表 1-12。

附表 1-11　标注尺寸的符号或缩写词

名称	直径	半径	球直径	球半径	厚度	正方形	45°倒角	深度	沉孔或锪平	埋头沉	均布	弧长
符号或缩写词	ϕ	R	Sϕ	SR	t	□	C	$\underline{\top}$	$\sqcup$	$\vee$	EQS	⌒

附表 1-12　尺寸标注示例

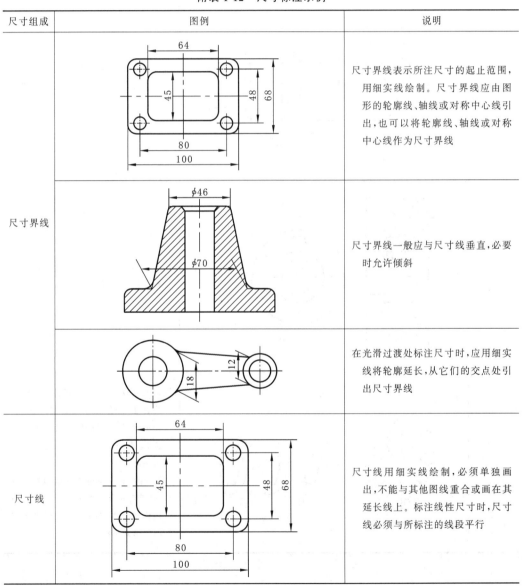

尺寸组成	图例	说明
尺寸界线		尺寸界线表示所注尺寸的起止范围,用细实线绘制。尺寸界线应由图形的轮廓线、轴线或对称中心线引出,也可以将轮廓线、轴线或对称中心线作为尺寸界线
		尺寸界线一般应与尺寸线垂直,必要时允许倾斜
		在光滑过渡处标注尺寸时,应用细实线将轮廓延长,从它们的交点处引出尺寸界线
尺寸线		尺寸线用细实线绘制,必须单独画出,不能与其他图线重合或画在其延长线上。标注线性尺寸时,尺寸线必须与所注的线段平行

尺寸组成	图例	说明
尺寸线终端	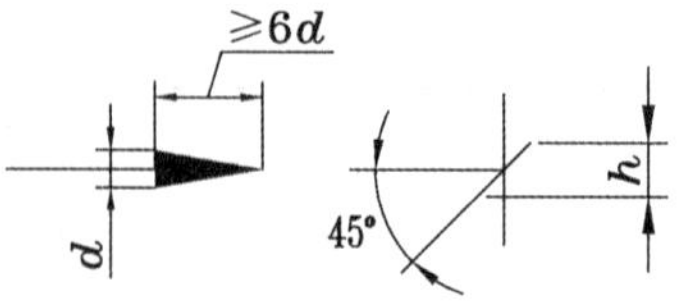	尺寸线终端有箭头和斜线两种形式（图中的 d 为粗实线的宽度，h 为字高）
	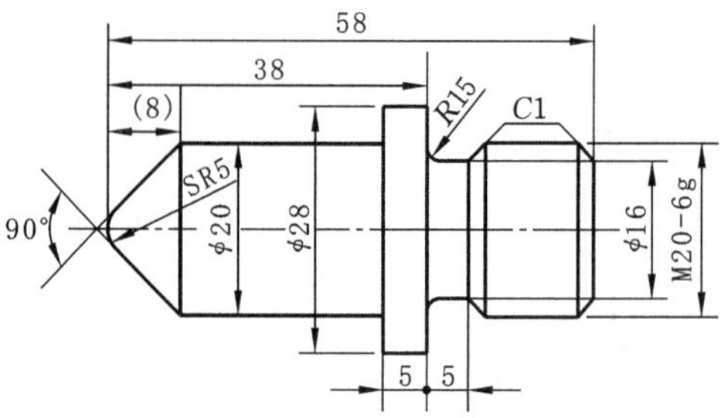	线性尺寸的数字一般注写在尺寸线的上方，也允许注写在尺寸线的中断处
尺寸数字	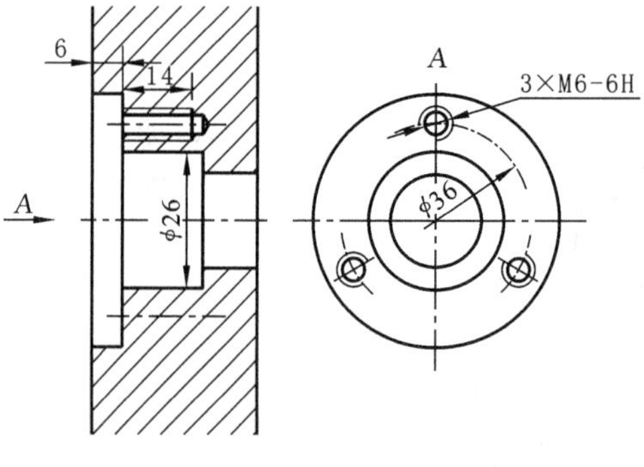	尺寸数字不可被任何图线所通过，否则应将该图线断开
	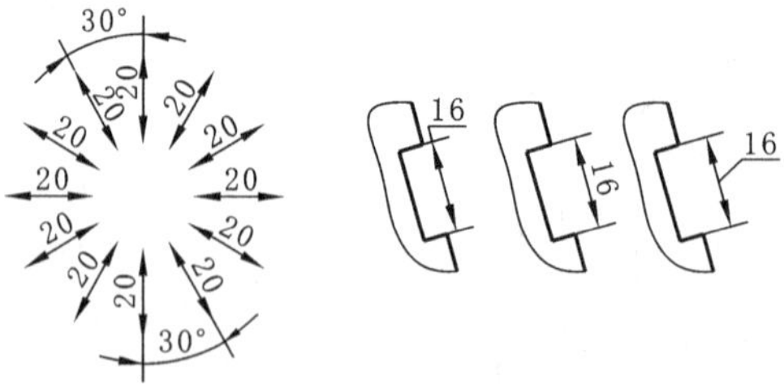	线性尺寸数字的方向，有以下两种注写方法，一般应采用方法 1 注写；在不致引起误解时，也允许采用方法 2。但在一张图样中，应尽可能采用同一种方法 方法 1：数字应按左图所示的方向注写，并尽可能避免在图示 30°范围内标注尺寸，当无法避免时可按右图的形式标注

尺寸组成	图例	说明
尺寸数字	方法 2 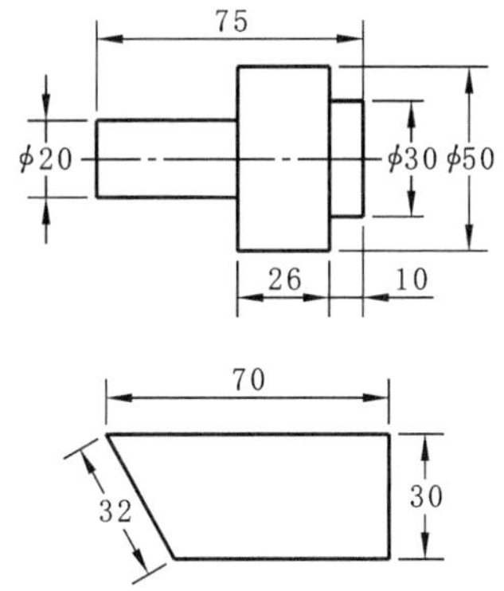	方法 2:对于非水平方向的尺寸,其数字可水平地注写在尺寸线的中断处
角度数字	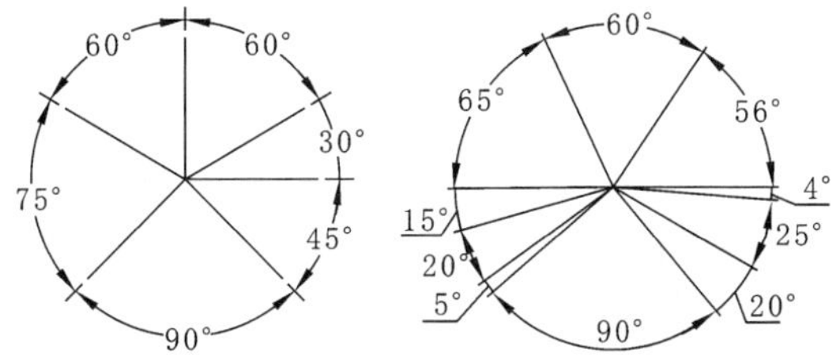	标注角度的尺寸界线应沿径向引出,角度的数字一律写成水平方向,一般注写在尺寸线的中断处(如左图)。必要时也可按右图的形式标注
圆的直径和圆弧半径的注法	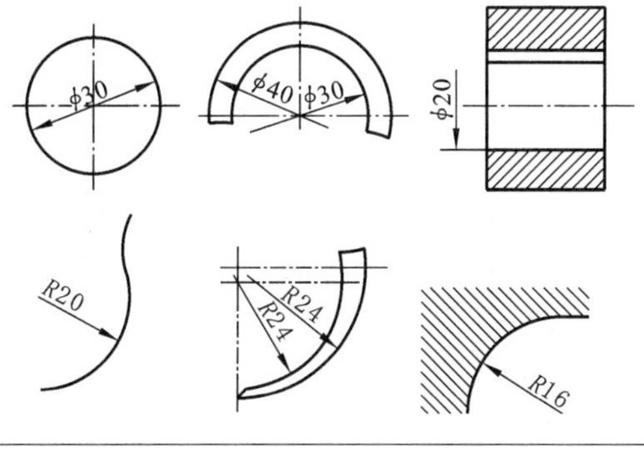	标注直径时,应在尺寸数字前加注符号"φ";标注半径时,应在尺寸数字前加注符号"R";整圆或大于半圆注直径,小于半径的圆弧应标注半径尺寸
	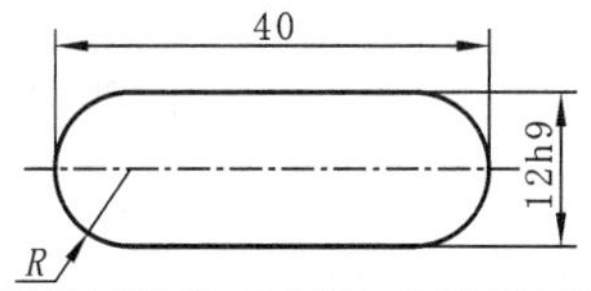	当需要指明半径尺寸由其他尺寸所确定时,应用尺寸线和符号"R"标出,但不要注写尺寸数字
大圆弧	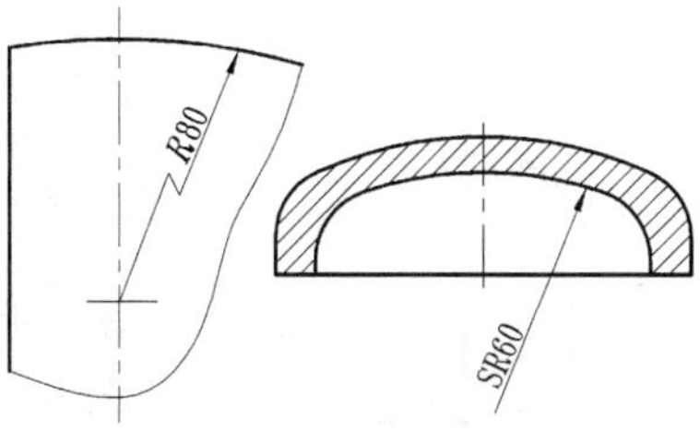	当圆弧半径过大,在图纸范围内无法标出圆心位置时,按左图形式标注;若不需标出圆心位置时按右图形式标注

尺寸组成	图例	说明
对称机件	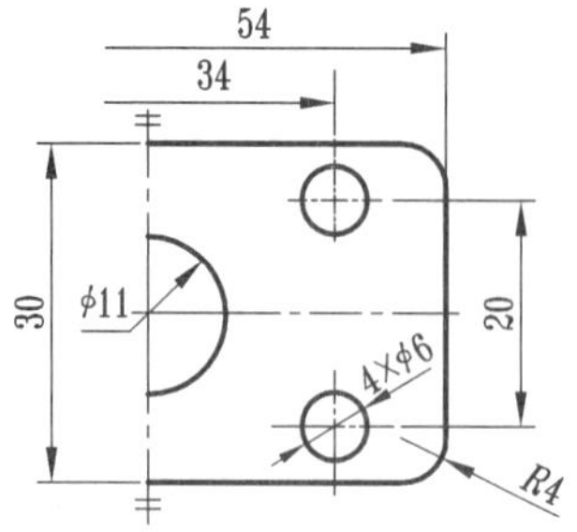	当对称机件的图形只画出一半或略大于一半时,尺寸线应略超过对称中心线或断裂处的边界线,并在尺寸线一端画出箭头
狭小部位	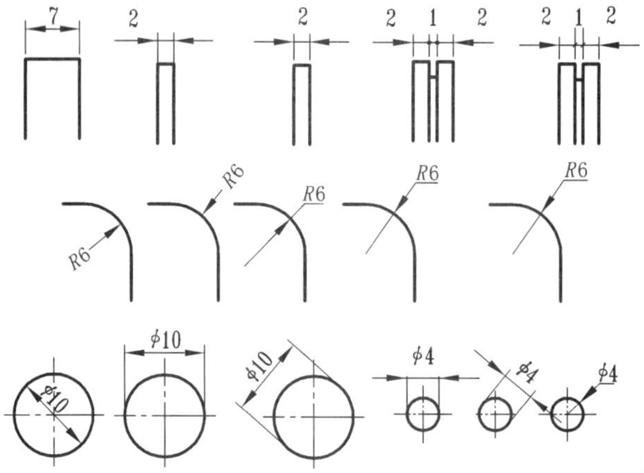	没有足够位置画箭头或注写数字时,可按左图的形式标注
正方形结构	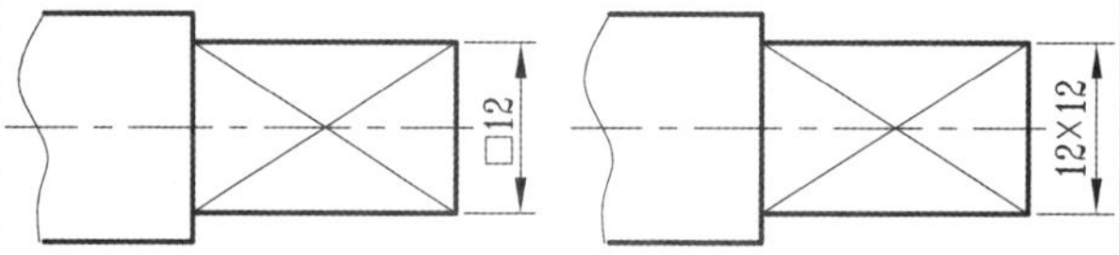	表示表面为正方形时,可在正方形边长尺寸数字前加注符号"□",或用"12×12"代替"□12"
板状零件	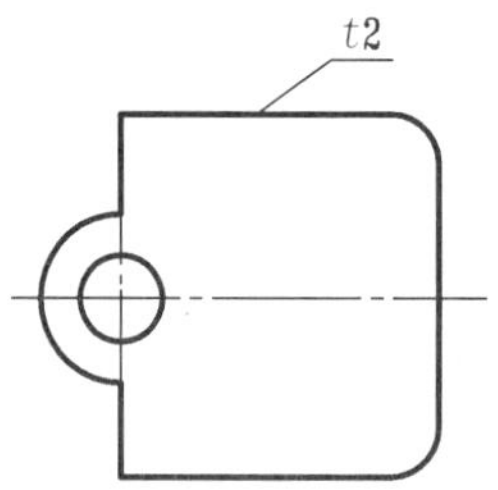	标注板状零件厚度时,可在尺寸数字前加注符号"t"
弦长及弧长	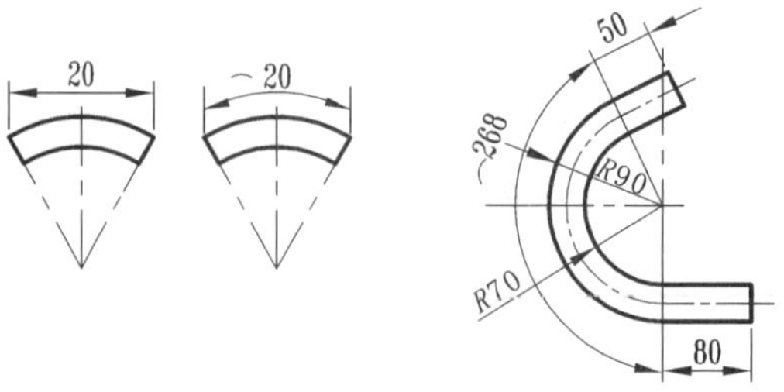	1. 标注弧长时,应在尺寸数字前方加符号"⌒" 2. 弦长及弧长的尺寸界线应平行该弦的垂直平分线,当弧较大时,可沿径向引出,如右图

尺寸组成	图例	说明
球面	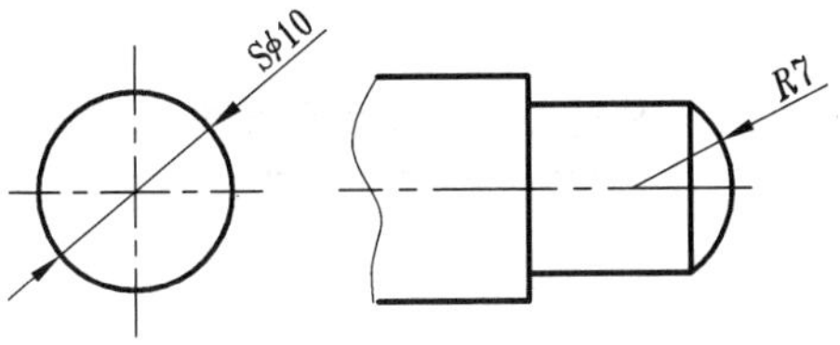	标注球面直径或半径时,应在"ϕ"或"R"前再加注符号"S"。对铆钉、轴及手柄的端部,在不引起误解的情况下,可省略"S",如右图
斜度和锥度	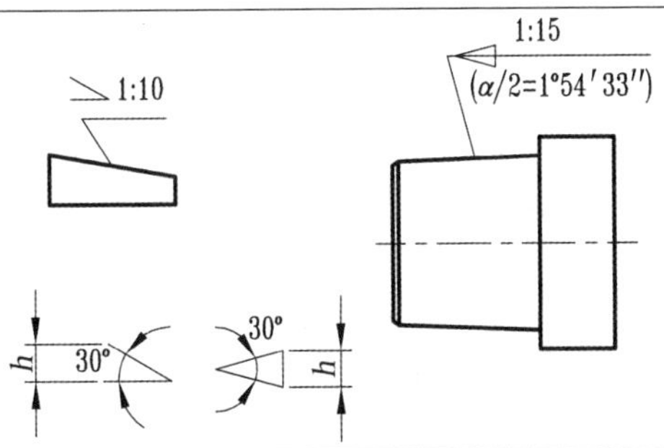	1. 斜度和锥度的标注,其符号应与斜度、锥度的方向一致 2. 符号的线宽为 $h/10$,画法如图 3. 标注锥度时,也可同时在括号内写出其角度值
45°倒角	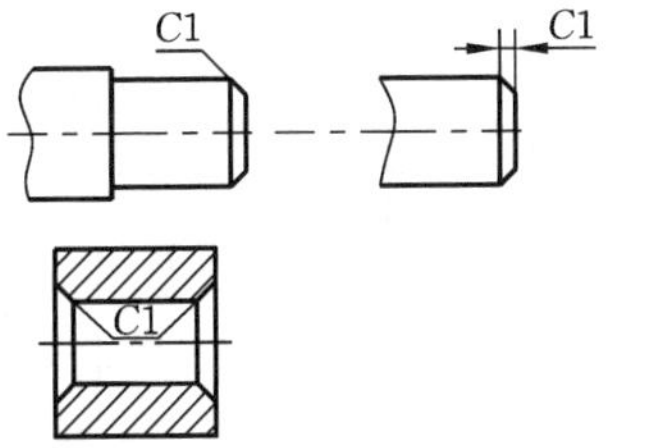	45°倒角可按图示标注
非45°倒角	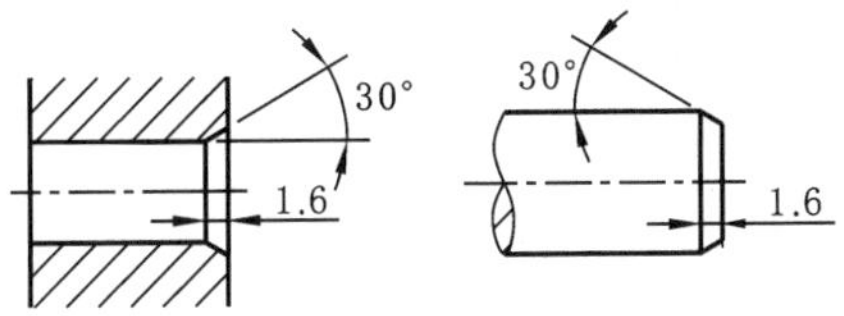	非45°倒角的注法

附表 2-1　常用及优先用途轴的极限偏差（尺寸

基本尺寸/mm 大于	至	a 11	b 11	b 12	c 9	c 10	c 11	d 8	d ⑨	d 10	d 11	e 7	e 8	e 9
—	3	−270 −330	−140 −200	−140 −240	−60 −85	−60 −100	−60 −120	−20 −34	−20 −45	−20 −60	−20 −80	−14 −24	−14 −28	−14 −39
3	6	−270 −345	−140 −215	−140 −260	−70 −100	−70 −118	−70 −145	−30 −48	−30 −60	−30 −78	−30 −105	−20 −32	−20 −38	−20 −50
6	10	−280 −370	−150 −240	−150 −300	−80 −116	−80 −138	−80 −170	−40 −62	−40 −76	−40 −98	−40 −130	−25 −40	−25 −47	−25 −61
10	14	−290 −400	−150 −260	−150 −330	−95 −138	−95 −165	−95 −205	−50 −77	−50 −93	−50 −120	−50 −160	−32 −50	−32 −59	−32 −75
14	18													
18	24	−300 −430	−160 −290	−160 −370	−110 −162	−110 −194	−110 −240	−65 −98	−65 −117	−65 −149	−65 −195	−40 −61	−40 −73	−40 −92
24	30													
30	40	−310 −470	−170 −330	−170 −420	−120 −182	−120 −220	−120 −280	−80 −119	−80 −142	−80 −180	−80 −240	−50 −75	−50 −89	−50 −112
40	50	−320 −480	−180 −340	−180 −430	−130 −192	−130 −230	−130 −290							
50	65	−340 −530	−190 −380	−190 −490	−140 −214	−140 −260	−140 −330	−100 −146	−100 −174	−100 −220	−100 −290	−60 −90	−60 −106	−60 −134
65	80	−360 −550	−200 −390	−200 −500	−150 −224	−150 −270	−150 −340							
80	100	−380 −600	−220 −440	−220 −570	−170 −257	−170 −310	−170 −390	−120 −174	−120 −207	−120 −260	−120 −340	−72 −107	−72 −126	−72 −159
100	120	−410 −630	−240 −460	−240 −590	−180 −267	−180 −320	−180 −400							
120	140	−460 −710	−260 −510	−260 −660	−200 −300	−200 −360	−200 −450	−145 −208	−145 −245	−145 −305	−145 −395	−85 −125	−85 −148	−85 −185
140	160	−520 −770	−280 −530	−280 −680	−210 −310	−210 −370	−210 −460							
160	180	−580 −830	−310 −560	−310 −710	−230 −330	−230 −390	−230 −480							
180	200	−660 −950	−340 −630	−340 −800	−240 −355	−240 −425	−240 −530	−170 −242	−170 −285	−170 −355	−170 −460	−100 −146	−100 −172	−100 −215
200	225	−740 −1030	−380 −670	−380 −840	−260 −375	−260 −445	−260 −550							
225	250	−820 −1110	−420 −710	−420 −880	−280 −395	−280 −465	−280 −570							
250	280	−920 −1240	−480 −800	−480 −1000	−300 −430	−300 −510	−300 −620	−190 −271	−190 −320	−190 −400	−190 −510	−110 −162	−110 −191	−110 −240
280	315	−1050 −1370	−540 −860	−540 −1060	−330 −460	−330 −540	−330 −650							
315	355	−1200 −1560	−600 −960	−600 −1170	−360 −500	−360 −590	−360 −720	−210 −299	−210 −350	−210 −440	−210 −570	−125 −182	−125 −214	−125 −265
355	400	−1350 −1710	−680 −1040	−680 −1250	−400 −540	−400 −630	−400 −760							
400	450	−1500 −1900	−760 −1160	−760 −1390	−440 −595	−400 −690	−440 −840	−230 −327	−230 −385	−230 −480	−230 −630	−135 −198	−135 −232	−135 −200
450	500	−1650 −2050	−840 −1240	−840 −1470	−480 −635	−480 −730	−480 −880							

与配合

至 500 mm)　　　　　　　　　　单位:μm $\left(\dfrac{1}{1000}\ \text{mm}\right)$

（带　圈　者　为　优　先　公　差　带）

f					g			h							
5	6	⑦	8	9	5	⑥	7	5	⑥	⑦	8	⑨	10	11	12
−6 −10	−6 −12	−6 −16	−6 −20	−6 −31	−2 −6	−2 −8	−2 −12	0 −4	0 −6	0 −10	0 −14	0 −25	0 −40	0 −60	0 −100
−10 −15	−10 −18	−10 −22	−10 −28	−10 −40	−4 −9	−4 −12	−4 −16	0 −5	0 −8	0 −12	0 −18	0 −30	0 −48	0 −75	0 −120
−13 −19	−13 −22	−13 −28	−13 −35	−13 −49	−5 −11	−5 −14	−5 −20	0 −6	0 −9	0 −15	0 −22	0 −36	0 −58	0 −90	0 −150
−16 −24	−16 −27	−16 −34	−16 −43	−16 −59	−6 −14	−6 −17	−6 −24	0 −8	0 −11	0 −18	0 −27	0 −43	0 −70	0 −110	0 −180
−20 −29	−20 −33	−20 −41	−20 −53	−20 −72	−7 −16	−7 −20	−7 −28	0 −9	0 −13	0 −21	0 −33	0 −52	0 −84	0 −130	0 −210
−25 −36	−25 −41	−25 −50	−25 −64	−25 −87	−9 −20	−9 −25	−9 −34	0 −11	0 −16	0 −25	0 −39	0 −62	0 −100	0 −160	0 −250
−30 −43	−30 −49	−30 −60	−30 −76	−30 −104	−10 −23	−10 −29	−10 −40	0 −13	0 −19	0 −30	0 −46	0 −74	0 −120	0 −190	0 −300
−36 −51	−36 −58	−36 −71	−36 −90	−36 −123	−12 −27	−12 −34	−12 −47	0 −15	0 −22	0 −35	0 −54	0 −87	0 −140	0 −220	0 −350
−43 −61	−43 −68	−43 −83	−43 −106	−43 −143	−14 −32	−14 −39	−14 −54	0 −18	0 −25	0 −40	0 −63	0 −100	0 −160	0 −250	0 −400
−50 −70	−50 −79	−50 −96	−50 −122	−50 −165	−15 −35	−15 −44	−15 −61	0 −20	0 −29	0 −46	0 −72	0 −115	0 −185	0 −290	0 −460
−56 −79	−56 −88	−56 −108	−56 −137	−56 −186	−17 −40	−17 −49	−17 −69	0 −23	0 −32	0 −52	0 −81	0 −130	0 −210	0 −320	0 −520
−62 −87	−62 −98	−62 −119	−62 −151	−62 −202	−18 −43	−18 −54	−18 −75	0 −25	0 −36	0 −57	0 −89	0 −140	0 −230	0 −360	0 −570
−68 −95	−68 −108	−68 −131	−68 −165	−68 −223	−20 −47	−20 −60	−20 −83	0 −27	0 −40	0 −63	0 −97	0 −155	0 −250	0 −400	0 −630

基本尺寸/mm		常用及优先公差带														
		js			*k*			*m*			*n*			*p*		
大于	至	5	6	7	5	⑥	7	5	6	7	5	⑥	7	5	⑥	7
—	3	±2	±3	±5	+4 +0	+6 +0	+10 +0	+6 +2	+8 +2	+12 +2	+8 +4	+10 +4	+14 +4	+10 +6	+12 +6	+16 +6
3	6	±2.5	±4	±6	+6 +1	+9 +1	+13 +1	+9 +4	+12 +4	+16 +4	+13 +8	+16 +8	+20 +8	+17 +12	+20 +12	+24 +12
6	10	±3	±4.5	±7	+7 +1	+10 +1	+16 +1	+12 +6	+15 +6	+21 +6	+16 +10	+19 +10	+25 +10	+21 +15	+24 +15	+30 +15
10	14	±4	±5.5	±9	+9 +1	+12 +1	+19 +1	+15 +7	+18 +7	+25 +7	+20 +12	+23 +12	+30 +12	+26 +18	+29 +18	+36 +18
14	18															
18	24	±4.5	±6.5	±10	+11 +2	+15 +2	+23 +2	+17 +8	+21 +8	+29 +8	+24 +15	+28 +15	+36 +15	+31 +22	+35 +22	+43 +22
24	30															
30	40	±5.5	±8	±12	+13 +2	+18 +2	+27 +2	+20 +9	+25 +9	+34 +9	+28 +17	+33 +17	+42 +17	+37 +26	+42 +26	+51 +26
40	50															
50	65	±6.5	±9.5	±15	+15 +2	+21 +2	+32 +2	+24 +11	+30 +11	+41 +11	+33 +20	+39 +20	+50 +20	+45 +32	+51 +32	+62 +32
65	80															
80	100	±7.5	±11	±17	+18 +3	+25 +3	+38 +3	+28 +13	+35 +13	+48 +13	+38 +23	+45 +23	+58 +23	+52 +37	+59 +37	+72 +37
100	120															
120	140	±9	±12.5	±20	+21 +3	+28 +3	+43 +3	+33 +15	+40 +15	+55 +15	+45 +27	+52 +27	+67 +27	+61 +43	+68 +43	+83 +43
140	160															
160	180															
180	200	±10	±14.5	±23	+24 +4	+33 +4	+50 +4	+37 +17	+46 +17	+63 +17	+51 +31	+60 +31	+77 +31	+70 +50	+79 +50	+96 +50
200	225															
225	250															
250	280	±11.5	±16	±26	+27 +4	+36 +4	+56 +4	+43 +20	+52 +20	+72 +20	+57 +34	+66 +34	+86 +34	+79 +56	+88 +56	+108 +56
280	315															
315	355	±12.5	±18	±28	+29 +4	+40 +4	+61 +4	+46 +21	+57 +21	+78 +21	+62 +37	+73 +37	+94 +37	+87 +62	+98 +62	+119 +62
355	400															
400	450	±13.5	±20	±31	+32 +5	+45 +5	+68 +5	+50 +23	+63 +23	+86 +23	+67 +40	+80 +40	+103 +40	+95 +68	+108 +68	+131 +68
450	500															

续表

(带圈者为优先公差带)

r			s			t			u		v	x	y	z
5	6	7	5	⑥	7	5	6	7	⑥	7	6	6	6	6
+14/+10	+16/+10	+20/+10	+18/+14	+20/+14	+24/+14	—	—	—	+24/+18	+28/+18	—	+26/+20	—	+32/+26
+20/+15	+23/+15	+27/+15	+24/+19	+27/+19	+31/+19	—	—	—	+31/+23	+35/+23	—	+36/+28	—	+43/+35
+25/+19	+28/+19	+34/+19	+29/+23	+32/+23	+38/+23	—	—	—	+37/+28	+43/+28	—	+43/+34	—	+51/+42
+31/+23	+34/+23	+41/+23	+36/+28	+39/+28	+46/+28	—	—	—	+44/+33	+51/+33	—	+51/+40	—	+61/+50
						—	—	—			+50/+39	+56/+45	—	+71/+60
+37/+28	+41/+28	+49/+28	+44/+35	+48/+35	+56/+35	—	—	—	+54/+41	+62/+41	+60/+47	+67/+54	+76/+63	+86/+73
						+50/+41	+54/+41	+62/+41	+61/+48	+69/+48	+68/+55	+77/+64	+88/+75	+101/+88
+45/+34	+50/+34	+59/+34	+54/+43	+59/+43	+68/+43	+59/+48	+64/+48	+73/+48	+76/+60	+85/+60	+84/+68	+96/+80	+110/+94	+128/+112
						+65/+54	+70/+54	+79/+54	+86/+70	+95/+70	+97/+81	+113/+97	+130/+114	+152/+136
+54/+41	+60/+41	+71/+41	+66/+53	+72/+53	+83/+53	+79/+66	+85/+66	+96/+66	+106/+87	+117/+87	+121/+102	+141/+122	+163/+144	+191/+172
+56/+43	+62/+43	+73/+43	+72/+59	+78/+59	+89/+59	+88/+75	+94/+75	+105/+75	+121/+102	+132/+102	+139/+120	+165/+146	+193/+174	+229/+210
+66/+51	+73/+51	+86/+51	+86/+71	+93/+71	+106/+71	+106/+91	+113/+91	+126/+91	+146/+124	+159/+124	+168/+146	+200/+178	+236/+214	+280/+258
+69/+54	+76/+54	+89/+54	+94/+79	+101/+79	+114/+79	+119/+104	+126/+104	+139/+104	+166/+144	+179/+144	+194/+172	+232/+210	+276/+254	+332/+310
+81/+63	+88/+63	+103/+63	+110/+92	+117/+92	+132/+92	+140/+122	+147/+122	+162/+122	+195/+170	+210/+170	+227/+202	+273/+248	+325/+300	+390/+365
+83/+65	+90/+65	+105/+65	+118/+100	+125/+100	+140/+100	+152/+134	+159/+134	+174/+134	+215/+190	+230/+190	+253/+228	+305/+280	+365/+340	+440/+415
+86/+68	+93/+68	+108/+68	+126/+108	+133/+108	+148/+108	+164/+146	+171/+146	+186/+146	+235/+210	+250/+210	+277/+252	+335/+310	+405/+380	+490/+465
+97/+77	+106/+77	+123/+77	+142/+122	+151/+122	+168/+122	+186/+166	+195/+166	+212/+166	+265/+236	+282/+236	+313/+284	+379/+350	+454/+425	+549/+520
+100/+80	+109/+80	+126/+80	+150/+130	+159/+130	+176/+130	+200/+180	+209/+180	+226/+180	+287/+258	+304/+258	+339/+310	+414/+385	+499/+470	+604/+575
+104/+84	+113/+84	+130/+84	+160/+140	+169/+140	+186/+140	+216/+196	+225/+196	+242/+196	+313/+284	+330/+284	+369/+340	+454/+425	+549/+520	+669/+640
+117/+94	+126/+94	+146/+94	+181/+158	+190/+158	+210/+158	+241/+218	+250/+218	+270/+218	+347/+315	+367/+315	+417/+385	+507/+475	+612/+580	+742/+710
+121/+98	+130/+98	+150/+98	+193/+170	+202/+170	+222/+170	+263/+240	+272/+240	+292/+240	+382/+350	+402/+350	+457/+425	+557/+525	+682/+650	+822/+790
+133/+108	+144/+108	+165/+108	+215/+190	+226/+190	+247/+190	+293/+268	+304/+268	+325/+268	+426/+390	+447/+390	+511/+475	+626/+590	+766/+730	+936/+900
+139/+114	+150/+114	+171/+114	+233/+208	+244/+208	+265/+208	+319/+294	+330/+294	+351/+294	+471/+435	+492/+435	+566/+530	+696/+660	+856/+820	+1036/+1000
+153/+126	+166/+126	+189/+126	+259/+232	+272/+232	+295/+232	+357/+330	+370/+330	+393/+330	+530/+490	+553/+490	+635/+595	+780/+740	+960/+920	+1140/+1110
+159/+132	+172/+132	+195/+132	+279/+252	+292/+252	+315/+252	+387/+360	+400/+360	+423/+360	+580/+540	+603/+540	+700/+660	+860/+820	+1040/+1000	+1290/+1250

基本尺寸/mm		常用 及 优 先 公 差 带														
		A	B		C	D				E		F				G
大于	至	11	11	12	11	8	⑨	10	11	8	9	6	7	⑧	9	6
—	3	+330 +270	+200 +140	+240 +140	+120 +60	+34 +20	+45 +20	+60 +20	+80 +20	+28 +14	+39 +14	+12 +6	+16 +6	+20 +6	+31 +6	+8 +2
3	6	+345 +270	+215 +140	+260 +140	+145 +70	+48 +30	+60 +30	+78 +30	+105 +30	+38 +20	+50 +20	+18 +10	+22 +10	+28 +10	+40 +10	+12 +4
6	10	+370 +280	+240 +150	+300 +150	+170 +80	+62 +40	+76 +40	+98 +40	+130 +40	+47 +25	+61 +25	+22 +13	+28 +13	+35 +13	+49 +13	+14 +5
10	14	+400 +290	+260 +150	+330 +150	+205 +95	+77 +50	+93 +50	+120 +50	+160 +50	+59 +32	+75 +32	+27 +16	+34 +16	+43 +16	+59 +16	+17 +6
14	18															
18	24	+430 +300	+290 +160	+370 +160	+240 +110	+98 +65	+117 +65	+149 +65	+195 +65	+73 +40	+92 +40	+33 +20	+41 +20	+53 +20	+72 +20	+20 +7
24	30															
30	40	+470 +310	+330 +170	+420 +170	+280 +120	+119 +80	+142 +80	+180 +80	+240 +80	+89 +50	+112 +50	+41 +25	+50 +25	+64 +25	+87 +25	+25 +9
40	50	+480 +320	+340 +180	+430 +180	+290 +130											
50	65	+530 +340	+380 +190	+490 +190	+330 +140	+146 +100	+170 +100	+220 +100	+290 +100	+106 +60	+134 +60	+49 +30	+60 +30	+76 +30	+104 +30	+29 +10
65	80	+550 +360	+390 +200	+500 +200	+340 +150											
80	100	+600 +380	+440 +220	+570 +220	+390 +170	+174 +120	+207 +120	+260 +120	+340 +120	+126 +72	+159 +72	+58 +36	+71 +36	+90 +36	+123 +36	+34 +12
100	120	+630 +410	+460 +240	+590 +240	+400 +180											
120	140	+710 +460	+510 +260	+660 +260	+450 +200	+208 +145	+245 +145	+305 +145	+395 +145	+148 +85	+185 +85	+68 +43	+83 +43	+106 +43	+143 +43	+39 +14
140	160	+770 +520	+530 +280	+680 +280	+460 +210											
160	180	+830 +580	+560 +310	+710 +310	+480 +230											
180	200	+950 +660	+630 +340	+800 +340	+530 +240	+242 +170	+285 +170	+355 +170	+460 +170	+172 +100	+215 +100	+79 +50	+96 +50	+122 +50	+165 +50	+44 +15
200	225	+1030 +740	+670 +380	+840 +380	+550 +260											
225	250	+1110 +820	+710 +420	+880 +420	+570 +280											
250	280	+1240 +920	+800 +480	+1000 +480	+620 +300	+271 +190	+320 +190	+400 +190	+510 +190	+191 +110	+240 +110	+88 +56	+108 +56	+137 +56	+186 +56	+49 +17
280	315	+1370 +1050	+860 +540	+1060 +540	+650 +330											
315	355	+1560 +1200	+960 +600	+1170 +600	+720 +360	+299 +210	+350 +210	+440 +210	+570 +210	+214 +125	+265 +125	+98 +62	+119 +62	+151 +62	+202 +62	+54 +18
355	400	+1710 +1350	+1040 +680	+1250 +680	+760 +400											
400	450	+1900 +1500	+1160 +760	+1390 +760	+840 +440	+327 +230	+385 +230	+480 +230	+630 +230	+232 +135	+290 +135	+108 +68	+131 +68	+165 +68	+223 +68	+60 +20
450	500	+2050 +1650	+1240 +840	+1470 +840	+880 +480											

至 500 mm)　　　　　　　　　　単位：μm $\left(\dfrac{1}{1000}\text{ mm}\right)$

（带　圈　者　为　优　先　公　差　带）

G	H								JS			K			M		
⑦	6	⑦	⑧	⑨	10	11	12		6	7	8	6	⑦	8	6	7	8
+12 / +2	+6 / 0	+10 / 0	+14 / 0	+25 / 0	+40 / 0	+60 / 0	+100 / 0	±3	±5	±7	0 / −6	0 / −10	0 / −14	−2 / −8	−2 / −12	−2 / −16
+16 / +4	+8 / 0	+12 / 0	+18 / 0	+30 / 0	+48 / 0	+75 / 0	+120 / 0	±4	±6	±9	+2 / −6	+3 / −9	+5 / −13	−1 / −9	0 / −12	+2 / −16
+20 / +5	+9 / 0	+15 / 0	+22 / 0	+36 / 0	+58 / 0	+90 / 0	+150 / 0	±4.5	±7	±11	+2 / −7	+5 / −10	+6 / −16	−3 / −12	0 / −15	+1 / −21
+24 / +6	+11 / 0	+18 / 0	+27 / 0	+43 / 0	+70 / 0	+110 / 0	+180 / 0	±5.5	±9	±13	+2 / −9	+6 / −12	+8 / −19	−4 / −15	0 / −18	+2 / −25
+28 / +7	+13 / 0	+21 / 0	+33 / 0	+52 / 0	+84 / 0	+130 / 0	+210 / 0	±6.5	±10	±16	+2 / −11	+6 / −15	+10 / −23	−4 / −17	0 / −21	+4 / −29
+34 / +9	+16 / 0	+25 / 0	+39 / 0	+62 / 0	+100 / 0	+160 / 0	+250 / 0	±8	±12	±19	+3 / −13	+7 / −18	+12 / −27	−4 / −20	0 / −25	+5 / −34
+40 / +10	+19 / 0	+30 / 0	+46 / 0	+74 / 0	+120 / 0	+190 / 0	+300 / 0	±9.5	±15	±23	+4 / −15	+9 / −21	+14 / −32	−5 / −24	0 / −30	+5 / −41
+47 / +12	+22 / 0	+35 / 0	+54 / 0	+87 / 0	+140 / 0	+220 / 0	+350 / 0	±11	±17	±27	+4 / −18	+10 / −25	+16 / −38	−6 / −28	0 / −35	+6 / −48
+54 / +14	+25 / 0	+40 / 0	+63 / 0	+100 / 0	+160 / 0	+250 / 0	+400 / 0	±12.5	±20	±31	+4 / −21	+12 / −28	+20 / −43	−8 / −33	0 / −40	+8 / −55
+61 / +15	+29 / 0	+46 / 0	+72 / 0	+115 / 0	+185 / 0	+290 / 0	+460 / 0	±14.5	±23	±36	+5 / −24	+13 / −33	+22 / −50	−8 / −37	0 / −46	+9 / −63
+69 / +17	+32 / 0	+52 / 0	+81 / 0	+130 / 0	+210 / 0	+320 / 0	+520 / 0	±16	±26	±40	+5 / −27	+16 / −36	+25 / −56	−9 / −41	0 / −52	+9 / −72
+75 / +18	+36 / 0	+57 / 0	+89 / 0	+140 / 0	+230 / 0	+360 / 0	+570 / 0	±18	±28	±44	+7 / −29	+17 / −40	+28 / −61	−10 / −46	0 / −57	+11 / −78
+83 / +20	+40 / 0	+63 / 0	+97 / 0	+155 / 0	+250 / 0	+400 / 0	+630 / 0	±20	±31	±48	+8 / −32	+18 / −45	+29 / −68	−10 / −50	0 / −63	+11 / −86

基本尺寸/mm		常用及优先公差带（带圈者为优先公差带）											
		N			P		R		S		T		U
大于	至	6	⑦	8	6	⑦	6	7	6	⑦	6	7	⑦
—	3	−4 −10	−4 −14	−4 −18	−6 −12	−6 −16	−10 −16	−10 −20	−14 −20	−14 −24	—	—	−18 −28
3	6	−5 −13	−4 −16	−2 −20	−9 −17	−8 −20	−12 −20	−11 −23	−16 −24	−15 −27	—	—	−19 −31
6	10	−7 −16	−4 −19	−3 −25	−12 −21	−9 −24	−16 −25	−13 −28	−20 −29	−17 −32	—	—	−22 −37
10	14	−9 −20	−5 −23	−3 −30	−15 −26	−11 −29	−20 −31	−16 −34	−25 −36	−21 −39	—	—	−26 −44
14	18										—	—	−26 −44
18	24	−11 −24	−7 −28	−3 −36	−18 −31	−14 −35	−24 −37	−20 −41	−31 −44	−27 −48	—	—	−33 −54
24	30										−37 −50	−33 −54	−40 −61
30	40	−12 −28	−8 −33	−3 −42	−21 −37	−17 −42	−29 −45	−25 −50	−38 −54	−34 −59	−43 −59	−39 −64	−51 −76
40	50										−49 −65	−45 −70	−61 −86
50	65	−14 −33	−9 −39	−4 −50	−26 −45	−21 −51	−35 −54	−30 −60	−47 −66	−42 −72	−60 −79	−55 −85	−76 −106
65	80						−37 −56	−32 −62	−53 −72	−48 −78	−69 −88	−64 −94	−91 −121
80	100	−16 −38	−10 −45	−4 −58	−30 −52	−24 −59	−44 −66	−38 −73	−64 −86	−58 −93	−84 −106	−78 −113	−111 −146
100	120						−47 −69	−41 −76	−72 −94	−66 −101	−97 −119	−91 −126	−131 −166
120	140	−20 −45	−12 −52	−4 −67	−36 −61	−28 −68	−56 −81	−48 −88	−85 −110	−77 −117	−115 −140	−107 −147	−155 −195
140	160						−58 −83	−50 −90	−93 −118	−85 −125	−127 −152	−119 −159	−175 −215
160	180						−61 −86	−53 −93	−101 −126	−93 −133	−139 −164	−131 −171	−195 −235
180	200	−22 −51	−14 −60	−5 −77	−41 −70	−33 −79	−68 −97	−60 −106	−113 −142	−105 −151	−157 −186	−149 −195	−219 −265
200	225						−71 −100	−68 −109	−121 −150	−113 −159	−171 −200	−163 −209	−241 −287
225	250						−75 −104	−67 −113	−131 −160	−123 −169	−187 −216	−179 −225	−267 −313
250	280	−25 −57	−14 −66	−5 −86	−47 −79	−36 −88	−85 −117	−74 −126	−149 −181	−138 −190	−209 −241	−198 −250	−295 −347
280	315						−89 −121	−78 −130	−161 −193	−150 −202	−231 −263	−220 −272	−330 −382
315	355	−26 −62	−16 −73	−5 −94	−51 −87	−41 −98	−97 −133	−87 −144	−179 −215	−169 −226	−257 −293	−247 −304	−369 −426
355	400						−103 −139	−93 −150	−197 −233	−187 −244	−283 −319	−273 −330	−414 −471
400	450	−27 −67	−17 −80	−6 −103	−55 −95	−45 −108	−113 −153	−103 166	−219 −259	−209 −272	−317 −357	−307 −370	−467 −530
450	500						−119 −159	−109 −172	−239 −279	−229 −292	−347 −387	−337 −400	−517 −580

三、螺　纹

附表 3-1　普通螺纹的直径与螺距(GB/T 193—2003)　　　单位:mm

公称直径 d,D 第一系列	第二系列	第三系列	螺距 P 粗牙	细牙
3			0.5	0.35
	3.5		(0.6)	
4			0.7	0.5
	4.5		(0.75)	
5			0.8	
		5.5		
6	7		1	0.75,(0.5)
8			1.25	1,0.75,(0.5)
		9	(1.25)	
10			1.5	1.25,1,0.75,(0.5)
		11	(1.5)	1,0.75,(0.5)
12			1.75	1.5,1.25,1,(0.75),(0.5)
	14		2	1.5,(1.25),1,(0.75),(0.5)
		15		1.5,(1)
16			2	1.5,1,(0.75),(0.5)
		17		1.5,(1)
20	18		2.5	2,1.5,1,(0.75),(0.5)
	22			
24			3	2,1.5,1,(0.75)
		25		2,1.5,(1)
		(26)		1.5
	27		3	2,1.5,1,(0.75)
		(28)		2,1.5,1
30			3.5	(3),2,1.5,1,(0.75)
		(32)		2,1.5
	33		3.5	(3),2,1.5,(1),(0.75)
		35		(1.5)
36			4	3,2,1.5,(1)
		(38)		1.5
	39		4	3,2,1.5,(1)
		40		(3),(2),1.5
42	45		4.5	(4),3,2,1.5,(1)
48			5	
		50		(3),(2),1.5
	52		5	(4),3,2,1.5,(1)
		55		(4),(3),2,1.5
56			5.5	4,3,2,1.5,(1)
		58		(4),(3),2,1.5
	60		(5.5)	4,3,2,1.5,(1)
		62		(4),(3),2,1.5
64			6	4,3,2,1.5,(1)
		65		(4),(3),2,1.5
	68		6	4,3,2,1.5,(1)
		70		(6),(4),(3),2,1.5

公称直径 d,D 第一系列	第二系列	第三系列	螺距 P 粗牙	细牙
72				6,4,3,2,1.5,(1)
		75		(4),(3),2,1.5
	76			6,4,3,2,1.5,(1)
		(78)		2
80				6,4,3,2,1.5,(1)
		(82)		2
90	85			6,4,3,2,(1.5)
100	95			
110	105			
125	115			
		120		
	130	135		6,4,3,2
140	150	145		
		155		
160	170	165		
180		175		6,4,3,(2)
190		185		
200		195		
		205		6,4,3
	210	215		
220		225		
		230		
	240	235		
250		245		
		255		
	260	265		6,4,(3)
		270		
		275		
280		285		
		290		
	300	295		
		310		6,4
320		330		
	340	350		
360		370		
400	380	390		6
	420	410		
	440	430		
450	460	470		
	480	490		
500	520	510		
550	540	530		
	560	570		
600	580	590		

注:1. 优先选用第一系列,其次是第二系列,第三系列尽可能不用。

　　2. M14×1.25 仅用于火花塞,M35×1.5 仅用于滚动轴承锁紧螺母。

　　3. 括号内的螺距尽可能不用

附表 3-2 普通螺纹的基本尺寸（GB/T 196—2003）

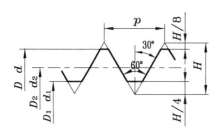

$$D_2 = D - 2 \times \frac{3}{8} H$$

$$d_2 = d - 2 \times \frac{3}{8} H$$

$$D_1 = D - 2 \times \frac{5}{8} H$$

$$d_1 = d - 2 \times \frac{5}{8} H$$

$$H = \frac{\sqrt{3}}{2} P = 0.866025404 P$$

单位：mm

公称直径 D,d	螺距 P	中径 D_2 或 d_2	小径 D_1 或 d_1	公称直径 D,d	螺距 P	中径 D_2 或 d_2	小径 D_1 或 d_1
1	0.25	0.838	0.729	9	(1.25)	8.188	7.647
	0.2	0.870	0.783		1	8.350	7.917
1.1	0.25	0.938	0.829		0.75	8.513	8.188
	0.2	0.970	0.883		0.5	8.675	8.459
1.2	0.25	1.038	0.929	10	1.5	9.026	8.376
	0.2	1.070	0.983		1.25	9.188	8.647
1.4	0.3	1.205	1.075		1	9.350	8.917
	0.2	1.270	1.183		0.75	9.513	9.188
1.6	0.35	1.373	1.221		(0.5)	9.675	9.459
	0.2	1.470	1.383	11	(1.5)	10.026	9.376
1.8	0.35	1.573	1.421		1	10.350	9.917
	0.2	1.670	1.583		0.75	10.513	10.188
2	0.4	1.740	1.567		0.5	10.675	10.459
	0.25	1.838	1.729	12	1.75	10.863	10.106
2.2	0.45	1.908	1.713		1.5	11.026	10.376
	0.25	2.038	1.929		1.25	11.188	10.647
2.5	0.45	2.208	2.013		1	11.350	10.917
	0.35	2.273	2.121		(0.75)	11.513	11.188
3	0.5	2.675	2.459		(0.5)	11.675	11.459
	0.35	2.773	2.621	14	2	12.701	11.835
3.5	(0.6)	3.110	2.850		1.5	13.026	12.376
	0.35	3.273	3.121		(1.25)	13.188	12.647
4	0.7	3.545	3.242		1	13.350	12.917
	0.5	3.675	3.459		(0.75)	13.513	13.188
4.5	(0.75)	4.013	3.688		(0.5)	13.675	13.459
	0.5	4.175	3.959	15	1.5	14.026	13.376
5	0.8	4.480	4.134		(1)	14.350	13.917
	0.5	4.675	4.459	16	2	14.701	13.835
5.5	0.5	5.175	4.959		1.5	15.026	14.376
6	1	5.350	4.917		1	15.350	14.917
	0.75	5.513	5.188		(0.75)	15.513	15.188
	(0.5)	5.675	5.459		(0.5)	15.675	15.459
7	1	6.350	5.917	17	1.5	16.026	15.376
	0.75	6.513	6.188		(1)	16.350	15.917
	0.5	6.675	6.459	18	2.5	16.376	15.294
8	1.25	7.188	6.647		2	16.701	15.835
	1	7.350	6.917		1.5	17.026	16.376
	0.75	7.513	7.188		1	17.350	16.917
	(0.5)	7.675	7.459				

公称直径 D,d	螺距 P	中径 D_2 或 d_2	小径 D_1 或 d_1	公称直径 D,d	螺距 P	中径 D_2 或 d_2	小径 D_1 或 d_1
18	(0.75)	17.513	17.188		4	33.402	31.670
	(0.5)	17.675	17.459		3	34.051	32.752
20	2.5	18.376	17.294	36	2	34.701	33.835
	2	18.701	17.835		1.5	35.026	34.376
	1.5	19.026	18.376		(1)	35.350	34.917
	1	19.350	18.917	38	1.5	37.026	36.376
	(0.75)	19.513	19.188	39	4	36.402	34.670
	(0.5)	19.675	19.459		3	37.051	35.752
22	2.5	20.376	19.294	39	2	37.701	36.835
	2	20.701	19.835		1.5	38.026	37.376
	1.5	21.026	20.376		(1)	38.350	37.917
	1	21.350	20.917		(3)	38.051	36.752
	(0.75)	21.513	21.188	40	(2)	38.701	37.835
	(0.5)	21.675	21.459		1.5	39.026	38.376
24	3	22.051	20.752		4.5	39.077	37.129
	2	22.701	21.835		(4)	39.402	37.670
	1.5	22.026	22.376	42	3	40.051	38.752
	1	23.350	22.917		2	40.701	39.835
	(0.75)	23.513	23.188		1.5	41.026	40.376
25	2	23.701	22.835		(1)	41.350	40.917
	1.5	24.026	23.376		4.5	42.077	40.129
	(1)	24.350	23.917		(4)	42.402	40.670
26	1.5	24.026	24.376	45	3	43.051	41.752
	3	25.051	23.752		2	43.701	42.835
27	2	25.701	24.835		1.5	44.026	43.376
	1.5	26.026	25.376		(1)	44.350	43.917
	1	26.350	25.917		5	44.752	42.587
	(0.75)	26.513	26.188		(4)	45.402	43.670
28	2	26.701	25.835	48	3	46.051	44.752
	1.5	27.026	26.376		2	46.701	45.835
	1	27.350	26.917		1.5	47.026	46.376
30	3.5	27.727	26.211		(1)	47.350	46.917
	(3)	28.051	26.752		(3)	48.051	46.752
	2	28.701	27.835	50	(2)	48.701	47.835
	1.5	29.026	28.376		1.5	49.026	48.376
	1	29.350	28.917		5	48.752	46.587
	(0.75)	29.513	29.188		(4)	49.402	47.670
32	2	30.701	29.835	52	3	50.051	48.752
	1.5	31.026	30.376		2	50.701	49.835
33	3.5	30.727	29.211		1.5	51.026	50.376
	(3)	31.051	29.752		(1)	51.350	50.917
	2	31.701	30.835		(4)	52.402	50.670
	1.5	32.026	31.376	55	(3)	53.051	51.752
	(1)	32.350	31.917		2	53.701	52.835
	(0.75)	32.513	32.188		1.5	54.026	53.376
35	1.5	34.026	33.376	56	5.5	52.428	50.046

附表 3-3 55°非密封管螺纹(GB/T 7307—2001)

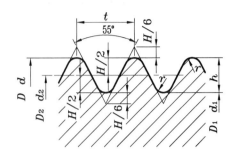

尺寸代号	每 25.4 mm 内的牙数 n	螺距 P/mm	牙高 h/mm	圆弧半径 r/mm	基本直径/mm		
					大径 $d=D$	中径 $d_2=D_2$	小径 $d_1=D_1$
1/16	28	0.907	0.581	0.125	7.723	7.142	6.561
1/8	28	0.907	0.581	0.125	9.728	9.147	8.566
1/4	19	1.337	0.856	0.184	13.157	12.301	11.445
3/8	19	1.337	0.856	0.184	16.662	15.806	14.950
1/2	14	1.814	1.162	0.249	20.955	19.793	18.631
5/8	14	1.814	1.162	0.249	22.911	21.749	20.587
3/4	14	1.814	1.162	0.249	26.441	25.279	24.117
7/8	14	1.814	1.162	0.249	30.201	29.039	27.877
1	11	2.309	1.479	0.317	33.249	31.770	30.291
1 1/3	11	2.309	1.479	0.317	37.897	36.418	34.939
1 1/2	11	2.309	1.479	0.317	41.910	40.431	38.952
1 2/3	11	2.309	1.479	0.317	47.803	46.324	44.845
1 3/4	11	2.309	1.479	0.317	53.746	52.267	50.788
2	11	2.309	1.479	0.317	59.614	58.135	56.656
2 1/4	11	2.309	1.479	0.317	65.710	64.231	62.752
2 1/2	11	2.309	1.479	0.317	75.184	73.705	72.226
2 3/4	11	2.309	1.479	0.317	81.534	80.055	78.576
3	11	2.309	1.479	0.317	87.884	86.405	84.926
3 1/2	11	2.309	1.479	0.317	100.330	98.851	97.372
4	11	2.309	1.479	0.317	113.030	111.551	110.072
4 1/2	11	2.309	1.479	0.317	125.730	124.251	122.772
5	11	2.309	1.479	0.317	138.430	136.951	135.472
5 1/2	11	2.309	1.479	0.317	151.130	149.651	148.172
6	11	2.309	1.479	0.317	163.830	162.351	160.872

注:本标准适用于管接头、旋塞、阀门及其附件

四、六角头螺栓 A 级和 B 级

GB/T 5782—2016   GB/T 5783—2016

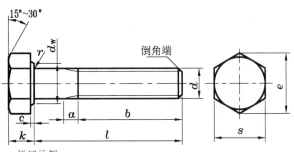   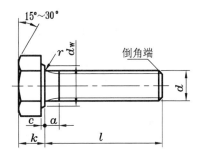

标记示例:

螺纹规格 d＝M12,公称长度 l＝80 mm,性能等级为 8.8 级,表面氧化,A 级的六角头螺栓:螺栓 GB/T5782 M12×80,

若为全螺纹,则为螺栓 GB/T5783 M12×80

单位:mm

螺纹规格 d			M3	M4	M5	M6	M8	M10	M12	M16	M20	M24	M30	M36
e min	产品等级	A	6.01	7.66	8.79	11.05	14.38	17.77	20.03	26.75	33.53	39.98		
		B	5.88	7.50	8.63	10.89	14.20	17.59	19.85	26.17	32.95	39.55	50.85	60.79
s max＝公称			5.5	7	8	10	13	16	18	24	30	36	46	55
k 公称			2	2.8	3.5	4	5.3	6.4	7.5	10	12.5	15	18.7	22.5
c	max		0.4	0.4	0.5	0.5	0.6	0.6	0.6	0.8	0.8	0.8	0.8	0.8
	min		0.15	0.15	0.15	0.15	0.15	0.15	0.15	0.2	0.2	0.2	0.2	0.2
d_w min	产品等级	A	4.6	5.9	6.9	8.88	11.6	14.6	16.6	22.5	28.2	33.6		
		B	—	—	6.7	8.74	11.4	14.4	16.4	22	27.7	33.2	42.7	51.1
GB/T 5782 —2016	b 参数	l≤125	12	14	16	18	22	26	30	38	46	54	66	78
		125＜l ≤200	—	—	—	28	32	36	44	52	60	72	84	
		l＞200	—	—	—	—	—	—	—	57	65	73	85	97
		l 公称	20～ 30	25～ 40	25～ 50	30～ 60	35～ 80	40～ 100	45～ 120	55～ 160	65～ 200	80～ 240	90～ 300	110～ 360
GB/T 5783 —2016	a max		1.5	2.1	2.4	3	3.75	4.5	5.25	6	7.5	9	10.5	12
	l 公称		6～ 30	8～ 40	10～ 50	12～ 60	16～ 80	20～ 100	25～ 100	35～ 100	40～ 100	40～ 100	40～ 100	40～ 100
l 系列			6,8,10,12,16,20,25,30,35,45,50,(55),60,(65),70～160(10 进位) 180～400 (20 进位)											

五、双头螺柱

GB 897—88 （$b_m=d$） GB 898—88 （$b_m=1.25d$）
GB 899—88 （$b_m=1.5d$） GB 900—88 （$b_m=2d$）

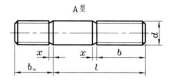
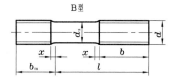

A 型 B 型

标记示例：

两端均为粗牙普通螺纹，$d=10$ mm，$l=50$ mm，性能等级 4.8 级，不经热处理及表面处理，B 型，$b_m=1d$ 的双头螺柱；螺柱 GB 897　M10×50

旋入机体一端为粗牙普通螺纹、旋螺母一端为螺距 $P=1$ mm 的细牙螺纹，$d=10$ mm，$l=50$ mm，性能等级为 4.8 级，不经表面处理，A 型，$b_m=1d$ 的双头螺柱；螺柱 GB 897　AM10—M10×1×50

单位：mm

螺纹规格 d	b_m 公称				d_s		b	l 公称	x max
	GB 897—88	GB 898—88	GB 899—88	GB 900—88	max	min			
M5	5	6	8	10	5	4.7	10	16～20	
							16	25～30	
M6	6	8	10	12	6	5.7	10	20，(22)	
							14	25，(28)，30	
							18	32～75	
M8	8	10	12	16	8	7.64	12	20，(22)	
							16	25，(28)，30	
							22	32～90	
M10	10	12	15	20	10	9.64	14	25，(28)，	
							16	30～38	
							26	40～120	
							32	130	
M12	12	15	18	24	12	11.57	16	25～30	1.5P
							20	(32)～40	
							30	45～120	
							36	130～180	
M16	16	20	24	32	16	15.57	20	30～(38)	
							30	40～50	
							38	60～120	
							44	130～200	
M20	20	25	30	40	20	19.48	25	35～40	
							35	45～60	
							46	70～120	
							52	130～200	
M24	24	30	36	48	24	23.48	30	45～50	
							40	(55)～(75)	
							50	80～120	
							60	130～200	

l 系列	16，(18)，20，(22)，25，(28)，30，(32)，35，(38)，40，45，50，(55)，60，(65)，70，(75)，80，(85)，90，(95)，100～200（10 进位）

注：1. P 表示螺距。

　　2. 括号内的尺寸尽可能不用

六、螺　钉

附表 6-1　螺　钉

开槽圆柱头螺钉（GB/T 65—2016）

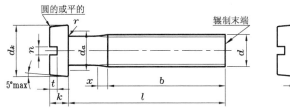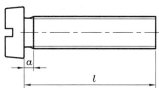

开槽沉头螺钉（GB/T 68—2016）

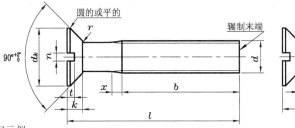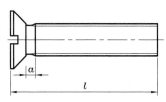

标记示例：

螺纹规格 d＝M5,公称长度 l＝20 mm,性能等级 4.8 级,不经表面处理的开槽沉头螺钉:螺钉 GB/T68　M5×20

单位:mm

螺纹规格 d				M3	M4	M5	M6	M8	M10
a	max			1	1.4	1.6	2	2.5	3
b	min			25	38	38	38	38	38
x	min			1.25	1.75	2	2.5	3.2	3.8
n	公称			0.8	1.2	1.2	1.6	2	2.5
GB/T 65—2016	d_k	max		5.5	7	8.5	10	13	16
		min		5.32	6.78	8.28	9.78	12.73	15.73
	k	max		2.00	2.6	3.3	3.9	5	6
		min		1.86	2.45	3.1	3.6	4.7	5.7
	t	min		0.85	1.1	1.3	1.6	2	2.4
	$\dfrac{l}{b}$			$\dfrac{4\sim30}{l-a}$	$\dfrac{5\sim40}{l-a}$	$\dfrac{6\sim40}{l-a}$ $\dfrac{45\sim50}{b}$	$\dfrac{8\sim40}{l-a}$ $\dfrac{45\sim60}{b}$	$\dfrac{10\sim40}{l-a}$ $\dfrac{45\sim80}{b}$	$\dfrac{12\sim40}{l-a}$ $\dfrac{45\sim80}{b}$
GB/T 68—2016	d_k	理论值 max		6.3	9.4	10.4	12.6	17.3	20
		实际值	max	5.5	8.4	9.3	11.3	15.8	18.3
			min	5.2	8	8.9	10.9	15.4	17.8
	k	max		1.65	2.7	2.7	3.3	4.65	5
	t	min		0.6	1	1.1	1.2	1.8	2
		max		0.85	1.3	1.4	1.6	2.3	2.6
	$\dfrac{l}{b}$			$\dfrac{5\sim30}{l-(k+a)}$	$\dfrac{6\sim40}{l-(k+a)}$	$\dfrac{8\sim45}{l-(k+a)}$ $\dfrac{50}{b}$	$\dfrac{8\sim45}{l-(k+a)}$ $\dfrac{50\sim60}{b}$	$\dfrac{10\sim45}{l-(k+a)}$ $\dfrac{50\sim80}{b}$	$\dfrac{12\sim40}{l-(k+a)}$ $\dfrac{50\sim80}{b}$
l 系列				4,5,6,8,10,12,(14),16,20,25,30,35,40,45,50,(55),60,(65),70,(75),80					

注:1. 表中形式(4～30)/($l-a$)表示全螺纹,其余同。

2. 尽可能不采用括号内的规格

附表 6-2 紧定螺钉

开槽锥端紧定螺钉　　　　　　　开槽平端紧定螺钉　　　　　　　开槽长圆柱端紧定螺钉
（GB 71—85）　　　　　　　　（GB/T 73—2017）　　　　　　（GB/T 75—1985）

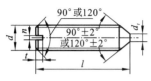 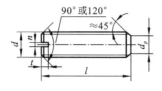 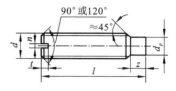

标记示例：

螺纹规格 d＝M5、公称长度 l＝12 mm 的开槽锥端紧定螺钉：螺钉 GB 71—85　M5×12

单位：mm

螺纹规格 d		M1.2	M1.6	M2	M2.5	M3	M4	M5	M6	M8	M10	M12
P	GB 71、GB/T 73	0.25	0.35	0.4	0.5	0.5	0.7	0.8	1	1.25	1.5	1.75
	GB/T 75	—										
d_t	GB 71	0.12	0.16	0.2	0.25	0.3	0.4	0.5	1.5	2	2.5	3
d_p max	GB 71、GB/T 73	0.6	0.8	1	1.5	2	2.5	3.5	4	5.5	7	8.5
	GB/T 75	—										
n 公称	GB 71、GB/T 73	0.2	0.25	0.25	0.4	0.4	0.6	0.8	1	1.2	1.6	2
	GB/T 75	—										
t min	GB 71、GB/T 73	0.4	0.56	0.64	0.72	0.8	1.12	1.28	1.6	2	2.4	2.8
	GB/T 75	—										
z min	GB/T 75	—	0.8	1	1.2	1.5	2	2.5	3	4	5	6
倒角和锥顶角	GB 71　120°	l＝2	l≤2.5		l≤3		l≤4	l≤5	l≤6	l≤8	l≤10	l≤12
	GB 71　90°	l≥2.5	l≥3		l≥4		l≥5	l≥6	l≥8	l≥10	l≥12	l≥14
	GB/T 73　120°	—	l≤2	l≤2.5	l≤3		l≤4	l≤5	l≤6		l≤8	l≤10
	GB/T 73　90°	l≥2	l≥2.5	l≥3	l≥4		l≥5	l≥6	l≥8		l≥10	l≥12
	GB/T 75　120°	—	l≤2.5	l≤3	l≤4	l≤5	l≤6	l≤8	l≤10	l≤14	l≤16	l≤20
	GB/T 75　90°	—	l≥3	l≥4	l≥5	l≥6	l≥8	l≥10	l≥12	l≥16	l≥20	l≥25
l 公称　商品规格范围	GB 71	2～6	2～8	3～10	3～12	4～16	6～20	8～25	8～30	10～40	12～50	14～60
	GB/T 73			2～10	2.5～12	13～16	4～20	5～25	6～30	8～40	10～50	12～60
	GB/T 75	—	2.5～8	3～10	4～12	5～16	6～20	8～25	8～30	10～40	12～50	14～60
	系列值	2,2.5,3,4,5,6,8,10,12,(14),16,20,25,30,35,40,45,50,(55),60										

注：1. GB 71—85 中，d＝M2.5，l＝3 mm 时，螺钉两端倒角为 120°。

　　2. 尽可能不采用括号内的规格

七、六 角 螺 母

1 型六角螺母—A 级和 B 级
GB/T 6170—2015

2 型六角螺母—A 级和 B 级
GB/T 6175—2016

六角薄螺母—A 级和 B 级—倒角
GB/T 6172.1—2016

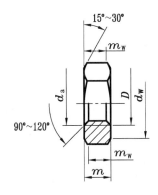
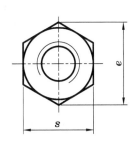

标记示例：

螺纹规格 D＝M12,性能等级为 10 级,不经表面处理,A 级的六角螺母：

1 型	2 型	薄螺母,倒角
螺母 GB/T 6170—2015 M12	螺母 GB/T 6175—2016 M12	螺母 GB/T 6172.1—2016 M12

单位:mm

螺纹规格 D			M3	M4	M5	M6	M8	M10	M12	M16	M20	M24	M30	M36
e		min	6.01	7.66	8.79	11.05	14.38	17.77	20.03	26.75	32.95	39.55	50.85	60.79
s		max	5.5	7	8	10	13	16	18	24	30	36	46	55
		min	5.32	6.78	7.78	9.78	12.73	15.73	17.73	23.67	29.15	35	45	53.8
d_W		min	4.6	5.9	6.9	8.9	11.6	14.6	16.6	22.5	27.7	33.2	42.7	51.1
d_a		max	3.45	4.6	5.75	6.75	8.75	10.8	13	17.3	21.6	25.9	32.4	38.9
GB/T 6172.1 —2016	m	max	1.8	2.2	2.7	3.2	4	5	6	8	10	12	15	18
		min	1.55	1.95	2.45	2.9	3.7	4.7	5.7	7.42	9.10	10.9	13.9	16.9
	m_W	min	1.2	1.6	2	2.3	3	3.8	4.6	5.9	7.3	8.7	11.1	13.5
GB/T 6170 —2015	m	max	2.4	3.2	4.7	5.2	6.80	8.40	10.80	14.8	18.0	21.5	25.6	31.0
		min	2.15	2.9	4.4	4.9	6.44	8.04	10.37	14.1	16.9	20.2	24.3	29.4
	m_W	min	1.7	2.3	3.5	3.9	5.2	6.4	8.3	11.3	13.5	16.2	19.4	23.5

八、垫　　圈

附表 8-1　平垫圈

小垫圈—A 级	平垫圈—A 级	平垫圈—C 级
GB/T 848—2002	GB/T 97.1—2002	GB/T 95—2002

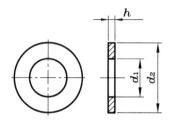

标记示例:

公称尺寸 $d=8$ mm,性能等级为 140HV 级,不经表面处理的平垫圈:垫圈 GB/T 97.1-2002-8-140HV

单位:mm

公称尺寸 (螺纹规格 d)			3	4	5	6	8	10	12	14	16	20	24	30	36
内径 d_1	产品 等级	A	3.2	4.3	5.3	6.4	8.4	10.5	13	15	17	21	25	31	37
		C			5.5	6.6	9	11	13.5	15.5	17.5	22	26	33	39
GB/T 848 —2002	外径 d_2		6	8	9	11	15	18	20	24	28	34	39	50	60
	厚度 h		0.5	0.5	1	1.6	1.6	1.6	2	2.5	2.5	3	4	4	5
GB/T 97.1 —2002 GB/T 95 —2002	外径 d_2		7	9	10	12	12	20	24	28	30	37	44	56	66
	厚度 h		0.5	0.8	1	1.6	1.6	2	2.5	2.5	3	3	4	4	5

注:1. 平垫圈主要用于规格为 M5～M36 的标准六角螺栓、螺钉和螺母。

2. 性能等级 140HV 表示材料钢的硬度,HV 表示维氏硬度,140 为硬度值,有 140HV、200HV 和 300HV 三种

附表 8-2　标准型弹簧垫圈(GB 93—87)

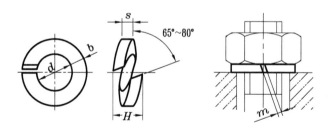

标记示例:

规格 16 mm,材料为 65Mn,表面氧化的标准型弹簧垫圈:垫圈 GB 93—87　16

单位:mm

规格(螺纹大径)		4	5	6	8	10	12	16	20	24	30
d	min	4.1	5.1	6.1	8.1	10.2	12.2	16.2	20.2	24.5	30.5
	max	4.4	5.4	6.68	8.68	10.9	12.9	16.9	21.04	25.5	31.5
$s(b)$	公称	1.1	1.3	1.6	2.1	2.6	3.1	4.1	5	6	7.5
	min	1	1.2	1.5	2	2.45	2.95	3.9	4.8	5.8	7.2
	max	1.2	1.4	1.7	2.2	2.75	3.25	4.3	5.2	6.2	7.8
H	min	2.2	2.6	3.2	4.2	5.2	6.2	8.2	10	12	15
	max	2.75	3.25	4	5.25	6.5	7.75	10.25	12.5	15	18.75
$m\leqslant$		0.55	0.65	0.8	1.05	1.3	1.55	2.05	2.5	3	3.75

九、销 与 键

附表 9-1　圆柱销（GB/T 119.1—2000）

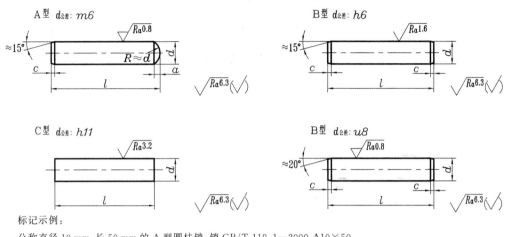

标记示例：

公称直径 10 mm、长 50 mm 的 A 型圆柱销：销 GB/T 119.1—2000 A10×50

单位：mm

d	4	5	6	8	10	12	16	20	25	30	40	50
$a\approx$	0.50	0.63	0.80	1.0	1.2	1.6	2.0	2.5	3.0	4.0	5.0	6.3
$c\approx$	0.63	0.80	1.2	1.6	2.0	2.5	3.0	3.5	4.0	5.0	6.3	8.0
长度范围 l	8～40	10～50	12～60	14～80	18～95	22～140	26～180	35～200	50～200	60～200	80～200	95～200
l（系列）	6,8,10,12,14,16,18,20,22,24,26,28,30,32,35,40,45,50,55,60,65,70,75,80,85,90,95,100,120, 140,160,180,200											

附表 9-2　圆锥销（GB/T 117—2000）

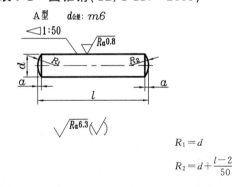

$$R_1=d$$

$$R_2=d+\frac{l-2a}{50}$$

标记示例：

公称直径 10 mm、长 60 mm 的 A 型圆锥销：销 GB/T 117—2000 A10×60

单位：mm

d	4	5	6	8	10	12	16	20	25	30	40	50
$a\approx$	0.5	0.63	0.8	1	1.2	1.6	2	2.5	3	4	5	6.3
长度范围 l	14～55	18～60	22～90	22～120	26～160	32～180	40～200	45～200	50～200	55～200	60～200	65～200
l（系列）	14,16,18,20,22,24,26,28,30,32,35,40,45,50,55,60,65,70,75,80,85,90,95,100,120,140,160,180,200											

附表 9-3 开口销 (GB/T 91—2000)

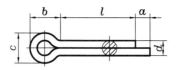

$$a_{min}=\frac{1}{2}a_{max}$$

标记示例:

公称直径 $d=5$ mm、长度 $l=50$ mm 的开口销:销 GB/T 91—2000　5×50

单位:mm

d	公称	0.6	0.8	1	1.2	1.6	2	2.5	3.2	4	5	6.3	8	10	12
	min	0.4	0.6	0.8	0.9	1.3	1.7	2.1	2.7	3.5	4.4	5.7	7.3	9.3	11.1
	max	0.5	0.7	0.9	1	1.4	1.8	2.3	2.9	3.7	4.6	5.9	7.5	9.5	11.4
c	max	1	1.4	1.8	2	2.8	3.6	4.6	5.8	7.4	9.2	11.8	15	19	24.8
	min	0.9	1.2	1.6	1.7	2.4	3.2	4	5.1	6.5	8	10.3	13.1	16.6	21.7
$b\approx$		2	2.4	3	3	3.2	4	5	6.4	8	10	12.6	16	20	26
a_{max}		1.6				2.5			3.2		4			6.3		
l		4~12	5~16	6~20	8~26	8~32	10~40	12~50	14~65	18~80	22~100	30~120	40~160	45~200	70~200
l(系列)		4,5,6,8,10,12,14,16,18,20,22,24,26,28,30,32,36,40,45,50,55,60,65,70,75,80,85,90,95,100,120,140,160,180,200													

注:销孔的公称直径等于 d 公称

附表 9-4 平键（GB/T 1096—2003）的剖面及键槽（GB/T 1095—2003）

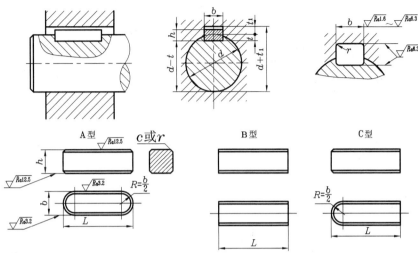

标记示例：

圆头普通平键（A 型），$b=18$ mm，$h=11$ mm，$L=100$ mm：键 18×100 GB/T 1096—2003

方头普通平键（B 型），$b=18$ mm，$h=11$ mm，$L=100$ mm：键 B18×100 GB/T 1096—2003

单圆头普通平键（C 型），$b=18$ mm，$h=11$ mm，$L=100$ mm：键 C18×100 GB/T 1096—2003

普通平键键槽的尺寸与公差　　　　　　　　　　　　　单位：mm

键尺寸 $b×h$	键槽											
	宽度 b						深度				半径 r	
	基本尺寸	极限偏差					轴 t_1		毂 t_2			
		正常联结		紧密联结	松联结		基本尺寸	极限偏差	基本尺寸	极限偏差		
		轴 N9	毂 JS9	轴和毂 P9	轴 H9	毂 D10					min	max
2×2	2	−0.004 −0.029	±0.0125	−0.006 −0.031	+0.025 0	+0.060 +0.020	1.2	+0.1 0	1.0	+0.1 0	0.08	0.16
3×3	3						1.8		1.4			
4×4	4	0 −0.030	±0.015	−0.012 −0.042	+0.030 0	+0.078 +0.030	2.5		1.8		0.16	0.25
5×5	5						3.0		2.3			
6×6	6						3.5		2.8			
8×7	8	0 −0.036	±0.018	−0.015 −0.051	+0.036 0	+0.098 +0.040	4.0		3.3			
10×8	10						5.0		3.3			
12×8	12	0 −0.043	±0.0215	−0.018 −0.061	+0.043 0	+0.120 +0.050	5.0	+0.2 0	3.3	+0.2 0	0.25	0.40
14×9	14						5.5		3.8			
16×10	16						6.0		4.3			
18×11	18						7.0		4.4			
20×12	20	0 −0.052	±0.026	−0.022 −0.074	+0.052 0	+0.149 +0.065	7.5		4.9		0.40	0.60
22×14	22						9.0		5.4			
25×14	25						9.0		5.4			
28×16	28						10.0		6.4			

键尺寸 $b \times h$	键槽											
	宽度 b						深度				半径 r	
	基本尺寸	极限偏差					轴 t_1		毂 t_2			
		正常联结		紧密联结	松联结		基本尺寸	极限偏差	基本尺寸	极限偏差		
		轴 N9	毂 JS9	轴和毂 P9	轴 H9	毂 D10					min	max
32×18	32						11.0	+0.20	7.4	+0.20	0.40	0.60
36×20	36	0 −0.062	±0.031	−0.026 −0.088	+0.062 0	+0.180 +0.080	12.0		8.4		0.70	1.00
40×22	40						13.0		9.4			
45×25	45						15.0		10.4			
50×28	50						17.0		11.4			
56×32	56	0 −0.074	±0.037	−0.032 −0.106	+0.074 0	+0.220 +0.100	20.0	+0.30	12.4	+0.30	1.20	1.60
63×32	63						20.0		12.4			
70×36	70						22.0		14.4			
80×40	80						25.0		15.4		2.00	2.50
90×45	90	0 −0.087	±0.0435	−0.037 −0.124	+0.087 0	+0.260 +0.120	28.0		17.4			
100×50	100						31.0		19.5			

十、滚 动 轴 承

附表 10-1　深沟球轴承(GB/T 276—2013)

标记示例：

滚动轴承　6308

GB/T 276—2013

60000 型

轴承代号	尺寸/mm			轴承代号	尺寸/mm		
	d	D	B		d	D	B
61800	10	19	5	61804	20	32	7
61900		22	6	619.04		37	8
6000		26	8	16004		42	9
6200		30	9	6004		42	12
6300		35	11	6204		47	14
				6304		52	15
61801	12	21	5	6404		72	19
61901		24	6	61805	25	37	7
16001		28	7	61905		42	9
6001		28	8	16005		47	8
6201		32	10	6005		47	12
6301		37	12	6205		52	15
				6305		62	17
				6405		80	21
61802	15	24	5	61806	30	42	7
61902		28	7	61906		47	9
16002		32	8	16006		55	9
6002		32	9	6006		55	13
6202		35	11	6206		62	16
6302		42	13	6306		72	19
				6406		90	23
				61807	35	47	7
				61907		55	10
				16007		62	9
61803	17	26	5	6007		62	14
61903		30	7	6207		72	17
16003		35	8	6307		80	21
6003		35	10	6407		100	25
6203		40	12	61808	40	52	7
6303		47	14	61908		62	12
6403		62	17	16008		68	9

轴承代号	尺寸/mm			轴承代号	尺寸/mm		
	d	D	B		d	D	B
6008	40	68	15	61815	75	95	10
6208		80	18	61915		105	16
6308		90	23	16015		115	13
6408		110	27	6015		115	20
61809	45	58	7	6215		130	25
16009		75	10	6315		160	37
6009		75	16				
6209		85	19	61816	80	100	10
6309		100	25	61916		110	16
6409		120	29	16016		125	14
61810	50	65	7	6016		125	22
61910		72	12	6216		140	26
16010		80	10	6316		170	39
6010		80	16				
6210		90	20	61817	85	110	13
6310		110	27	61917		120	18
6410		130	31	16017		130	14
				6017		130	22
61811	55	72	9	6217	85	150	28
16011	55	90	11	6317		180	41
6011		90	18	6417		210	52
6211		100	21	61918	90	125	18
6311		120	29	16018		140	16
6411		140	33	6018		140	24
61812	60	78	10	6218		160	30
61912		85	13	6318		190	43
16012		95	11	6418		225	54
6012		95	18	61819	95	120	13
6212		110	22	16019		145	16
6312		130	31	6019		145	15
6412		150	35	6219		170	28
61913	65	90	13	6319		200	45
16013		100	11				
6013		100	18	61920	100	140	20
6213		120	23	16020		150	16
6313		120	33	6020		150	24
6413		160	37	6220		180	34
61814	70	90	10	6320		215	47
16014		110	13	6420		250	58
6014		110	20	61812	105	130	13
6214		125	24	16021		160	18
6314		150	35	6021		160	26
6414		180	42	6221		190	36
				6321		225	49

附表 10-2　圆锥滚子轴承（GB/T 297—2015）

标记示例：

圆锥滚子轴承　30209

GB/T 297—2015

30000 型

轴承代号	尺寸/mm				
	d	D	T	B	C
31313		140	36	33	23
32313		140	51	48	39
32914	70	100	20	19	16
32014		110	25	24	20
30214		125	26.25	24	21
32214		125	33.25	31	27
30314		150	38	35	30
31314		150	38	35	25
32314		150	54	51	42
32015		115	25	24	20
30215		130	27.25	22	22
32215	75	130	33.25	31	27
30315		160	40	37	31
31315		160	40	37	26
32315		160	58	55	45
32016		125	29	27	23
30216		140	28.25	26	22
32216	80	140	35.25	33	28
30316		170	42.5	39	33
31316		170	42.5	39	27
32316		170	61.5	58	48
32917		120	23	22	29
30217		130	29	27	23
32017		150	30.5	28	24
32217	85	150	38.5	36	30
30317		180	44.5	41	34
31317		180	44.5	41	28
32317		180	63.5	60	49
32918		125	23	22	19
32018		140	32	30	26
30218	90	160	32.5	30	26
32218		160	42.5	40	34
30318		190	46.5	43	36
31318		190	46.5	43	30
32318		190	67.5	64	53

轴承代号	尺寸/mm				
	d	D	T	B	C
30204	20	47	15.25	14	12
30304		52	16.25	15	13
32304		52	25.25	21	18
30205	25	52	16.25	15	13
30305		62	18.25	17	15
31305		62	18.25	17	13
32305		62	25.25	24	20
30206	30	62	17.25	16	14
32206		62	21.25	20	17
30306		72	20.75	19	16
31306		72	20.75	19	14
32306		72	28.75	27	23
32007	35	62	18	17	15
30207		72	18.25	17	15
32207		72	24.25	23	29
30307		80	22.75	21	18
31307		80	22.75	21	15
32307		80	32.75	31	25
32908	40	62	15	40	12
32008		68	19	18	16
30208		80	19.75	18	16
32208		80	24.75	23	19
30308		90	25.25	23	20
31308		90	25.25	23	17
32308		90	25.25	33	27

轴承代号	尺寸/mm				
	d	D	T	B	C
32909		68	15	14	12
32009		75	20	19	16
30209	45	85	20.75	19	16
32209		85	24.75	23	19
30309		100	27.75	25	22
31309		100	27.75	25	28
32309		100	38.25	36	30
32910		72	15	14	12
32010		80	20	19	16
30210	50	90	21.75	20	17
32210		90	24.75	23	19
30310		110	29.25	27	23
31310		110	29.25	27	19
32310		110	42.25	40	33
32011		90	23	22	19
30211		100	22.75	21	18
32211	55	100	26.75	25	21
30311		120	31.5	29	25
31311		120	31.5	29	21
32311		120	45.5	43	35
32912		85	17	16	14
32012		95	23	22	19
30212	60	110	23.75	22	19
32212		110	29.75	28	24
30312		130	33.5	31	26
31311		130	33.5	31	22
32311		130	48.5	16	37
30213		100	23	22	19
30213	65	120	24.75	23	20
32213		120	32.75	31	27
30313		140	36	33	28

附表 10-3　单向推力球轴承（GB/T 301—2015）

标记示例：
滚动轴承　51205
GB/T 301—2015
50000 型

轴承代号	尺寸/mm			
	d	D	T	d_1 min
51104		35	10	21
51204	20	40	14	22
51304		47	18	22
51105		42	11	26
51205	25	47	15	27
51305		52	18	27
51405		60	24	27
51106		47	11	32
51206	30	52	16	32
51306		60	21	32
51406		70	28	32
51107		52	12	37
51207	35	62	18	37
51307		68	24	37
51407		80	32	37
51108		60	13	42
51208	40	68	19	42
51308		78	26	42
51408		90	36	42
51109		65	14	47
51209	45	73	20	47
51309		85	28	47
51409		100	39	47
51110		70	14	52
51210	50	78	22	52
51310		95	31	52
51410		110	43	52

轴承代号	尺寸/mm			
	d	D	T	d_1 min
51111		78	16	57
51211	55	90	25	57
51311		105	35	57
51411		120	48	57
51112		85	17	62
51212	60	95	26	62
51312		110	35	62
51412		130	51	62
51113		90	18	67
51213	65	100	27	67
51313		115	36	67
51413		130	56	68
51114		95	18	72
51214	70	105	27	72
51314		125	40	72
51414		150	60	73
51115		100	19	77
51215	75	110	27	77
51315		135	44	77
51415		160	65	78
51116		105	19	82
51216	80	115	28	82
51316		140	44	82
51416		170	68	83
51117		110	19	87
51217	85	125	31	88
51317		150	49	88
51417		180	72	88

轴承代号	尺寸/mm			
	d	D	T	d_1 min
51118		120	22	92
51218	90	135	35	93
51318		155	50	93
51418		190	77	93
51120		135	25	102
51220	100	150	38	103
51320		170	55	103
51420		210	85	104
51122		145	25	112
51222	110	160	38	113
51322		190	63	113
51422		230	95	113
51124		155	25	122
51224	120	170	39	123
51324		210	70	123
51126		170	30	132
51226	130	190	45	133
51326		225	75	134
51426		270	110	134
51128		180	31	142
51228	140	200	46	143
51328		240	80	144
51428		280	112	144
51130		190	31	152
51230	150	215	50	152
51330		250	80	154
51430		300	120	154
51132		200	31	162
51232	160	225	51	163
51332		270	87	164

十一、常用材料

附表 11-1　黑色金属材料

标准编号	名称	牌名	性能及应用举例	说　明
GB/T 700—2006	碳素结构钢	Q215 （A2，A2F）	金属结构件；拉杆、套圈、铆钉、螺栓、短轴、心轴、凸轮（荷载不大）、吊钩、垫圈；渗碳零件及焊接件	Q 表示普通碳素钢，215、235 表示抗拉强度。括号内表示对应的旧牌号
		Q235 （A3）	金属结构构件，心部强度要求不高的渗碳或氰化零件；吊钩、拉杆、车钩、套圈、气缸、齿轮、螺栓、螺母、连杆、轮轴、楔、盖及焊接件	
GB/T 699—2015	优质碳素结构钢	10	这种钢的屈服点和抗拉强度比较低。塑性和韧性均高，在冷状态下，容易模压成形。一般用于制造拉杆、卡头、钢管垫片、垫圈、铆钉。这种钢焊接性甚好	牌号的两位数字表示平均含碳量，45 号钢即表示平均含碳量为 0.45％。含锰量较高的钢，须加注化学元素符号"Mn"。含碳量≤0.25％的碳钢是低碳钢（渗碳钢）。含碳量在 0.25％～0.60％时碳钢是中碳钢（调质钢）。含碳量大于 0.60％的碳钢是高碳钢
		15	塑性、韧性、焊接性和冷冲性均良好，但强度较低。用于制造受力不大、韧性要求较高的零件、紧固件、冲模锻件及不要热处理的低负荷零件，如螺栓、螺钉、拉条、法兰盘及化工贮器、蒸汽锅炉等	
		35	具有良好的强度和韧性，用于制造曲轴、转轴、轴销、杠杆、连杆、横梁、星轮、圆盘、套筒、钩环、垫圈、螺钉、螺母等。一般不作焊接用	
		45	用于强度要求较高的零件，如汽轮机的叶轮、压缩机、泵的零件等	
		60	这种钢的强度和弹性相当高，用于制造轧辊、轴、弹簧圈、弹簧、离合器、凸轮、钢绳等	
		15Mn	它的性能与 15 号钢相似，但其淬透性、强度和塑性比 15 号钢都高些。用于制造中心部分的机械性能要求较高且需渗碳的零件。这种钢焊接性好	
		65Mn	强度高，淬渗性较大，离碳倾向小，但有过热敏感性，易产生淬火裂纹，并有回火脆性。适宜作大尺寸的各种扁、圆弹簧，如座板簧、弹簧发条	
GB/T 1298—2008	碳素工具钢	T8，T8A	有足够的韧性和较高的硬度，用于钻中等硬度岩石的钻头，简单模具、冲头等	用"碳"或"T"后附以平均含碳量的千分数表示，有 T7—T13，平均含碳量为 0.7％～1.3％

标准编号	名称	牌名	性能及应用举例	说　明
GB/T 1591—2008	低合金高强度结构钢	16Mn	桥梁、造船、厂房结构、储油罐、压力容器、机车车辆、起重设备、矿山机械及其他代替A3的焊接结构	普通碳素钢中加入少量合金元素(总量<3%)。其机械性能较碳素钢高,焊接性、耐腐蚀性、耐磨性较碳素钢好,但经济指标与碳素钢相近
		15MnV	中高压容器、车辆、桥梁、起重机等	
GB/T 3077—2015	合金结构钢	20Mn2	对于截面较小的零件,相当于20Cr钢,可作渗碳小齿轮、小轴、活塞销、柴油机套筒、气门推杆、钢套等	钢中加入一定量的合金元素,提高了钢的机械性能和耐磨性,也提高了铁的淬透性,保证金属在较大截面上获得高机械性能
		15Cr	船舶主机用螺栓、活塞销、凸轮、凸轮轴汽轮机套环,以及机车用小零件等,用于心部韧性较高的渗碳零件	
		35SiMn	此钢耐磨、耐疲劳性均佳,用于轴、齿轮及在430℃以下的重要紧固件	
		20CrMnTi	工艺性能特优,用于汽车、拖拉机上的重要齿轮和一般强度、韧性均高的减速器齿轮,供渗碳处理	
GB/T 1221—2007	耐热钢棒	1Cr18Ni9Ti	用于化工设备的各种锻件,航空发动机排气系统的喷管及集合器等零件	耐酸,在600℃以下耐热,在1000℃以下不起皮
GB/T 11352—2009	一般工程用铸造碳钢件	ZG310—570 (ZG45)	各种形状的机件,如联轴器、轮、气缸、齿轮、齿轮圈及重负荷机架	"ZG"是铸钢的代号。括号内是旧代号
GB/T 9439—2010	灰铸铁件	HT150	用于制造端盖、汽轮泵体、轴承座、阀壳、管子及管路附件、手轮,一般机床底座、床身、滑座、工作台等	"HT"为灰铸铁的代号,后面的数字代表抗拉强度,如HT200表示抗拉强度为200 N/mm²的灰铸铁
		HT200	用于制造气缸、齿轮、底架、机体、飞轮、齿条、衬筒,一般机床铸有导轨的床身及中等压力的液压筒、液压泵和阀体等	
GB/T 1348—2009	球墨铸铁件	QT500-15 QT450-5 QT400-17	具有较高的强度耐磨性和韧性。广泛用于机械制造业中受磨损和受冲击的零件,如曲轴、齿轮、气缸套、活塞杯、摩擦片、中低压阀门、千斤顶座、轴承座等	"QT"是球墨铸铁的代号,后面的数字表示强度和延伸率的大小,如QT500-15即表示球墨铸铁的抗拉强度为500 N/mm²,延伸率为15%
GB/T 9440—2010	可锻铸铁件	KTH300-06	用于受冲击、振动等零件,如汽车零件、农机零件、机床零件及管道配件等	"KTH""KTB""KTZ"分别是黑心、白心、珠光体可锻铸铁的代号,它们后面的数字分别代表抗拉强度和延伸率
		KTB350-04 KTZ500-04	韧性较低,强度大,耐磨性好,加工性良好,可用于要求较高强度和耐磨性的重要零件,如曲轴、连杆、齿轮、凸轮轴等	

附表 11-2 有色金属材料

标准编号	合金名称	合金牌名	性能及应用举例	说　明
GB/T 5232—2001	普通 黄铜	H62	适用于各种伸引和弯折制造的受力零件,如销钉、垫圈、螺帽、导管、弹簧、铆钉等	"H"表示黄铜,62 表示含铜量为 60.5%～63.5%
GB/T 1176—2013	38 黄铜	ZCuZn38	散热器、垫圈、弹簧、各种网、螺钉及其他零件	"Z"表示铸,含铜 60%～63%
	38-2-2 锰黄铜	ZCuZn38 Zn2Pb2	用于制造轴瓦、轴套及其他耐磨零件	含铜 57%～60%,锰 1.5%～2.5%,铅 2%～4%
	3-8-6-1 锡青铜	ZCuSn3Zn8 Pb6Ni1	用于受中等冲击负荷和在液体或半液体润滑及耐腐蚀条件下工作的零件,如轴承、轴瓦、蜗轮、螺母,以及在 1 MPa 以下的蒸汽和水条件下工作的配件	含锡 2%～4%,锌 6%～9%,铅 4%～7%,硅 0.5%～1%
	10-3 铝青铜	ZCuAl10Fe3	强度高,减磨性、耐蚀性、受压性、铸造性均良好。用于在蒸汽和海水条件下工作的零件及受摩擦和腐蚀的零件,如蜗轮衬套等	含铝 8%～11%,铁 2%～4%
GB/T 1173—2013	铸造铝合金	ZAlSi12 ZL102(代号) ZLCu4 ZL203(代号)	耐磨性中上等,高气密性、焊接性、切削性,用于制造中等负荷的零件如泵体、气缸体、支架等	ZLl02 表示含硅 10%～13%、余量为铝的铝硅合金
		ZAlSi9Mg ZLl04(代号)	用于制造形状复杂的高温静载荷或受冲击作用的大型零件,如风机叶片、气缸头	
GB/T 3190—2008	变形铝及铝合金	2A12 (LY12) 2A11 (LY11)	适于制作中等强度的零件,焊接性能好	2A12 表示含铜 3.8%～4.9%、镁 1.2%～1.8%、锰 0.3%～0.9%、余量为铝的硬铝。括号内为旧牌号

附表 11-3 非金属材料

标准编号	名称		牌名或代号	性能及应用举例	说　明
GB/T 5574—2008	普通 橡胶板		1613	中等硬度,具有较好的耐磨性和弹性,适于制作具有耐磨、耐冲击及缓冲性能好的垫圈、密封条、垫板	
	耐油 橡胶板		3707 3807	较高硬度,较好的耐熔剂膨胀性,可在−30~＋100℃机油、汽油等介质中工作,可制作垫圈	
FZ/T 25001—2012	工业用 毛毡		T112 T122 T132	用作密封、防漏油、防震、缓冲衬垫等	厚度 1.5~2.5 mm
QB/T 2200—1996	软钢 纸板			供汽车、拖拉机的发动机及其他工业设备上制作密封垫片	纸板厚度 0.5~3.0 mm
JB/T 8149.3—1995	酚醛层 压布板		PFCC1 PFCC2 PFCC3 PFCC4	机械性能很高,刚性大,耐热性高。可用作密封件、轴承、轴瓦、皮带轮、齿轮、离合器、摩擦轮、电器绝缘零件等	在水润滑下摩擦系数极低(0.01~0.03)
QB/T 3625—1999 QB/T 3626—1999	聚四 氧乙烯	板 棒	PTFE	化学稳定性好,耐热耐寒性高,自润滑好,用于作耐腐耐高温密封件、填料、衬垫、阀座、轴承、导轨、密封圈等	
GB/T 7134—2008	有机 玻璃		PMMA	耐酸耐碱。用于制作一定透明度和强度的零件、油杯、标牌、管道、电气绝缘件等	有色和无色
JB/ZQ 4196—1998	尼龙棒材 及管材		PA	有高抗拉强度和良好冲击韧性,可耐热达100 ℃,耐弱酸、弱碱,耐油性好,灭音性好。可制作齿轮等机械零件	

注：FZ 是纺行业标准;JB 是机械行业标准;QB 是轻工行业标准

十二、常用热处理和表面处理

名　词		应　用	说　明
退　火		用来消除铸、锻、焊零件的内应力,降低硬度,便于切削加工,细化金属晶粒,改善组织,增加韧性	将钢件加热到临界温度以上(一般是 710～715 ℃,个别合金钢 800～900 ℃),30～50 ℃,保温一段时间,然后缓慢冷却(一般在炉中冷却)
正　火		用来处理低碳和中碳结构钢及渗碳零件,使其组织细化,增加强度与韧性,减少内应力,改善切削性能	将钢件加热到临界温度以上,保温一段时间,然后用空气冷却,冷却速度比退火快
淬　火		用来提高钢的硬度和强度极限。但淬火会引起内应力,使钢变脆,所以淬火后必须回火	将钢件加热到临界温度以上,保温一段时间,然后在水、盐水或油中(个别材料在空气中)急速冷却,使其得到高硬度
回　火		用来消除淬火的脆性和内应力,提高钢的塑性和冲击韧性	回火是将淬硬的钢件加热到临界点以下的温度,保温一段时间,然后在空气中或油中冷却下来
调　质		用来使钢获得高的韧性和足够的强度。重要的齿轮、轴及丝杆等零件需要经过调质处理	淬火后在 450～650 ℃ 进行高温回火,称为调质
表面淬火	火焰淬火	使零件表面获得高硬度,而心部保持一定的韧性,使零件既耐磨又能承受冲击。表面淬火常用来处理齿轮等	用火焰或高频电流将零件表面迅速加热至临界温度以上,急速冷却
	高频淬火		
渗碳淬火		增加钢件的耐磨性能、表面硬度、抗拉强度及疲劳极限。适用于低碳、中碳($C < 0.40\%$)结构钢的中小型零件	在渗碳剂中将钢件加热到 900～950 ℃,停留一定时间,将碳渗入钢表面,深度为 0.5～2 mm,再淬火后回火
氮　化		氮化是在 500～600 ℃ 通入氨的炉子内加热,向钢的表面渗入氮原子的过程。氮化层厚为 0.025～0.8 mm,氮化时间需 40～50h	增加钢件的耐磨性能、表面硬度、疲劳极限和抗蚀能力。适用于合金钢、碳钢、铸铁件,如机车主轴、丝杆及在潮湿碱水和燃烧气体介质的环境中工作的零件
氰　化		氰化是在 820～860 ℃ 炉内通入碳和氮,保温 1～2h,使钢件的表面同时渗入碳、氮原子,可得到 0.2～2.5 mm 的氰化层	增加表面硬度、耐磨性、疲劳强度和耐蚀性。用于要求硬度高、耐磨的中、小型及薄片零件和刀具等
时　效		低温回火后,精加工之前,加热到 100～160 ℃,保持 10～40 h。对铸件也可用天然时效(放在露天中一年以上)	使工件消除内应力和稳定形状,用于量具、精密丝杆、床身导轨、床身等
发　蓝发　黑		将金属零件放在很浓的碱和氧化剂溶液中加热氧化,使金属表面形成一层氧化铁所组成的保护性薄膜	防腐蚀,美观。用于一般连接的标准件和其他电子类零件

三种硬度的字母代号:

　　布氏硬度　HB

　　洛氏硬度　HRC

　　维氏硬度　HV